"多媒体画面语言学"研究系列丛书

国家社科基金"十三五"规划教育学课题"信息化教育资源优化设计的语言工具：'多媒体画面语言学'创新性理论与应用研究"（项目编号 BCA170079）资助

"多媒体画面语言"的媒体要素设计语法规则研究

王 雪 著

南闻大學出版社

天 津

图书在版编目（CIP）数据

"多媒体画面语言"的媒体要素设计语言规则研究/
王雪著，一天津：南开大学出版社，（2019.7重印）
（"多媒体画面语言学"研究系列丛书）

ISBN 978-7-310-05566-1

Ⅰ．①多… Ⅱ．①王…Ⅲ．①多媒体技术—研究
Ⅳ①TP37

中国版本图书馆 CIP 数据核字(2018)第046319号

南开大学出版社出版发行

出版人:刘运峰

地址:天津市南开区卫津路94号　邮政编码:300071

营销部电话:(022)23508339　23500755

营销部传真:(022)23508542　邮购部电话:(022)23502200

*

天津市蓟县宏图印务有限公司印制

全国各地新华书店经销

*

2018 年4 月第1 版　　2019 年7 月第2次印刷

260×185 毫米　16开本　13.75印张　312千字

定价：46.00元

如遇图书印装质量问题,请与本社营销部联系调换,电话:(022)23507125

序

　　《"多媒体画面语言"的媒体要素设计语法规则研究》是天津师范大学教育技术学科原创性研究成果"多媒体画面语言学"研究系列丛书之一。"多媒体画面语言学"理论是诞生和成长于中国本土的一门创新理论，是信息时代形成的新的设计门类，其基本目的是使数字化教学资源的设计、开发和应用有章可循，从而促进优质数字化教学资源的发展和应用。"多媒体画面语言学"的研究框架包括：画面语构学、画面语义学和画面语用学。画面语构学研究各类媒体之间的结构和关系；画面语义学研究各类媒体与其所表达或传递的教学内容信息之间的关系；画面语用学研究各类媒体与信息化教学环境及学习者之间的关系。"多媒体画面语言学"是一种处方性理论，其应用领域也非常广泛，并且与各种新的研究方向也有会交叉点，因而其应用研究将是一种常态下的与时俱进的实践性研究。

　　《"多媒体画面语言"的媒体要素设计语法规则研究》一书提出了多媒体画面中媒体要素的设计模型，综合考虑了教学内容、教师和学生特征、呈现设备特征等因素，对媒体要素设计的若干问题进行了深入研究，涉及了画面语构学、画面语义学和画面语用学的研究内容，总结出若干多媒体画面中媒体要素的设计规则，进一步丰富和完善了多媒体画面语言学理论体系。该书突破以往多媒体画面语言学缺少科学系统的实证性研究的局限，使用实验方法为主开展研究。将传统的认知行为实验与眼动实验相结合，从视觉心理的角度更深层次地研究不同的多媒体画面设计对学习者视觉认知过程的影响，揭示学习者眼动行为和学习效果之间的紧密关系，从中总结出多媒体画面中媒体要素语构、语义和语用的语法规则，为多媒体画面语言学开辟了一种新的研究范式。

　　作者王雪是天津师范大学教育技术博士点的首位博士生，也是我的开山弟子，现任天津师范大学教育科学学院教育技术系系主任，美国北德克萨斯州大学学习技术系访问学者。王雪博士在读和毕业之后持续研究多媒体画面语言学、信息化情境下学习者的信息加工机制、各类媒体表征形式的设计等相关问题，目前是我的国家级精品资源共享课《多媒体画面艺术设计》课程团队的主要成员。作者从学术研究到实践应用都取得了丰硕的成果：多次指导学生在全国高等学校信息技术创新与实践活动竞赛和天津市大学生计算机应用能力竞赛中获得一、二、三等奖；近年来主持省部级课题两项，参与国家级和省部级课题十余项；在《中国电化教育》《电化教育研究》等权威期刊上发表论文十余篇。作者在"多媒体画面语言学"研究领域已经具有了丰厚的学术积淀和较好的发展前景。

　　"雪"是一种最纯的美,静静的来静静的去,这正是王雪的学术风格,在悄无声息积淀的同时,用美丽的雪景装扮了世界。相信随着作者研究的不断深入,会取得更为深入的研究成果,进一步开拓她的研究领域,进一步丰富"多媒体画面语言学"理论体系,为我国教育信息化的不断推进贡献力量。

王志军

于天津师范大学

2018 年 1 月

前　言

　　运用信息技术和先进的教育理念设计优质数字化教学资源和优化教育过程是推进教育信息化的两大核心要素。然而，当前优化教育过程的研究成效可谓显著，但是另一要素——数字化教学资源，虽种类多、数量大，但质量却相对低下，缺乏对一线教师的教学习惯和学生的学习风格的有效支撑。之所以会形成这种局面，是因为数字化教学资源除与信息技术发展有关联外，因其呈现形式仍然是多媒体的学习材料并且在教学环境中应用，除了涉及到各种媒体性质及之间的结构，还会牵扯到人的视听觉认知规律、数字化学习内容的视听觉表达、学与教者的特质、学习环境的特征等诸多与技术的发展并不产生直接关系的因素，加大了研究的难度。但是，这些因素是相对稳定的，对数字化教学资源开发的影响是有科学规律可循的。因此探索一整套科学的方法和工具，用以指导数字化教学资源优化设计的实践，是我国教育信息化的现实需要。为规范数字化教学资源的编制，人们不断探索多媒体学习材料的科学表达方法。具有代表性的是，2002 年我国著名教育技术专家游泽清教授提出"多媒体画面语言（Language with Multimedia）"的概念，把"多媒体画面语言"当作与传统"文字"语言相对应的语言工具，作为信息时代信息传播的重要语言形式之一，总结出编制多媒体学习材料应该遵循的一些规则。课题研究团队进一步创新性地提出了"多媒体画面语言学（Linguistics for Multimedia Design，LMD）"理论，将多媒体画面语言研究上升到了语言学的层次。多媒体画面语言学理论是诞生和成长于中国本土的一门创新理论，是信息时代形成的新的设计门类，其基本目的是使数字化教学资源的设计、开发和应用有章可循，从而促进优质数字化教学资源的发展和应用。目前，多媒体画面语言学仍处于初期和发展阶段，本著作对其理论架构、研究内容、研究方法、语法规则等一系列问题进行深入探究，通过一系列科学实验研究，探索出一系列多媒体画面中媒体要素设计的语法规则。本著作的主要内容如下：

　　1. 多媒体画面语言体系建构

　　借鉴语言学、符号学、心理学、教育技术学等相关学科的研究成果，从核心概念、发展阶段、基本框架、研究内容、研究方法及与多媒体学习认知理论的关系等方面对多媒体画面语言学理论体系的基本问题进行了深入梳理和探讨，形成多媒体画面语言学的理论体系，为后续的案例和应用研究其提供理论依据。

　　2. 多媒体画面中媒体要素设计模型

　　在梳理已有相关研究的基础上，以工作记忆理论、认知负荷理论、双通道理论、多媒体学习的认知理论为解释性理论，以多媒体画面语言学为研究框架，借鉴视觉语言的研究路径，提出了多媒体画面中媒体要素的设计模型。模型包括认知心理、语构、语义及语用三个层面，媒体要素的基本属性、不同类型媒体的组合、学习线索、交互功能四大方面内容。媒体要素设计模型具有系统性和迁移性,通过此模型能够推衍出多媒体画面中各个类型媒体要素的设计模型,为后续的案例和应用研究其提供行动指南。

3. 多媒体画面中媒体要素设计语法规则研究

以模型为蓝本,从画面语义学、画面语构学和画面语用学三个方面开展数字化教学资源有效设计的六个案例研究,形成一系列具有可操作性的语法规则。

案例 1:不同呈现设备下文本的字体与字号设计语法规则研究

规则 1.1 在本研究选定的两种呈现设备(计算机屏幕和 iPad)条件之下,多媒体画面中的文本应选择适中的字号,18 号和 24 号的文本对学习者的学习最有利,避免使用 12 号以下过小的文本或 36 号以上过大的文本。

规则 1.2 在本研究选定的两种呈现设备(计算机屏幕和 iPad)条件之下,文本的三种字体(宋体、楷体和黑体)对学习者的视觉认知过程和学习效果影响都不大,设计者可以根据教学内容的主题、多媒体画面的综合风格选择合适的字体。

规则 1.3 在本研究选定的文本字体(宋体、楷体和黑体)和字号(12 号、18 号、24 号、28 号、36 号)的条件之下,两种不同的呈现设备(计算机屏幕和 iPad)对学习者基于文本内容学习的视觉认知过程和学习效果影响不显著,设计者可以根据开发技术、现有条件和应用场合选择适合的呈现设备。

案例 2:不同知识难度下文本的艺术性设计语法规则研究

规则 2.1 在保证多媒体画面中的交互文本和内容文本易读性的基础上,通过文本的字体、字号、颜色、位置等基本属性的相互配合,以及与其他类型媒体要素的组合搭配,使交互文本和内容文本具有符合教学内容主题的艺术性的表现形式,能够有效引导学习者的学习路径,吸引学习者的视觉注意力,并且当内容文本的难度较高时,能显著提高学习者的学习效果。

案例 3:不同知识类型下教学视频的字幕设计语法规则研究

规则 3.1 对于陈述性知识来讲,应该为视频配上字幕,与解说词一致的完整字幕帮助学习者获得更多的学习数量,当讲解到重难点知识时才出现的概要性的字幕则会帮助学习者取得更好的学习质量。

规则 3.2 对于程序性知识来讲,应该为视频配上概要性的字幕,概要性字幕能够帮助学习者取得更多的学习数量和更好的学习质量,同时应该避免为视频添加完整的字幕,会对学习者的学习产生干扰作用。

案例 4:文本线索设计语法规则研究

规则 4.1 "内在 + 外在"线索是最佳的文本线索设计方案,内在线索是次选的文本线索设计方案,同时应避免仅为文本内容添加外在线索。

案例 5:教学视频线索设计的语法规则研究

规则 5.1 教学视频中应添加线索,与无线索组相比,混合线索、视觉线索和言语线索三种线索呈现形式都能有效将学习者的视觉注意力引导到线索区域,帮助学习者合理分配有限的认知加工资源,取得更多的学习数量和更好的总学习效果。

规则 5.2　在设计教学视频中的线索呈现形式时,"言语＋视觉"的混合线索组学习效果和眼动行为最优,视觉线索组学习效果次之,言语线索组虽然吸引了学习者的视觉注意力,但学习效果最差。因此,"言语＋视觉"的混合线索呈现形式是最佳的教学视频线索设计方案。

案例 6(语构与语用视角):不同学习者年龄下交互类型设计语法规则研究

规则 6.1　对于大学生来讲,触摸交互方式效果更佳。

规则 6.2　对年龄低一些的中学生来说,触摸交互和鼠标交互方式效果区别不大,可自由选择。

本著作的理论创新和学术价值:

1. 理论创新

多媒体画面、多媒体画面语言、多媒体画面语言学这些学术观点是本研究的核心观点和逻辑起点,是由本研究团队首创的观点,现已获得教育技术学界普遍的认同。本研究对多媒体画面语言学的发展历史、研究内容、研究方法等理论体系的核心内容进行了梳理,可以为后续的多媒体画面语言学和数字化教学资源设计与应用研究提供理论依据和行动指南。

本研究以多媒体画面语言学语义、语构、语用三层为指导框架,以支持认知、促进认知为设计导向,将原本相互割裂的研究领域统一起来,提出多媒体画面中媒体要素设计模型,突出强调数字化教学资源的设计与应用是多因素系统化的整体考虑,是对以往的数字化教学资源设计单点式研究的深化和超越。

在多媒体画面中媒体要素的设计模型的基础上,综合考虑了教学内容、教师和学生特征、呈现设备特征等因素,对媒体要素设计的若干问题进行了深入研究,总结出若干多媒体画面中媒体要素的设计规则,进一步丰富和完善了多媒体画面语言学理论体系。

2. 学术价值

突破以往多媒体画面语言学缺少科学系统的实证性研究的局限,使用实验方法为主开展研究。将传统的认知行为实验与眼动实验相结合,从视觉心理的角度更深层次地研究不同的多媒体画面设计对学习者视觉认知过程的影响,揭示学习者眼动行为和学习效果之间的紧密关系,从中总结出多媒体画面中媒体要素语构、语义和语用的语法规则,为多媒体画面语言学开辟了一种新的研究范式。

通过若干案例研究,总结出若干规则,可以为数字化教学资源的设计者和开发者提供指导和借鉴,使得数字化教学资源的设计有章可循,同时探索复合教学系统中媒体之外其他因素对资源设计的影响,又可对数字化教学资源的教学应用起到一定的启示作用,提高数字化教学资源的可用性,给教师和学习者带来更好的教学体验,提升信息化环境的教学效果。与此同时,对多媒体画面语言学研究未来发展进行展望,为进一步深化多媒体画面语言学研究提供一些可借鉴的方向。

参与本著作撰写工作的有王雪(全文书稿的撰写),天津师范大学博士生导师王志军教授(多媒体画面语言学理论体系的构建),硕士生侯岸泽、付婷婷和李晓楠(案例研究实验材料的设计),硕士生周围和韩美琪(校对全文和排版)。

　　由于本著作中的许多观点和概念是首次提出,多媒体画面中媒体要素设计的语法规则仍需大规模教学实践检验,定会存在一些不妥之处,恳请各位读者批评指正。

　　本著作作为国家社科基金"十三五"规划教育学课题"信息化教育资源优化设计的语言工具:'多媒体画面语言学'创新性理论与应用研究"(项目编号 BCA170079)资助出版项目,得到了天津师范大学教育科学学院和南开大学出版社的大力支持,在此表示衷心的感谢!

目 录

第一章　多媒体画面语言学(LMD)理论体系

第一节　基本概念

一、多媒体

"多媒体画面"是一个新概念,它由美术、影视、计算机等画面演变而来,因此具有许多新的特点。显然,要弄清这些特点,首先需要弄清楚"多媒体"这个专业用语。下面我们从国际上对"媒体"(media)一词的运用以及多媒体发展的历史背景两个方面来进行讨论。

(一)关于信息、媒体和媒介概念的界定

为了明确对"媒体"一词的界定,需要澄清对英文"medium"(或复数 media)的译名问题。比如说"将教学内容(信息)以文字、声音、图像等形式存储到磁带、光盘上。"其中的文字、声音、图像是教学信息的表现形式(或载体);而磁盘、光盘则是存储这些信息载体的物理介质。在中文里,为了避免表述上的概念性混淆,建议将前者叫作"媒体",而后者称为"媒介"。但遗憾的是,二者的英文都用 medium 表示。

例如:原国际电报电话咨询委员会(CCITT)按照信息的获取、处理、存储、传输和显示,将 medium 划分成了五种类型。

感觉媒体(Perception Medium):指直接作用于人的感官而产生感觉的媒体,如声音、图形、静止图像、动画、活动图像、文本、数据等。

呈现媒介(Presentation Medium):指感觉媒体和传输电信号之间转换的一些设备。它又分为呈现设备和非呈现设备两类,呈现设备如显示器(或监视器)、扬声器、打印机等,非呈现设备如键盘、鼠标、扫描仪、话筒、摄像机等。

再生媒体(Representation Medium):为有效地传输、存储感觉媒体,一般需要采用一些处理技术(包括硬件和软件),如图像编码、声音编码、文本编码等。这些经过加工、处理后的感觉媒体叫作再生媒体。传输和存储的一般是再生媒体。

存储媒介(Storage Medium):指用于存储再生媒体(即感觉媒体经过处理后的代码)的物理介质,如磁盘、磁带、闪存、光盘等。

传输媒介(Transmission Medium):指用于传输再生媒体的物理介质,如同轴电缆、双绞线、光缆、微波等。

综上所述,便可以明确地界定信息、媒体和媒介三者的关系:

(1)媒体是信息的载体,信息只有通过某一种或几种媒体形式才能表达出来,如书本上的知识内容,是通过文字、图形、表格等形式表达出来的。这些文字、图形、表格便是表示知识内容的载体,即媒体。上述感觉媒体和经过处理后的再生媒体均属于媒体的范畴。

(2)媒介是用于存储、呈现或传输媒体的设备或物理介质,如上例中的书本。显然,书本和书本上的文字等并不是一回事,如果都用"媒体"一词表示就会造成概念性的混淆。上述存储媒介、传输媒介和呈现媒介都属于媒介的范畴。

(3)在电子信息领域经常用到信息、信号和信道的概念:信息总是通过某种信号形式表现出来的,如电视领域中视频信号、音频信号,计算机领域中的各种格式的数据信号等。而信号只能在其规定的信道中传送,如录像机中的视频通道、音频通道、计算机中的各种总线等。

上述关于信息、媒体和媒介三者关系,与电子信息领域中信息、信号和信道三者关系是对应的。

(二)回顾多媒体问世前后的历史背景

多媒体出现于 20 世纪 80 年代,不过当时国内外杂志上流行的却是另外一个专业用语——"交互式视频"(Interactive Video),意指具有声像并茂、形象生动呈现优势的录像视频技术与具有交互功能的计算机技术两大分支正在相互渗透,趋于融合。

大家知道,盒式录像机和微型计算机的问世,曾经分别是电视领域和计算机领域的重要阶段性成果,代表着 20 世纪 70 年代的信息技术水平。进入到 80 年代以后,由于数字化技术在计算机领域的应用取得显著成效,使得电视、录像以及通信技术也都开始由模拟方式转向数字化;另一方面,计算机应用开始深入到人们生活、工作的各个领域,也要求其人机接口不断改善,即由字符方式向图形方式、文本处理向图像处理发展。代表这一时期发展方向的典型案例有,原国际无线电咨询委员会(CCIR)于 1982 年 2 月通过的,用于演播室的彩色电视信号数字编码标准(即 CCIR 601 建议);苹果(Apple)公司研制的 Macintosh 计算机,其中引入了位图(bitmap)、窗口(window)、图符(Icon)等技术,并由此创建了意义深远的图形用户界面(GUI),同时采用了鼠标(mouse)配合,使人机界面得到了极大改善;微软(Microsoft)公司推出的 Windows 操作系统作为 DOS 的延伸,并且不断更新版本,使之成为后来运行多媒体的一种普遍采用的工作平台。

虽然视频数字化和计算机图形化使双方朝着"结合"的目标迈进了一大步,但是二者在存储介质上仍相距甚远,需要找到一个切入点。

录像机中磁带存储系统采用的是线性记录方式,即先录先放方式,难以实现存储信息的快速检索和实时调用;计算机中虽然采用的是随机存储的磁盘记录方式,不存在上述问题,但在当时磁盘存储容量(几十兆)远小于光盘的情况下,在计算机中存储视频几乎是一种奢望。于是双方都将注意力集中到光盘上来,希望以它作为二者结合的切入点。因为在当时看来光盘存储容量高(650MB),而且又能像磁盘一样实现快速寻址。

其实,早在 1982 年光盘便已作为家电产品(CD-DA)在市场上出现了,而 CD-ROM 光盘也于 1985 年成为计算机外设中的一员。双方将光盘作为"交互式视频"(IV)存储介质的尝试,其典型例子应该是 1986 年由索尼(Sony)公司和菲利普(Philips)公司联合推出的交互式光盘系统(CD-I)和 1989 年 Inter 公司推出的交互式数字视频(DVI)技术。虽然这两项成果都属于交互式视频(IV)领域,但是 CD-I 是由视频专业公司,按照在音像产品中引入微机芯片(MC68070)控制的设计思想开发出来的,当时称其为"电视计算机(Teleputer)";

而 DVI 则是由计算机专业公司，按照在 PC 机中采用音视频板卡，软件采用基于 Windows 的音频视频内核（AVK）的思路设计的，因此称其为"计算机电视"（Compuvision）。二者从不同的角度，按照不同的设计思想，最终实现了一个共同的目标：电视与计算机的有机结合，实可谓殊途同归。

需要说明的是，CD-I 和 DVI 都是交互式视频（IV）领域中以（CD-ROM）光盘为存储介质的阶段性成果，二者的技术分别在后来的 VCD 和非线性编辑系统中有所体现，功不可没。至此，采用光盘的 IV 产品一发而不可收，如 CD-G、CD-V、CD-IFMV、K-CD 等等，几乎可以形成一个光盘家族，以致进入 90 年代后，有人扬言"80 年代是磁带的时代，而 90 年代是光盘的时代。"也就是在这段时期，"多媒体"（Multimedia）这一专业名词开始在社会上流传开来，并且取代了已经沿用多年的"交互式视频"（IV）。

1990 年 10 月，由美国微软公司发起组建的多媒体个人计算机市场协会（MPC Marketing Council），提出了一个多媒体计算机技术规格：MPC1.0，除 PC 机的一般配置（10 MHz 的 386CPU 芯片、2MB 内存、30MB 硬盘、Windows 3.1 操作平台）外，强调必须安装 CD-ROM 驱动器和声霸（Sound Blaster）卡。该规格表达了计算机业界的一个共识：可以将电视领域中音频和视频引入其中的 PC 机称为多媒体 PC 机。由于受到当时技术水平限制，MPC1.0 中还没有要求将视频捕获功能包括进去。（这个问题在 1993 年的 MPC2.0 中仍未解决，但在 1995 年的 MPC3.0 版本中已经解决了。）

由于传输视频的信息量很大（约每秒 216Mbit），使得 MPC 在处理视频时遇到了当年录像机面临的两大难题，即存储容量和存取速度的问题。

众所周知，20 世纪 30 年代发明的磁带录音机，采用的是固定磁头在磁带上纵向记录方式，根本无法用来记录比音频信息量大两个数量级的视频信号，为此科学家又花了近二十年的时间，才发明了用旋转磁头在磁带上螺旋扫描记录方案，解决了提高头—带扫描（记录）的速度和提高信号在磁带上的存储密度两大难题，终于使磁带录像机在 50 年代问世了。

1992 年及以后的几年间，计算机、电视、微电子和通信等领域的专业人员进行了全方位的技术合作，主要是围绕解决上述两大难题和提高 MPC 的处理能力，使多媒体技术取得了举世瞩目的进展。具体体现在以下几个方面：

（1）PC 机连续多年不断升级，旨在不断提高运行速度，满足处理多媒体的需要（包括 CPU、内存、总线、显卡、接口等全方位的技术提高）；

（2）硬盘存储容量和存取速度的大幅度提高，硬盘阵列的采用，足以用来存储视频和动画媒体；

（3）Windows 版本的不断升级，旨在充分满足处理多媒体的需要；

（4）各种数字化的视、音频设备和处理视、音频的板卡大量涌现，充实了 MPC 的外部输入、输出设备，而且为适应多媒体需要，采用了很多接口（如 USB、SCSI、IEEE 1394 等）；

（5）各种对视、音频进行转换和编辑的软件和各种交互式编著工具软件的出现，为用户制作丰富多彩的多媒体节目提供了强有力的软件工具（如 3D studio、Authorware、Premiere 等）；

（6）各种视频、音频压缩标准（MPEG、M-JPEG、DV、AC3、ADPCM、子带编码等）的制订或运用，极大地减轻了 MPC 处理视、音频信号的压力。

在这段时期中，非线性编辑系统和具有交互功能的 VCD 可以被视为两种类型的多媒体设备。其中非线性编辑系统（Nonlinear Editing System）由 DV-I 演变而来，它是基于计算机的视频后期制作系统，其特点是以计算机为操作平台；以硬盘为操作过程中的存储媒介；对视频、音频及动画、图形、文本进行编辑和特技处理。由于硬盘为非线性（随机存取）的存储媒介，故而得名。该系统的工作思路是，将来自录像带、摄像机的待编视频信号通过计算机内专用板卡输入、压缩（可选）并存储在硬盘上，然后利用编辑软件对其进行编辑和特技处理。在这里，电视设备（摄像机、录像机、监视器等）充当了计算机外部设备的角色；而传统的视频编辑、特技设备却被计算机的专业软件所取代。

VCD（Video Compact Disc）是由 CD-I 和扩展结构的 CD-ROM（即 CD-ROM XA）演变而来的，它原是一种交互式的视音频播放机，与家用电视机和音响设备配合，由红外遥控器控制使用（和录像机用法相同），因此应属音像产品范畴。VCD 播放机由三个主要部分组成，即 CD-ROM 驱动器、MPEG 解压和微控制器，可见仍沿袭当年电视计算机（即音像产品中引入微机芯片）的设计思想，但是由于这一时期多媒体技术已有很大进步，使 VCD 这一音像产品与计算机的结合更加紧密：

（1）利用 MPC 中的 CD-ROM 驱动器和解压软件，也能通过显示卡和声霸卡利用显示器和扬声器等外设播放 VCD 光盘。

（2）在 VCD 机中再增加一片微机芯片或者采用 HTML 技术，同样能像计算机一样，对播放内容实现互动控制。

由此可以看出，这一时期的多媒体技术已日趋成熟，计算机与视频设备之间的界限已经模糊，两个领域的媒体已被有机地融为一体。显然，如果没有这几年取得的上述成果，如此完善的结合是很难想象的！

进入 2000 年以后，人们希望进一步将计算机的交互性、电视的真实感和通讯或广播的分布性结合起来，以便向社会提供全新的信息服务，这便是所谓"3C（Computer，Consumer，Communication）一体化"，或"信息家电"。在这种新的形势下，多媒体一词则是指（计算机、通信和家电）三个领域，在四个方面（媒体、设备、技术和业务）的有机结合。由于这些技术方面的内容已超出本书范围，故从略。

（三）如何理解"多媒体"

通过以上讨论可以看出，在多媒体技术领域和多媒体画面艺术领域中，对"多媒体"的理解是有区别的：多媒体技术领域的理解是广义的，即认为"多媒体"是指上述（计算机、通讯和家电）三个领域，在四个方面（媒体、设备、技术和业务）的有机结合。

由于多媒体画面是基于屏幕呈现的，因而在该领域对多媒体的理解比较狭义，仅限于计算机和电视两个领域（不包括通信），而且只在呈现媒体方面有机结合（不考虑技术、设备和业务）。这就是说，按照多媒体画面的理解，多媒体是指计算机领域中的媒体与电视领域中的媒体的有机结合，并且具有交互功能。

为了帮助正确理解这一概念，说明几点如下。

（1）虽然计算机、网络领域中有许多种媒体（如动画、图形、文本、色彩等）；电视领域中也有许多种媒体（图像、声音、色彩等），但是在各自领域内都不叫多媒体。必须将两个领域中的媒体结合起来，比如计算机中哪怕只结合了电视领域中的一种媒体（如声音或者图像），才能叫多媒体。换句话说，Multimedia 中的 Multi（多），指的是领域而非媒体。

（2）多媒体是一个新领域。虽然它由计算机和电视两个领域演变而来，但是已和这两个领域有所区别，具有新的特征。

在多媒体领域中，可以采用如下几大类媒体形式传递信息和呈现知识内容：

"图"——指静止的图，包括图形（Graphics）和静止图像（Still Video）；

"文"——文本（Text），包括标题性文本和说明性文本；

"声"——声音（Audio），包括解说、背景音乐和音响效果；

"像"——指运动的图，包括动画（Animation）和运动图像（Motion Video）；

以上媒体中，除声音外，均可具有色彩。

（3）交互功能是计算机的一个基本属性，具有交互功能是指计算机在这种结合中处于基础地位。但是具有交互功能并不能狭隘地理解为只有 PC 机才具有这种属性，因而得出两者结合中必须以 PC 机为基础的结论。因为计算机中除 PC 机外，还有 Mac 机、工作站甚至单片机。此外，具有交互功能的 VCD 机（或 DVD 机），不论其中采用的是 HTML 技术还是单片机技术，只要最终能实现教学内容上的交互操作，都应视为具有交互功能。

由于不同学科的教学内容差异性很大，因而要求在各学科的多媒体学习材料（包括多媒体课件、网络课程、PPT 演示等）中采用与其相适应的一种或几种媒体表现出来。研究教学内容与媒体之间的最佳搭配关系，是当前设计、开发多媒体学习材料过程中受到普遍重视的热门课题之一。此外，如何将多媒体领域中的交互功能运用到教学过程中去，也是需要研究的课题。

（四）多媒体是数字化教学资源最直接、最具象的信息表现形式

"电子媒体""数字媒体""网络媒体""手机媒体""富媒体""新媒体""新新媒体""全媒体"可以统称为"X 媒体"。"X 媒体"实质上都是由多媒体（信息的表现形态）+ 各种媒介（信息的物理载体，包括传输、处理、存储和呈现等设备）组成，任何"X 媒体"只是媒介的载体有所不同而已。不管媒介技术如何发展、X 媒体如何多样、循序演进，媒体的表现形态一直没有改变，还是"多媒体"，还是数字化教学资源最直接、最具象的信息表现形式。因而多媒体研究一直没有过时。

二、多媒体画面

（一）"多媒体画面"的早期定义

"多媒体画面"一词由游泽清教授于 2003 年提出并给其下了定义。"多媒体画面"是由电视画面和计算机画面演变而来的，是电视画面和计算机画面的有机结合，是组成多媒体学习材料的基本单位，是基于计算机屏幕显示的画面。[①] 多媒体画面具有如下几个特点。

---

① 　游泽清 . 多媒体画面艺术基础 [M]. 北京 : 高等教育出版社 ,2003:8-9.

（1）多媒体画面是运动的画面,能够完整地表达一个知识点。[①] 由于多媒体画面是电视画面和计算机画面相结合的产物,可以表现动感。可以通过动画、视频表现具有运动特征和要求的教学内容;同时,对于静止的教学内容,也可以通过镜头的移动和景别的变化组接多角度、多层面的呈现,表现出动感。

（2）多媒体画面具有交互功能。交互功能实际上是一种多媒体画面呈现过程的控制功能,交互的作用不在于教学内容的呈现,而在于教学过程的控制。在多媒体的学习资源中它主要应用于导航、互动式教学、练习、测试以及虚拟现实等方面。

（二）"多媒体画面"的定义的再发展

"多媒体画面"提出于以个人计算机技术和网络技术为代表的信息技术时代背景之下,因此将其定义为是电视画面和计算机画面的有机结合,是组成多媒体学习材料的基本单位,并且是基于计算机屏幕显示的画面。随着物联网和云计算等新形态的信息技术的不断发展,用于呈现和发布多媒体学习材料的终端类型也不断丰富起来,陆续出现了电子白板、触摸电视、手机、平板电脑等呈现设备,学习者的学习方式也在不断变化,移动学习、微学习逐渐成为新的学习方式。显然,"多媒体画面"的早期定义已经无法适应新时代背景之下的多媒体学习方式的特点。本研究对"多媒体画面"进行重新定义,认为"多媒体画面"是多媒体学习材料的基本组成单位,是融合了图、文、声、像等多种媒体形式,具有交互功能,基于各种类型的屏幕显示的画面。

1. 构成要素

多媒体画面是多媒体学习材料的基本组成单位,是多媒体问世之后出现的一种新的信息化画面类型,是基于数字化屏幕呈现的图、文、声、像等多种视、听觉媒体的综合表现形式,并具有一定的交互功能。[②] 如图 1.1 所示。

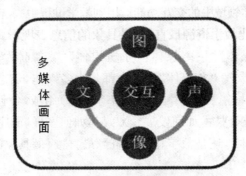

图 1.1　多媒体画面的构成要素

多媒体画面是数字化教学资源与人之间对话的接口,具有以下特征。[③]

图:图片,包括绘制的图形和静止的图像。

文:文本,包括多媒体学习材料中出现的各类文本。

声:声音,包括解说、背景音乐和音响效果。

① 游泽清. 认识一种新的画面类型——多媒体画面 [J]. 中国电化教育,2003,(7):59-61.

②③ 游泽清. 多媒体画面艺术基础 [M]. 北京:高等教育出版社,2003:5-10.

像：运动的图片，包括动画和视频。

交互：本研究中的交互的含义与计算机科学领域中的交互的含义一致，又称"人机交互"，是指系统接收来自终端的输入并进行处理，然后将处理结果返回给终端的过程。交互的形式是多种多样的，根据不同的交互需求会有不同的输入输出形式，呈现出多通道和智能化的趋势。但从多媒体画面的角度进行分析，交互的输出结果毋庸置疑是由多媒体画面呈现，而交互的输入则是由不同的多媒体画面呈现终端自身特点决定的，目前最为常见的是传统的计算机系统中所采用的鼠标、键盘和手写板等等，以及手机、平板电脑和交互式电子白板等所采用的触摸显示屏。

2. 呈现设备

多媒体画面是基于屏幕呈现的，但不局限于计算机屏幕，同时包括电子白板、触摸屏电视、手机和平板电脑等多种类型的呈现设备的屏幕。各类呈现设备的屏幕是有区别的，具体表现为不同的尺寸、分辨率、亮度、交互方式、可移动性等等，因此对多媒体画面中各类媒体要素的设计规则进行研究，需要充分考虑呈现设备的不同特征。

3. 特点

交融性：多媒体画面往往是视、听觉等多种媒体综合作用的结果。比如，图片以屏幕为载体呈现，与此同时，声音与图片相互对应、同步变化，两者产生的作用和发挥的功效是不同的，都成为多媒体画面不可分割的媒体形式。多媒体画面中的信息呈现方式丰富多样，是图、文、声、像多种媒体形式的相互交融。

交互性：交互性是多媒体画面有别于电视画面、电影画面的关键特征之一，通过交互能够实现按照学习者个人意愿的多个多媒体画面之间的组接，完成学习者与多媒体学习材料之间的互动。

移动性：移动技术的不断发展使得多媒体画面的呈现设备具备移动性，用手机、平板电脑进行学习成为普遍的学习方式，多媒体画面也随之呈现出移动性的特点。

屏幕显示性：多媒体画面是基于狭义的多媒体定义（只限于屏幕呈现的领域）提出的。在多媒体环境中，信息的呈现、输入输出等交互操作都是通过显示屏完成的，多媒体学习材料是由这种屏幕显示的一帧帧的多媒体画面组合而成。

动态性：多媒体画面是随着时间不断变化的画面，这种特点不但有表现运动的潜能（即经常用一个动态"画面组"来表示教材中一个完整运动的变化过程或贯穿一个"知识点"），更重要的是便于通过控制画面的变化和组接，实现人机之间的信息交互。

三、多媒体画面语言

多媒体画面语言是信息时代出现的一种有别于纯文字语言的新的语言类型，它主要是以"形"表"义"，即通过图、文、声、像等媒体及其组合来表达知识和思想或传递视听觉艺术美感，也通过交互功能来优化教学过程，促进学习者的认知和思维的发展。将多媒体画面语言与文字语言进行类比分析，可以得出以下推论：

（一）从成为"语言"的条件看，两者具有共通性

概略地讲，多媒体画面语言满足"语言"所具备的三个基本条件，如表1.1所示。

表 1.1　"语言"的三个基本条件

文字语言	多媒体画面语言
·有足够数量和类型的语汇和词汇	·有足够数量和类型的构成画面的基本元素和要素
·已形成一套完善的规则（如语法、句法）	·已形成一套完善的规则（如画面语法规则）
·在语言交流场合形成了共识	·在信息化教学以及艺术欣赏场合形成了共识

（二）从实践应用的方式看，二者有所不同

文字语言的字形和字义是分离的，而多媒体画面语言主要是以"形"表"义"，对"形"的要求是准确表意与视听美感并重，通过合理的设计使内在信息可视化，对教学内容有更丰富多元、生动形象的表达方式。

（三）从影响受众的范围看，二者有所不同

由于人类的视听觉生理构造是大致相同的，人类的视听觉感知方式、感知结果也是大致相同的。所以，多媒体画面语言不像文字语言那样受到国别语种、受教育程度等限制，更容易被人们接受和理解，它的受众面具有大众化、世界化的特点。

第二节　发展历史与时代定位

一、发展历史

游泽清教授（2003）针对多媒体学习材料的设计提出了"多媒体画面语言"这个概念，认为设计和编写多媒体学习材料与编写文字教材一样，都是基于一种语言指导之上的，二者的区别是，文字教材的编写遵循文字语言的规范，而多媒体学习材料的设计与编写遵循多媒体画面语言的规范。游泽清教授指导其研究团队在十余年时间里开展了一系列的相关研究，初步形成了多媒体画面语言学的研究框架。通过对相关文献进行梳理，将多媒体画面语言学的研究分为三个阶段①。

第一阶段，明确多媒体画面语言（Language with Multimedia）的一系列相关概念。

首先，提出了多媒体画面的概念，认为多媒体画面是一种运动画面；其次，将组成运动画面的基本元素按照媒体类型划分为四大类，即图、文、声、像；再次，认为多媒体画面具有认知和审美的双重属性和功能，并且从系统论的角度来说二者是同构的，即多媒体画面艺术规则和多媒体画面语言的语法规则是一致的，是相通的；最后，提出了多媒体画面艺术规则或者多媒体画面语言的语法规则规范的并不是画面上的基本元素本身，而是基本元素的衍变。②

第二阶段，创建了多媒体画面艺术理论（Multimedia Design Theory）。

通过借鉴传统的相关领域的艺术规则，以及对大量课件的评审和赏析的经验，从中提炼出了八个方面的多媒体画面设计原则即多媒体画面语言的语法规则。③这八个方面的多媒体画面设计原则可以分为三部分，即三个方面的共用原则、四个方面的配套原则和一个方面

---

①　游泽清. 开启"画面语言"之门的三把钥匙 [J]. 中国电化教育 ,2012,(2):78-81+135.

②　游泽清. 多媒体画面艺术基础 [M]. 北京 : 高等教育出版社 ,2003:8-20.

③　游泽清. 多媒体画面艺术设计 [M]. 北京 : 清华大学出版社 ,2009:229-240.

的画面组接原则,如表 1.2 所示。

表 1.2　多媒体画面设计原则

多媒体设计方面	三大部分的多媒体设计原则	八个方面的多媒体设计原则
媒体呈现	共用原则(三个方面)	"突出主体(或主题)""媒体匹配""变化与统一"
	配套原则(四个方面)	"背景""色彩""文本易读性""解说配合"
画面组接	画面组接原则(一个方面)	"交互功能"

三个方面的共用原则,适用于图、文、声、像四类媒体,包括突出主体、媒体匹配和变化与统一三个方面。

突出主体原则:应该将所呈现教学内容的关键部分及其关系安排在屏幕上的显眼的位置,旨在帮助学习者理解呈现的主题。

媒体匹配原则:应该根据教学内容和学习者特点在屏幕上选择和运用与其匹配的四类媒体,被选用的各媒体应该优势互补。

变化与统一原则:多媒体画面的整体视听觉效果源于基本元素在屏幕上的衍变,但是关键在于巧妙地处理好衍变的"度"。"度"是指屏幕上基本元素(形态、色彩、背景等)的变化、布局或搭配应该是有分寸的(即一个既不会不足,又不会过头的标准)。该原则是与传统艺术(例如平面和色彩构成中的对比、均衡及色彩对比、调和等规则)兼容的。

四个方面配套原则,分别用来规范背景、色彩、屏幕文本和解说的呈现。它们配合三个方面的共用原则,能够覆盖四类媒体(图、文、声、像)中的基本要素(图片、文字、声音、动画、视频),属于媒体要素呈现方面的规则。

一个方面的画面组接原则,多媒体画面语言由要素呈现和画面组接(交互)两部分组成,画面组接原则是用来规范画面之间的链接即交互功能的。

上述八个方面多媒体画面设计原则还能进一步细分为 34 条子规则,其中突出主体原则 5 条,媒体匹配原则 4 条,变化与统一原则 6 条,规范色彩原则 3 条,规范背景原则 5 条,规范屏幕文本原则 3 条,规范解说原则 5 条,规范交互功能原则 2 条。

第三阶段,提出多媒体画面语言学(Linguistics for Multimedia Design)的研究框架。[①]

多媒体画面语言学以语言学的研究框架为蓝本创建了画面语言学,形成画面语构学、画面语义学、画面语用学的研究框架,找到了一条切实可行的研究路径。[②] 画面语构学研究多媒体画面语言的语法规则,第二阶段的研究成果——多媒体画面艺术理论是目前画面语构学的主要研究结论;画面语义学探讨如何用画面语言设计多媒体学习材料;画面语用学研究在真实的教学环境中如何运用多媒体学习材料,旨在取得好的教学效果。

综上所述,经过三个阶段的研究,多媒体画面语言学的研究框架已经初步形成,其中画面语构学(画面语言的语法规则)从多媒体画面艺术理论中提炼总结。画面语义学和画面

---

① 游泽清. 多媒体画面艺术应用 [M]. 北京:清华大学出版社,2012:32.
② 张茹燕. 论多媒体画面语言学的合理性 [D]. 天津师范大学,2012:26-28.

语用学还没有形成明确的研究结论。目前对于多媒体画面语言学的研究尚处于初级阶段，有必要在理论框架、研究内容、研究方法、理论基础等方面进一步深入探索和完善。

二、时代定位

"多媒体画面语言"是与传统"文字"语言相对应的语言工具，作为信息时代信息传播的重要语言形式之一。"多媒体画面语言"是在信息化语言环境中，书写、阅读等交流活动所必须具备的基础知识。普及这些知识，相当于人们进入信息时代的"启蒙"教育。

课题研究团队进一步创新性地提出了"多媒体画面语言学（Linguistics for Multimedia Design，LMD）"理论，将多媒体画面语言研究上升到了语言学的层次。多媒体画面语言学理论是诞生和成长于中国本土的一门创新理论，是信息时代形成的新的设计门类，其基本目的是使数字化教学资源的设计、开发和应用有章可循，从而促进优质数字化教学资源的发展和应用。

第三节　LMD 的研究框架

一、目前多媒体画面语言学(LMD)研究框架的局限性

多媒体画面语言学已经初步形成画面语构学、画面语义学、画面语用学的研究框架。①已有的研究成果表明，目前的画面语构学主要从艺术和实践应用的视角开展相关研究，通过借鉴相关艺术领域（美术、电视、电影等）的设计规则以及对已有的优秀多媒体课件进行分析，初步形成了一套多媒体画面艺术理论，对多媒体学习材料的设计、开发和应用具有一定的指导意义。画面语义学和画面语用学的研究内容尚不明确。目前已取得的研究结果仍局限于理论探讨、哲学思辨、经验总结的水平之上，没有深入到多媒体信息加工规律的实证研究层面，还没有形成真正的科学体系。

二、莫里斯的符号学三分支

美国著名的实用主义哲学家莫里斯（Morris）在其《符号理论基础》一书中首创性地提出了符号学三分支的学说，即符号学具有语形学（syntactics）、语义学（semantics）和语用学（pragmatics）三个组成分支。语形学主要研究符形之间的关系即符号的结构，也称为语法学、语构学或句法学；语义学主要研究符形与符号所代表的对象之间的相互关系，即符形与符号所表达和传递的关于符号对象的信息内容；语用学主要研究符形、对象以及应用符号的具体情境之间的关系。②德国逻辑学家卡尔纳普（Carnap）认同了莫里斯关于符号学三分支的看法，并指出"符号学的三部分之间的差别是莫里斯提出的"。③

从符号学的三个组成部分来看，符号学的研究实际上就是研究符号的三种关系，即语法学研究符号与符号之间的关系，语义学研究符号与对象之间的关系，语用学研究符号与人之间的关系④，如图 1.2 所示。区分出符号学的三个分支，目的不是分裂或结构符号学，而是指

---

①　张茹燕. 论多媒体画面语言学的合理性 [D]. 天津师范大学 ,2012:26-28.

②　Morris C W. Symbolism and Reality[M].Chicago: The University of Chicago Press,1993.

③　Carnap R. Introduction to Semantics and Formalization of Logic[M]. Cambridge:Harvard University Press,1968.

④　Mick D G. Consumer Research and Semiotics: Exploring the Morphology of Signs, Symbols, and Significance | Journal of Consumer Research | Oxford Academic[J]. Journal of Consumer Research, 1986, 13(2):196-213.

出符号过程的不同维度和方面,目的在于更好地统一符号学,符号学的三个分支有机统一成为符号学,缺一不可。由此可知,对于一门语言学的完整研究应包括以上三个方面,用公示表达为:L=Lsyn+Lsem+Lp,即语言学 = 语形学 + 语义学 + 语用学。①

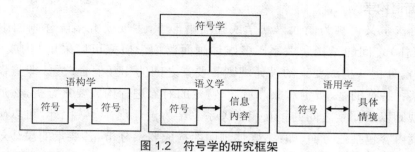

图 1.2　符号学的研究框架

三、多媒体画面语言学研究框架的进一步发展

将多媒体画面语言类比为符号语言,可以得出如下观点:

（1）多媒体画面语言学 = 画面语构学 + 画面语义学 + 画面语用学（LMD= LMDsyn + LMDsem + LMDp）；

（2）多媒体画面中使用的基本符号是各类媒体；

（3）通过各类媒体符号所表达和传递的信息内容是教学内容；

（4）真实的教学环境是多媒体画面中各类媒体符号的具体情境。

以符号学的三分支为蓝本,以上述的观点为依据,可以推演出多媒体画面语言学的研究实际上就是研究各类媒体符的三种关系:画面语构学研究各类媒体之间的关系,画面语义学研究各类媒体与其所表达或传递的教学内容（主要指知识）之间的关系,画面语用学主要研究各类媒体与教学环境之间的关系。与符号学一样,画面语构学、画面语义学、画面语用学形成了多媒体画面语言学的研究框架,缺一不可,如图 1.3 所示。多媒体画面语言学的三个组成部分不是相互独立的,它们之间也存在相互影响和相互作用。画面语构学是基础性的,画面语义学和画面语用学需要在画面语构学的基础上开展研究,反过来这两个方面的研究又为画面语构学的基础性研究提出了相应的设计要求。

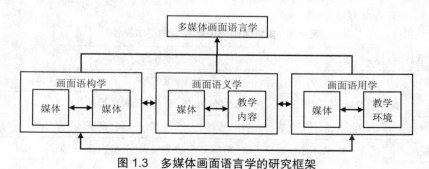

图 1.3　多媒体画面语言学的研究框架

① 张良林 . 莫里斯符号学思想研究 [D]. 南京师范大学 ,2012:4-5.

第四节　LMD 的研究内容

一、画面语构学

画面语构学又可称为画面语法学或画面语形学,主要研究多媒体画面中各种符号(即各类媒体)之间的结构和关系。多媒体画面语构学研究可以采用"构成"的研究路径:构成要素分析→构成要素的设计规则→要素之间的相互配合关系,即将设计对象概括成具有某种特征的视、听觉对象,对这一特定的对象进行构成要素分析,然后将构成要素的设计规则以及要素之间的相互配合关系总结为设计规律[①]。因此,可以确定画面语构学的研究内容包括三方面,即:多媒体画面的构成要素分析、各要素的设计规则研究和各要素之间的配合关系研究,其中,构成要素分析是画面语构学中其他两部分研究内容的基础。

(一)画面的构成要素分析

构成要素是画面构成的基本单元。多媒体画面的构成要素可以概括为图、文、声、像四大类媒体符号以及画面的交互功能。

图:图片,包括绘制的图形和静止的图像。

文:文本,包括多媒体学习材料中出现的各类数字化文本。

声:声音,包括解说、背景音乐和音响效果。

像:运动的图片,包括动画和视频。

交:交互,交互实现多媒体画面的组接。

需要特别指出的是,交互作为多媒体画面的一种特定功能,与图、文、声、像四大媒体不一样,它的作用不是呈现教学内容,而是实现一种教学过程。

(二)画面中各要素的设计规则研究

画面的构成要素简称为画面要素。各要素设计规则的研究实质上是对各要素基本属性进行分析,总结基本属性的作用及其参数的调节规律,以此为依据得出相应的语法规则。多媒体画面中各要素的基本属性如表 1.3 所示。

表 1.3　多媒体画面中各要素的基本属性

多媒体画面要素	基本属性
文本	颜色、字体、大小、位置、字间距、行间距、版式等
图片	点、线、面、构图、光线、色彩、大小、位置、分辨率、图片类型等
声音	音色、语调、速度、节奏、韵律、旋律、力度、长短、强弱、高低、声音类型等
动画、视频	色彩、光线、构图、拍摄手法、剪辑手法、长度、大小、分辨率、类型等
交互	输入方式、输出方式、应用场合、交互设备特点等

---

① 赵战. 新媒介视觉语言研究 [D]. 西安美术学院 ,2012:55-60.

（三）画面中各要素之间的配合规则研究

多媒体画面中经常同时出现图、文、声、像、交中两种或两种以上的画面要素，这些要素相互之间需要配合，使学习者能够在轻松、愉悦、优美的多媒体情境下开展符合他们自身认知加工特点的学习。画面中各要素配合关系的研究属于画面语法规则研究，包括两个层面：认知心理层面的配合研究和视听觉审美层面的配合研究。

其一，认知心理层面的配合研究。多媒体学习认知理论认为，视觉通道和听觉通道是两个相对独立的信息加工通道。多媒体学习材料同时呈现视觉、听觉通道的知识内容，例如图片和声音，通过视觉、听觉刺激后，分别由两个不同的通道加工，只要设计得当，相互之间不会干扰或造成认知负荷。与之相反，组合呈现方式既增加了学习者对知识内容的接受数量，又加深了学习者对知识内容的理解程度[1]。在同一多媒体画面中，各类媒体之间的配合首先要关照到多媒体情境下学习者的认知加工特点，比如图片＋声音（视觉＋听觉）的配合要好于图片＋文字（视觉＋视觉）的配合。

其二，视听觉审美层面的配合研究。分析画面中各要素、各属性之间相互配合而衍变出的新的视、听觉效果，研究其规律，以此为依据得出相应的语法规则。虽然视、听觉效果与画面要素的基本属性成分相关，但它绝不等于这些成分之和，而是完全独立于这些成分之外的全新整体，该整体具有超越各独立部分的"新质"，也称为"格式塔质"，这是从显性刺激生成隐性刺激（新质）的过程。以"文本"媒体为例，通过对字体、字号、颜色、间距、位置、版式等基本属性参数的调节，与背景图片或解说的组合搭配，可以衍变出新的视听觉效果，使学习者的整体感知得到更大程度的激活。换言之，如果多媒体画面中各类媒体要素之间的配合是相辅相成、相得益彰的和谐关系，就会产生视听觉美感，有利于引发、维持学习者的良好情绪和学习体验，从而增强他们的学习动机。

二、画面语义学

画面语义学研究各类媒体与所表达或传递的教学内容之间的关系，从中总结出表现不同类型教学内容的规律性的认识，形成画面语义规则。

多媒体学习材料作为教学内容的一种表现形式，其主要作用是呈现或承载教学内容中各类知识信息。因此，更为确切地讲，画面语义学研究实质上是挖掘各类媒体与不同类型的知识信息之间的匹配规律。

多媒体画面中媒体的类型是确定的，而通过媒体所传达的知识内容是不确定的，因此，需要对知识进行分类，目的是根据知识的特征采取不同的媒体呈现方式。通过文献梳理，发现存在十余种不同的知识分类方式[2]，具有代表性的是从语言符号、知识效用、研究对象的性质、知识的形态等角度划分，由于多媒体学习材料应用于教学，本研究倾向于教育学和心理学领域的划分方法，按照知识属性分类，包括事实性知识、概念性知识、程序性知识和元认知知识四类。事实性知识又叫"事实"，是一种单独出现、特定的知识内容，如事情具体的细节、专有名词、术语等；与事实性知识相比，概念性知识则更为抽象、复杂，具有一定的结构组

---

[1]　Mayer, Richard E. The Promise of Multimedia Learning: Using the Same Instructional Design Methods across Different Media.[J]. Learning & Instruction, 2003, 13(2):125-139.

[2]　陈洪澜. 论知识分类的十大方式 [J]. 科学学研究 ,2007,(1):26-31.

织,如学科中理论、原理、结构、模型等知识;程序性知识是指如何做事的程序、步骤的知识,如使用方法、操作技能等知识;元认知知识是指学习者关于认知的知识,如学习目标、策略、任务和自我认知等知识①。

通过以上分析,可以确定画面语义学就是要研究图、文、声、像四大类媒体及交互形式与所表达或传递的事实性知识、概念性知识、程序性知识和元认知知识四大类知识间的关系和匹配规律(如图 1.4 所示),总结出适合不同知识类型的语义规则,使多媒体画面能够更准确地呈现和表达各类知识。

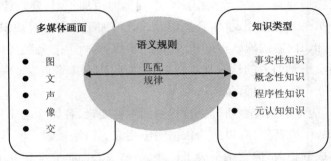

图 1.4　画面语义学的研究内容

三、画面语用学

画面语用学研究各类媒体与真实的教学环境之间的关系,从中总结出适合于不同教学环境特征的媒体设计规律,形成画面语用规则。

本研究所指的是狭义的教学环境,与真实的教学过程相对应,是一个相对完整的教学系统,多媒体画面中各类媒体在教学过程中要与该教学系统中的诸多要素发生联系。因此,分析教学系统中的构成要素是确定画面语用学研究内容的前提。英国德蒙福特大学教授詹姆斯·阿瑟顿(Atherton J)提出了教学系统三要素,即教师、学生和教材,并通过六种不同的教学三角模型展现了三大要素之间复杂的矛盾关系②。多年来我国教育理论研究领域对教学要素问题也进行了大量的研究,出现了一批有代表性的研究成果。然而,由于不同的研究视角和研究问题自身的重要性和复杂性,学术界至今没有形成一个统一的认识,教学要素说仍众说纷纭。通过对已有的研究成果进行梳理和分析发现,除了"三要素说"以外,还有"四要素说""五要素说""六要素说""七要素说"以及"教学要素层次说"等等③④⑤⑥⑦。不同教学要素说体现出学者们不同的研究视角和侧重点,得出了不同的结论,反映出不同角度对教学系统的不同认识。例如客观与主观、硬件与软件、静态与动态等等,从本质上来说不同的教学要素说并不存在根本上的对立与冲突。

---

① 张燕, 黄荣怀. 教育目标分类学 2001 版对我国教学改革的启示 [J]. 中国电化教育, 2005, (7): 17.
② Atherton J. Learner, Subject and Teacher[EB/OL].[2010-02-10].http://www.doceo.co.uk/tools/Subtle_1.htm.
③ 吕国光. 教学系统要素探析 [J]. 上海教育科研, 2003,(2):25-28+44.
④ 张广君. 教学系统基本要素初探 [J]. 宁夏大学学报 (社会科学版),1988,(1):83-87.
⑤ 南纪稳. 教学系统要素与教学系统结构探析——与张楚廷同志商榷 [J]. 教育研究,2001,(8):54-57.
⑥ 李泽林, 石小玉, 吴永丽. 教学"要素论"研究现状与反思 [J]. 当代教育与文化,2012,(3):94-98.
⑦ 张楚廷. 教学要素层次论 [J]. 教育研究,2000,(6):65-69.

　　本研究从教学的本质来分析教学系统的基本要素。我国著名的教育理论家胡德海（1998）认为教学是作为文化传承方式的师生交往活动，因此教学从本质上来说是一种认识活动，一种存在形态和社会现象，既包括主体也包括作用的对象①。进一步来说，教学就是由教师和学生作为主体，以文化为内容，以媒体为手段所进行的一种文化交流和传承的活动。因此，就教学系统构成的基本要素来说，应当包括教师、学生、教学内容以及媒体，四个要素并不是彼此独立的，而是相互作用、相互联系的一个有机整体，从而形成相对稳定的教学系统，如图1.5所示。可以说离开了这四者中的任何一个，都不能构成教学系统。没有教师，教学将失去主导；没有学生，就没有了教学对象；没有教学内容，就失去了教学的凭借；而没有了媒体，则失去了教学的手段及载体。这种观点与何克抗（2002）教授的提出的e-learning教学系统的四个基本要素（教师、学生、教材（教学内容）、媒体）学说相一致。②

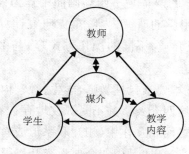

图 1.5　教学系统四要素

　　教学内容是指师生教学交往活动中为服务于教学目的而动态生成的各类素材和信息。需要注意的是，教学内容不仅包括教材内容（素材内容）③，而且包括了动机作用、引导作用、方法论指导、规范概念和价值判断等等，是学校和教师给学生传授的知识和技能、灌输的思想和观点以及培养的行为和习惯的总和。教材是教学内容的重要成分，但不是唯一成分。多媒体学习材料作为教材的一种形式，其主要任务是负责呈现或承载需要传递的各类知识信息。

　　学生是教学活动中的主体之一，其个体差异性是影响教学效果的重要因素，因此教学过程的各个环节都要充分考虑学习者的个体差异，做到因材施教。多媒体学习材料的设计同样也要关注学习者的个体差异，做到"因材设计媒体"。所谓个体差异是指不同的个体之间在身心结构和外在行为方面所表现出来的相对稳定的个性特征，表现在生理和心理两个方面。④ 教育心理学的理论研究和实践探索表明，学习上的成功要求全部心理活动的积极有效的参与。对学习者的学习效果有重大影响的个体因素有很多，比如年龄、性别、智力、学习风格和性格等。

　　教师是教学活动中的另一主体，其在教学系统中的作用主要体现为教师自身的职业活动，教师通过其职业活动引导整个教学过程，实现教学目的。需要注意的是教师并不是单向地向学生灌输知识，而是教师与学生之间通过各类媒体进行互动，实现双向的交流。⑤ 教师

　　① 胡德海.教育学原理 [M].兰州：甘肃教育出版社,2006:313-314.
　　② 何克抗.E-learning与高校教学的深化改革（上）[J].中国电化教育,2002,(2):8-12.
　　③ 俞红珍.课程内容、教材内容、教学内容的术语之辨——以英语学科为例 [J].课程.教材.教法,2005,(8):49-53.
　　④ 韦洪涛.学习心理学 [M].北京：化学工业出版社,2011:154-169.
　　⑤ 南纪稳.教学系统要素与教学系统结构探析——与张楚廷同志商榷 [J].教育研究,2001,(8):54-57.

职业活动受教师所采用的教学策略指挥。所谓教学策略是教学计划或方案的总体特征,也是教学途径的概要说明,正是在教学策略的框架和指导下,才有各种具体的教学方法。对教师的教学是否有效的考量,主要不是看教学方法本身是否新颖别致或高人一筹,而是首先要考察其总体特征即教学策略是否合理、明晰。① 因此,多媒体学习材料的设计也要与教师所选用的教学策略(例如主题探究、合作讨论、问题解决等等)相匹配。

　　媒体是教学系统中承载教学内容的载体,是师生之间交往的媒介。教学系统中的媒体有两种含义:第一层含义是指融合两种以上的存储和传递信息的物理载体,如书本、挂图、磁盘、光盘、课件和网站等等;第二层含义是指多种信息的表达形式,例如文字、图形、图像、声音、动画等等。显然多媒体画面中的媒体要素取的是第二层含义,认为媒体是信息的表达形式,作为信息表达方式的媒体符号之间的关系属于画面语构学的研究内容。而第一层含义即作为物理载体的媒体与多媒体画面中作为信息呈现形式的各类媒体之间的关系和规律则属于画面语用学的研究内容,重点研究计算机和移动设备等各类呈现设备的不同特性(如不同的呈现介质、不同的操作方式等)与多媒体画面中各类媒体符号的匹配规律。

　　本研究认为教学系统的基本要素包括教师、学生、教学内容和媒体。同时,从系统论的视角进行分析,教学系统中的这四个要素并不是孤立地存在着,而是相互关联、相互作用形成一个不可分割的整体,四者之间相互作用、相互联系形成有机的一个整体,教学系统的整体功能(主要表现为学生的学习效果)是由四个要素交互作用(非简单叠加)而产生的,如果将其中某个要素从系统中割离出来,它将失去要素的作用。多媒体情境下的教与学的活动同样也发生于教学系统之中,学生的学习效果同样受到系统中各要素的综合交互影响,将多媒体画面中的媒体要素的设计从教学系统中割离出来,仅研究媒体要素本身的设计是片面的,必须将媒体要素的设计与教学系统中其他要素的相互联系和相互作用纳入到研究视野当中。这种观点与多媒体画面语言学的研究框架也是一致的。

　　通过以上分析,可以确定画面语用学的研究内容就是要研究多媒体画面中图、文、声、像四大类媒体及交互形式与作为物理载体的媒介、教师和学生之间的关系和匹配规律(如图 1.6 所示),依此得出画面语用规则,使多媒体画面的设计更符合媒体的特性、学习者的个体特征以及教师的教学策略和教学方法,实现多媒体情境下教学过程的最优化。

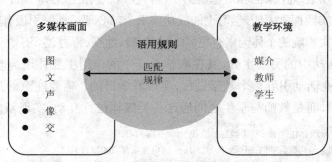

图 1.6　画面语用学的研究内容

---

① 盛群力. 依据学习结果选择教学策略——乔纳森的学习结果与教学策略适配观要义 [J]. 远程教育杂志 ,2005,(5):14-19.

第五节　LMD 的研究方法

一、定性研究与定量研究相结合

通过以上对相关研究所采用的研究方法的分析,可以看出多媒体学习材料中媒体要素的设计研究既采用了以哲学思辨、理论推导、经验总结为主的定性研究方法,也采用了以实验研究为主的定量研究方法。哲学思辨可以拓展研究者的视角和思维,加深对多媒体学习材料媒体要素设计研究中某些问题的理解深度;概念演绎能够帮助研究者对多学科的研究内容进行交叉综合、融会贯通;经验总结能够为相关研究的开展提供可借鉴的丰富的感性信息。但是,归根结底这些方法并不能直接用于解决科学问题,必须在定性研究的基础上,借助于定量研究手段对哲学思辨、概念演绎和经验总结的一些结论进行进一步研究,并且经过思维抽象上升到一定的具有普遍意义的理论,只有这样才能保证多媒体学习材料设计相关研究的科学严谨性。

二、传统的认知行为实验手段与现代的眼动跟踪技术相结合

眼动跟踪技术的客观性、在线性和高生态性在多媒体学习材料媒体要素设计的研究中起到了十分重要的作用,被一些研究者推崇,大有摒弃传统的认知心理行为实验研究的势头。眼动数据反映的是学习者知觉层面的情况,表明学习者"用眼睛看"的情况。然而,"看到的并不一定是被加工的",眼动数据并不能全面地反映学习者的认知加工过程,眼动数据并不能完全解释学习的成功与失败。因此,不能将眼动实验方法作为研究的唯一方法,应该将在线方法(眼动实验)和离线方法(反应时测试、认知负荷测试、正确率测试等)相结合,从知觉和认知的双重视角全面进行多媒体学习材料设计的相关研究。

需要注意的是眼动跟踪技术在多媒体学习材料设计研究领域中应用的时间还比较短,对于眼动数据的分析还不是特别成熟和完善,这表现为眼动指标分析不够全面、透彻。从已有的使用眼动实验方法的多媒体学习的研究中,可以看出大多数研究对注视时间、注视次数、瞳孔大小、眼动轨迹等眼动指标进行了分析,而对首次注视时间、回视次数、非注视总时间、首次注视点、首次注视点的注视时间、眼跳次数、眼跳之间的关联元素等不容忽视的眼动指标却少有问津,造成对于眼动数据利用的不充分,分析不够全面,没有对眼动数据背后隐藏的规律进行深度挖掘。

三、实验室研究与自然情境下的教学实验研究相结合

研究者通过实验研究可以对实验变量进行控制,在控制无关变量的前提下,能够比较精确的探索自变量与因变量之间的因果关系,从而得出实验结论。通过实验室条件下的实验研究,研究者可以严格控制环境条件,对实验环境进行"纯化",自由控制实验变量,产生较高的内部效度。然而这一优点反过来看则是致命弱点,实验条件控制的越严,离真实的教学活动就越远,会导致较低的外在效度,使得研究成果较难推广到自然、真实的教学情境当中。而自然情境下的教学实验则可能造成无法控制的变量增多,导致研究不够严谨,内部效度降低。但是却因为在真实的教学情境下进行,所以外在效度较高,具有较强的实际应用和推广价值。

因此,多媒体学习材料中媒体要素设计的相关研究要将实验室研究与自然情境下的教学实验研究有机结合,充分利用这两类实验研究的优点,保证实验的科学严谨性和可推广性。

第二章　多媒体画面中媒体要素设计模型

第一节　相关研究回顾及对模型的启示

一、心理学领域的研究

（一）多媒体学习材料的媒体元素自身对学习效果影响的研究

多媒体学习材料的媒体元素包括图（图片、图像）、文、声、像（动画、视频）四大类型。多媒体学习材料内部不同媒体元素的设计是指不同类型的媒体元素（图、文、声、像）如何组合搭配，以及每种媒体元素自身属性上的不同设计（如动画或视频的播放速度、媒体元素的颜色、位置等）。通过对多媒体学习材料内部的媒体元素进行设计，分析其对学习者学习效果的影响，进而挖掘多媒体情境下学习的认知规律。一些典型的研究如下。

Han-Chin Liu（2011）研究不了同搭配的媒体元素的多媒体学习材料设计对学习者认知负荷的影响。研究采用了 3×1 的实验设计，共设计了三张网页，分别采用图片＋文字、图片＋解说以及图片＋文字＋解说的媒体组合方式呈现三种不同类型的雷电的形成原理。按照随机顺序将三张网页呈现给被试，通过被试的眼动数据探究不同的媒体组合情况下学习者的认知负荷情况。此研究发现图片＋解说组合的情况下学习者的认知负荷最小，图片＋文字次之，图片＋文字＋解说情况下学习者认知负荷最大。[①]

Erol Ozcelik（2009）的研究通过眼动数据证实了在多媒体学习材料中添加标记确实能够提高学习者的学习效果。研究结果显示，使用添加标记的多媒体学习材料进行学习的被试组的迁移测试成绩要比不添加标记的被试组要高，而保持测试成绩差别不显著，这说明添加标记促进了学习者深层次的认知加工。眼动数据对这一结论提供了强有力的支撑，添加标记与不添加标记相比，在相同的区域内拥有更多的注视点、更长的注视时间。[②]

王福兴（2012）的研究通过眼动实验方法对图文的空间位置进行了研究。结果表明图文位置临近的多媒体学习材料学习效果要明显好于图文位置远离的学习材料，眼动数据也直接证实了图文位置会影响学习者的注意分配。[③]

Bemard（2002）比较了 10 号、12 号、14 号的几种不同大小的文本对学习者阅读材料速度的影响，结果表明 10 号字的文本材料读起来明显比 12 号要慢。但是也有研究者（Dyson，2004）发现，字号的增大并不会提高阅读速度和易读性，9 号、10 号、11 号和 12 号的文本

①　Liu H C, Lai M L, Chuang H H. Using eye-tracking technology to investigate the redundant effect of multimedia web pages on viewers' cognitive processes[M]. Elsevier Science Publishers B. V. 2011.

②　Ozcelik E, Arslan-Ari I, Cagiltay K. Why does signaling enhance multimedia learning? Evidence from eye movements[J]. Computers in Human Behavior, 2010, 26(1):110-117.

③　王福兴，段朝辉，陈珺等．线索和空间位置效应对多媒体学习影响的眼动研究 [C]. 第十五届全国心理学学术会议论文摘要集,2011:237.

具有相同的易读性。

Mi Li 等人（2009）将教育类网页划分为右上、左上、左下、右下四个区域,对文本和图片两种类型的媒体在教育类网页中的最佳呈现位置进行了研究。研究表明,需要重点突出的文本和图像都最适于放在教育类网页的左上区域,对于文字来说,最差的位置是页面的右下区域,而对于图片来说最差的位置是页面的左下区域。[1]

Katharina Scheiter 等人（2015）通过两组眼动实验探究了多媒体学习材料中的图文元素中如何合理地呈现线索,研究了视觉注意力与学习效果之间的关系,结果表明突出与图片对应的特定文本,有利于促进学习者将图文信息整合成为连贯、一致的心理表征,提高学习成绩。[2]

国内学者水仁德（2008）通过自然情境下的多媒体教室中的教学实验和实验室实验对多媒体课件中文本的大小进行了研究,将文本的字号分别设计为 12 号、18 号、24 号、36 号和 42 号,结果表明当文本的字号小于 24 号时对学习者的学习效果有显著影响,当文本的字号为 24 号及以上时对学习者的学习效果影响不显著,因此建议多媒体课件中文本大小应设置为 24 号以上。

刘世清（2011）将图片＋文本的教育网页结构划分为上图下文型、上文下图型、左图右文型和左文右图型。使用眼动仪对 48 名大学生浏览这四种结构类型网页的眼动行为进行记录。研究发现在图片＋文本的网页结构中,如果是文本为主可优先选择左图右文结构,如果是图片为主可优先选择上图下文结构。[3] 刘世清（2012）的另一项研究对教育类网页中文本与动画的位置进行了研究,将网页结构划分为上文本下动画型、上动画下文本型、左动画右文本型和左文本右动画型四种位置结构,同样使用眼动仪对大学生浏览四种结构的网页的眼动行为进行记录,结果显示教育类网页界面最佳的文本与动画的呈现方式是上文本下动画型,其次是上动画下文本,而文本和动画的左右位置结构是应该避免的。

李萍（2012）关注到了网络课件中文字的颜色、字体和字号的设计,通过两组实验证实了文字的颜色、字体、字号对眼动数据和测试成绩产生影响,并得出结论蓝色宋体的文字更能吸引学习者注意,学习效果更好。[4]

安璐（2012）使用眼动仪对适合黑色文本的教学 PPT 的背景颜色进行了研究。研究将黑色文字搭配白色、黄色、蓝色三种背景颜色的 PPT 呈现给学习者,分析了学习者注视次数、注视时间、第一次到达目标区域的时间等眼动数据,总结出当文本颜色为黑色时,相对于其他颜色的背景白色背景是最利于学习者学习的教学 PPT 背景。[5]

王福兴等人（2015）通过变换多媒体呈现的图文排列位置,采用颜色作为线索引导注意,探讨了有无线索和图片＋文本的空间位置对多媒体学习图文整合的影响。研究表明

[1]　Li M, Song Y, Lu S, et al. The Layout of Web Pages: A Study on the Relation between Information Forms and Locations Using Eye-Tracking[C]// International Conference on Active Media Technology. Springer-Verlag, 2009:207-216.

[2]　Scheiter K, Eitel A. Signals foster multimedia learning by supporting integration of highlighted text and diagram elements[J]. Learning & Instruction, 2015, 36:11-26.

[3]　刘世清, 周鹏. 文本—图片类教育网页的结构特征与设计原则 [J]. 教育研究 ,2011,(11):99-103.

[4]　李萍. 浏览网络课件不同字体字号与颜色搭配的眼动研究 [D]. 华东师范大学 ,2008:1.

[5]　安璐, 李子运. 教学 PPT 背景颜色的眼动实验研究 [J]. 电化教育研究 ,2012,(1):75-80.

有线索时图文邻近不仅提高学习者对知识的识记和理解,同时也影响了学习者的注意分配过程。①

（二）多媒体学习材料与学习者、教学内容和教学设计等外在因素相结合对学习效果影响的研究

多媒体学习材料中的媒体要素包括图（图片、图像）、文、声、像（动画、视频）四大类型。如何选择和搭配这四种类型的媒体要素? 哪种媒体要素组合方式（例如文字＋图片、声音＋图片、文字＋声音＋图片）的学习效果更好? 这些问题与多媒体情境下学习者的认知加工规律息息相关。

在对相关文献进行分析的过程中,发现对同一问题的研究存在一些不同的结论。以"动画的播放速度对学习者学习效果影响"为例,不同的研究得出了相互矛盾的结论。Fischer（2008）让两组学生分别通过快速和正常速度的钟摆原理的动画进行学习,结果发现快速组学生对钟摆原理相关知识的测试成绩显著比正常速度组要高。而 De Koning（2011）对心血管循环系统为主题的动画播放速度对学习效果的影响进行了研究,结果发现动画播放速度对学习者的保持测试和迁移测试的成绩均不产生影响。段朝辉（2013）的研究将动画学习材料的播放速度控制为慢速、中速和快速,使用眼动仪记录了学习者使用不同速度的动画学习材料的眼动数据,结合对学习者学习效果的保持测试和迁移测试,总结出动画播放速度变慢能够促进对知识的理解,但是动画播放速度对知识的识记不产生影响。②这些相互矛盾的研究结论引发了研究者的思考,多媒体情境下的学习效果不单单只受到多媒体学习材料的媒体元素本身的影响,而是受到媒体元素、学习者、学习内容和教学设计等因素的相互影响。

近年来,越来越多的学者将多媒体学习材料与教学内容、学习者个体特征和教学策略等因素相结合开展多媒体学习方面的研究。

Murakami Masayuki 等人（2002）分析了学习者的眼动数据与不同类型教学内容（包括介绍、演示、解释、说明等 9 种类型）之间的关系,根据每种类型的教学内容的眼动数据的特点总结出针对不同类型教学内容的多媒体学习材料如何选取图片的规则。③

刘儒德（2009）研究了外在暗示线索与年龄两个因素对多媒体学习情境下自我调节学习过程的影响。研究发现多媒体学习情境下自我调节学习过程受到外在暗示线索与学习者年龄因素的综合影响。具体表现为两个年级的学生都能够根据外在的暗示线索对图文的阅读加工时间分配进行自我调节,七年级学生比五年级学生对测试中图文关系的监察更加准确,时间分配的自我调节出现的时间更早,自我调节策略使用的更加合理,测试的成绩也更高。④

胡卫星（2012）在他的博士论文中综合使用传统的认知心理学实验方法和眼动实验方法对动画情境下的多媒体信息呈现方式、教学材料性质、教学内容设计方式、学习者个体特

　　① 王福兴,段朝辉,周宗奎,陈珺. 邻近效应对多媒体学习中图文整合的影响:线索的作用 [J]. 心理学报,2015,47(02):224-233.

　　② 段朝辉,颜志强,王福兴等. 动画呈现速度对多媒体学习效果影响的眼动研究 [J]. 心理发展与教育,2013,(1):46-53.

　　③ Murakami M, Kakusho K, Minoh M. Analysis of Students' Eye Movement in Relation to Contents of Multimedia Lecture[J]. Transactions of the Japanese Society for Artificial Intelligence, 2002, 17(4):473-480.

　　④ 刘儒德,徐娟. 外在暗示线索对学习者在多媒体学习中自我调节学习过程的影响 [J]. 应用心理学,2009,02:131-138.

征和教师教学策略多因素对学习者学习效果的影响进行了研究。认为动画多媒体学习效果的好坏是受以上多因素综合交互影响的，并根据实验结果，总结出了若干设计动画多媒体学习材料的细则。[1]

宋菲菲（2011）关注到了学习者个体的学科背景差异对动画情境下多媒体学习效果的影响，使用眼动实验方法和认知行为实验研究方法对文理科不同学科背景影响动画情境下的多媒体学习效果的原因进行了深层次的分析。研究表明理科学科背景的学生较文科学科背景的学生更倾向于选择动画媒体表征形式的多媒体学习材料进行学习。其中眼动数据进一步证实了实验结果，反映了文理科学生进行动画情境下的多媒体学习的即时信息加工的差异和特征。[2]

王玉琴（2012）将多媒体学习材料的播放步调（系统控制与学习者自主控制）和不同的媒体组合方式（图片＋文本，图片＋声音）作为自变量，眼动数据、学习效果以及认知负荷测试结果作为因变量，对媒体组合与学习步调两个因素对多媒体学习效果的交互影响进行了研究和分析。研究结果显示，"通道效应"仅出现在系统控制步调的多媒体学习中，而学习者自控步调的多媒体学习中，图片＋声音相对于图片＋文字的优势消失，反而学习者控制学习步调的情况下，图片＋文字的媒体组合的学习效果更佳。[3] 由此可见，多媒体学习的效果同样会受到多媒体学习材料的播放步调的影响。

温小勇（2017）的博士论文以教育图文融合的基本途径为实验设计依据，开展眼动实验研究，观测被试在学习图文材料时的眼动行为和学习效果，从中发现并挖掘出教育图文融合设计规则：图文相关规则、语义图示规则、交互设计规则、关联线索设计规则。[4]

从上述研究中我们可以看出，摒弃多媒体学习过程中的其他因素，仅研究多媒体学习材料内部不同媒体元素的设计是片面的，多媒体学习的研究必然是基于内容的、基于特定情境的。同样可以推断的是，一定不存在一种适合于任何教学内容、任何教学模式或任意学习者的多媒体学习材料设计方法。在实际的多媒体学习材料的设计和教学应用当中必须明确各类多媒体学习相关研究得出的各种规律和原则成立的前提条件和适用的学科范围，进行科学合理的设计和应用。[5]

二、视觉语言领域的相关研究

在艺术和设计领域，视觉语言被认为是视觉交流的一种语言形式。设计师通过视觉语言将视觉要素按照信息语义的规范，对其进行有机的排列组合，传达要表达的信息、意识和情感。以文本这种作为各类艺术作品的视觉要素的重要组成部分为案例，发现视觉语言的相关研究对文本的设计进行了规范。

许海（2007）对网页界面中的文本设计进行了研究，认为文本字体的选择、创造和编排要遵循艺术规律，要与文本内容的风格保持一致。[6]

① 胡卫星．动画情境下多媒体学习的实验研究 [D]．辽宁师范大学，2012:41-75.
② 宋菲菲．学科背景与呈现交互性对动画多媒体学习成效影响的实验研究 [D]．辽宁师范大学，2011:1-3.
③ 王玉琴，王咸伟．媒体组合与学习步调对多媒体学习影响的眼动实验研究 [J]．电化教育研究，2007,(11):61-66.
④ 温小勇．教育图文融合设计规则的构建研究 [D]．天津师范大学，2017.
⑤ 刘世清．多媒体学习与研究的基本问题——中美学者的对话 [J]．教育研究，2013,(4):113-117.
⑥ 许海．网页界面视觉设计艺术研究 [D]．湖南师范大学，2007:19-20.

彭馨弘（2007）对平面设计中文本的视觉语言进行了研究，提出要拓展文本个性化的视觉表现形式，提出了平面设计作品中的文本的分解与转换、打散再构、置换构成、基本形变异等规则，意在为字体设计赋予新的应用和艺术审美价值。①

戚跃春（2001）认为文字作为视觉信息符号，具有信息传播功能和视觉审美功能两大功能特征，应当利用文字视觉传递的特点、视觉规律、视知觉感受的生理效应，及其传统和现代审美功能等，创造丰富多彩的，具有个性化、风格化的视觉语言形式。②

徐乐（2016）认为文字应在"形""音""义"三要素的基础上进行创意设计，使文字具备视觉传达上的美感，具有视觉冲击力，以达到加深记忆的效果。③

视觉语言中对文本设计规则的研究对多媒体画面中媒体要素的设计具有一定的参考和借鉴意义。但是这些规则不能完全照搬，因为视觉语言规范的是视觉作品的设计，例如平面广告、绘画作品、电影等，这类作品的核心功能是信息和情感的传达，并非教学。

三、存在的问题

（一）研究领域互不衔接

心理学的部分研究集中于媒体与其他媒体呈现形式的组合搭配问题，研究的主要目标是多媒体情境下学习者的认知过程，描述和解释多媒体情境下的学习是怎样发生的。而另一部分对媒体属性的研究则主要关注媒体的颜色、大小、位置等，但是大多数研究将媒体要素孤立出来，没有形成具备可操作性的媒体设计的指导性原则和规律。

视觉语言的相关研究积极关注了媒体的易读性、适配性和艺术性三方面需要遵循的一些原则，为多媒体画面中媒体要素的设计开出了处方。但是缺乏相关的理论支撑，忽视了借助实验方法进行科学系统的实证性研究。

从目前的情况来看，这两个领域的研究处于相互脱节的状态，没有形成完整的研究体系。

（二）研究内容存在空白

目前国内外的相关研究从心理学和视觉语言的角度对多媒体学习材料中媒体的组合搭配、自身的属性设计、需要遵循的艺术规则进行了大量的研究，取得了一系列优秀的研究成果，为后续的相关研究提供了大量可参考和借鉴的宝贵资料。但是，从研究内容上来讲，尤其是国内的研究对媒体设计仍缺乏系统的分析和深入的研究，在某些领域内仍存在空白，具体表现为以下两个方面：

1. 缺乏对移动媒体上媒体设计的研究

对媒体设计的研究，其呈现设备以传统的计算机屏幕为主，忽视了对于时下流行的手机、平板电脑等移动设备上屏幕媒体的研究。而各类多媒体画面的呈现设备的尺寸、亮度、分辨率、交互方式、可移动性等存在差异，这些差异是否会对媒体的设计产生影响是研究者需要关注的问题。

———————————

① 彭馨弘, 何峰. 平面设计中的文字视觉语言 [C]// International Conference on Industrial Design. 2007.

② 戚跃春. 视觉传达设计中文字的美学特征 [J]. 厦门大学学报（哲学社会科学版）,2001,(4):151-157.

③ 徐乐. 字体创意设计是加深视觉传达记忆的根蒂 [D]. 哈尔滨师范大学,2016.

2. 缺乏对媒体外其他因素的考量

与传统的课堂教学一样,多媒体情境下的学习同样发生于一个完整的教学系统当中,其学习效果会受到教学系统中各个要素的综合交互影响。仅研究多媒体画面中媒体要素的设计,而忽视教师、学生、教学内容等其他因素对学习效果的影响是片面的,多媒体画面中媒体要素的设计必然是基于特定的教学内容和教学情境的。因此,在研究多媒体画面中媒体要素的设计时,必须考虑媒体之外的各项因素,明确研究结论成立的条件和边界。

(三)研究方法还比较落后

从研究方法上来看,部分多媒体学习材料中媒体的设计研究采用哲学思辨、经验总结和文献分析的方法,缺少科学系统的实证性研究。部分多媒体学习材料中媒体的设计研究采用传统的认知行为实验方法,通过被试的反应时、认知负荷和正确率情况来判断媒体的设计效果,但是这些测试发生于被试的认知任务完成之后,是一种"离线(offline)"手段,与学习者实时的认知加工并不同步,缺乏对被试使用多媒体学习材料学习的认知情况的实时跟踪和测量。[①]

四、对模型的启示

对多媒体画面中的与媒体要素的有效设计已经形成覆盖心理学、视觉语言领域的研究。与此同时,两个领域的研究内容和研究方法仍处于不断发展的过程当中,其存在的问题及呈现出来的发展趋势正是本研究试图关注的内容。

(一)研究内容的多角度整合

1. 宏观上各个领域的研究应形成完整的研究体系

通过以上对国内外相关研究的梳理和分析,可以发现,目前对多媒体画面中媒体要素的设计研究主要集中在两个领域上:心理学领域和语言学领域。

心理学领域的研究以多媒体学习的相关理论为理论基础、用心理学的研究方法对多媒体学习材料中媒体的不同属性以及媒体与不同的媒体组合搭配如何影响学习者的学习进行研究,进而探究学习者的认知心理机制和认知过程是什么样的。心理学领域的研究重点在于描述和解释多媒体情境下的学习是怎样发生的,属于解释性理论。

视觉语言的相关研究积极关注了媒体的易读性、适配性和艺术性三方面需要遵循的一些原则,为多媒体画面中媒体要素的设计开出了处方,属于处方性理论。

心理学领域的研究结果作为描述多媒体学习情境下学习者的心理机制的一种解释性理论,应该作为处方性理论即多媒体画面语言学的理论基础。因为不符合学习者的认知心理机制的设计一定不会有效地提高学习效果,作为处方性理论的多媒体画面语言学的研究也就失去价值和意义。然而,从目前的情况来看,这两个领域的研究处于互相脱节的状态,因此,今后多媒体画面中媒体设计的相关研究,应该以多媒体情境下学习者学习的心理机制的研究成果为基础,以多媒体画面中的媒体要素的有效设计为主要研究内容形成一个完整的研究体系,如图 2.1 所示。

---

① Gog T V, Scheiter K. Eye tracking as a tool to study and enhance multimedia learning[J]. Learning & Instruction, 2010, 20(2):95-99.

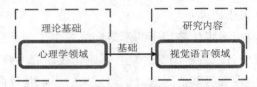

图 2.1　多媒体画面中媒体设计研究的两个领域的结合

2. 微观上相关研究应置于更完整的研究系统框架

多媒体学习相关文献的一些相互矛盾的结论也说明,多媒体情境下的学习会受到许多内外因素的综合交互影响。因此,仅研究多媒体学习材料本身是不够的,应该把多媒体学习材料设计的研究纳入到更完整的框架当中去,将多媒体情境下的学习视为一个复杂的复合系统,学习效果受到各种因素的交互影响。① 一个完整的学习过程涉及教师、学生、教学内容、媒体或媒介等诸多因素,同样,多媒体情境下的学习过程也会涉及这些因素。学习者使用多媒体学习材料的学习效果受到多种因素(包括学习者个体特征、教学内容、多媒体学习材料设计、教学策略以及媒体或媒介等)的综合影响。因此,多媒体画面中的媒体要素的设计研究同样也要关注媒体外其他因素的影响,将研究置于完整的教学系统框架当中,这与多媒体画面语言学的研究框架不谋而合。

第二节　心理学的理论支撑

一、工作记忆理论

工作记忆(Work Memory)是巴德利(Baddeley)等人提出的概念,是指在解决认知任务的过程当中,能够实现信息的即时加工,同时存储与当前认知任务相关信息的认知加工机制或者系统。② 概括来说,工作记忆是一种对信息进行暂时性的加工和存储的系统。因此它与短时记忆是有差别的,短时记忆的功能只是对信息进行短暂存储,工作记忆除了要对信息进行短暂存储外,还要进行即时的加工。大量的实证研究表明,工作记忆的这种信息加工和存储方式对于完成许多复杂的认知任务(例如数学运算、逻辑推理和语言理解等)发挥着十分重要的作用。③ 因此,迄今为止工作记忆仍是不同领域的研究者从各自不同的研究视角关注的热点问题。

巴德利(Baddeley)等人首先于 1974 年提出了早期的工作记忆模型,并在 1986 年对其进行了修正,具体分析了工作记忆模型的组成部分及特点。早期工作记忆模型由视觉空间模板、语音环和中央执行系统三个子系统组成,如图 2.2 所示。其中,视觉空间模板子系统和语音环子系统分别负责存储和加工视觉空间信息和声音信息,中央执行系统是工作记忆模型的核心,负责协调和控制各个子系统之间的认知加工活动,例如两个子系统之间注意资源的调配、加工策略的选择与计划等,并且建立与长时记忆之间的联系。④

① 刘儒德, 赵妍, 柴松针等. 多媒体学习的认知机制 [J]. 北京师范大学学报(社会科学版),2007,(5):22-27.
② Baddeley A D. Is working memory still working?[J]. American Psychologist, 2001, 56(11):851.
③ 吴文春, 金志成. 工作记忆及其理论模型 [J]. 中国临床康复,2005,(40):74-76.
④ 陈彩琦, 李坚, 刘志华. 工作记忆的模型与基本理论问题 [J]. 华南师范大学学报(自然科学版),2003,(4):135-142.

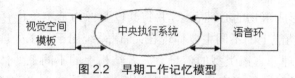

图 2.2　早期工作记忆模型

　　随着与工作记忆相关的研究不断发展和深入,工作记忆模型也不断完善,巴德利于2001年在原有模型的基础上增加了一个新的子系统——情景缓冲区,如图2.3所示。情景缓冲区克服了早期工作记忆模型的诸多不足,例如缺少形成记忆组块的系统,没有允许语音环和视觉空间模板之间相互作用的机制等。情景缓冲区实质上就是一个容量有限的存储区,可以保存完整的事件或者情境,能够在中央执行系统的控制下将语音环和视觉空间模板的信息整合并建构到一起,实现信息的多元编码。①

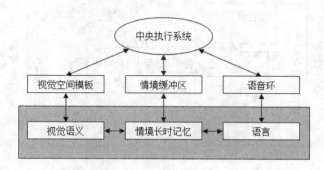

图 2.3　晚期工作记忆模型

　　多媒体学习的认知模型将人类的信息加工系统分为感觉记忆、工作记忆和长时记忆。其中工作记忆部分是以巴德利(Baddeley)的工作记忆模型为基础和依据的,同时多媒体学习的三个基本假设,即容量有限、主动加工以及双重编码也发生于工作记忆部分,因此工作记忆是多媒体学习认知理论及其实证研究的重要理论依据。同时,自早期工作记忆模型提出以后,研究者对于它的研究就没有停止过,许多研究者通过实证研究的方式对其进行验证和进一步的完善,也有研究者在当前工作记忆模型的基础上创建了新的模型,这些都说明了工作记忆模型的研究仍在不断发展当中,工作记忆模型的新的研究成果也势必会影响和引导多媒体学习认知理论研究的发展方向。

二、双重编码理论

　　心理学家佩维奥(Paivio)于20世纪60年代提出并创建了双重编码理论(Dual Coding Theory)②。该理论认为人的大脑中有两个功能和结构上不同、相对独立却又相互联系的认知子系统分别处理不同类型的信息:言语系统和表象系统。言语系统,又称为言语编码系统,用于处理和加工言语信息,从而产生言语反应,并且将其以字符为基本单位进行编码储存在文字记忆区;表象系统,又称为表象编码系统,用于处理和加工非言语的信息,例如事件或物

①　Baddeley A D. Is working memory still working?[J]. American Psychologist, 2001, 56(11):851.
②　Clark J M, Paivio A. Dual Coding Theory and Education[J]. Educational Psychology Review, 1991, 3(3):149-210.

体的相关信息,进而形成事物的心理表象,并将其以心像为基本单位存储在图像记忆区,①
如图 2.4 所示。二者功能上的不同主要体现在:言语系统用于加工处理言语类型的信息,而
表象系统用于加工处理非言语类型的信息。二者结构上的不同主要体现在:言语系统存储
的信息基本单元是言语符号,采取线性的、连续的储存和加工方式,表象系统存储的信息基
本单元是图像映像,采取同步的、并行的组织和加工方式。

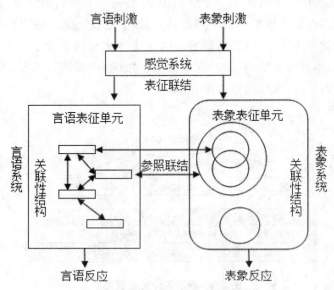

图 2.4　双重编码理论模型

　　在佩维奥(Paivio)的双重编码理论模型当中,可以将言语系统和表象系统的信息加工
处理分为表征加工、联合加工和相关加工三个水平。② 表征加工产生于言语表征与非言语
表征被激活时,具体包括低水平材料驱动的知觉再认与识别,表征水平上的加工主要受事物
本身的特征所影响。联合加工发生于在言语系统内部或表象系统内部信息单元之间,情境
是联合加工的一个重要参考变量,当学习者试图通过词的相关背景来理解词的含义时,或者
是通过一系列相关的词引起想象并且整合成一个情境时,就产生了联合加工。相关加工则
是指当一个系统的表征被另一系统的表征所激活时,使得言语系统与表象系统之间形成一
条相互连结的潜在通道。因此,在一定条件下,言语系统和表象系统相互激活、以互为补充
的形式共同加工信息。③

　　多媒体学习的认知理论以双重编码理论为基础,认为当学习者使用具有言语和表象两
种表征形式的学习材料进行学习时,有助于帮助学习者在言语系统与表象系统之间相互连
结形成深度加工,从而提高学习者的学习效率和学习效果。多媒体学习大量的实证研究成
果也证实了这一点,双重编码理论是多媒体学习的重要理论基础之一。

　　①　陈长胜,刘三妠,汪虹,陈增照. 基于双重编码理论的双轨教学模式 [J]. 中国教育信息化,2011,(3):52-55.

　　②　Clark J M, Paivio A. Dual Coding Theory and Education[J]. Educational Psychology Review, 1991, 3(3):149-210.

　　③　Welcome S E, Paivio A, Mcrae K, et al. An electrophysiological study of task demands on concreteness effects: evidence for
dual coding theory.[J]. Experimental Brain Research.experimentelle Hirnforschung.expérimentation Cérébrale, 2011, 212(3):347-358.

三、认知负荷理论

认知负荷理论（Cognitive Load Theory）是由澳大利亚著名的心理学家 John Sweller（1988）所提出。[①] 认为认知负荷是人完成某项特定的认知任务时进行信息加工所需要的认知资源的总量。认知负荷理论认为人的认知资源（主要体现在工作记忆的容量上）是有限的，因此完成任何认知任务都会消耗有限的认知资源，造成认知负荷。Sweller 根据影响认知负荷的三个基本因素（个体先前经验、学习材料的内在性质和教学的组织）的不同，将其划分为三种类型：内在认知负荷、外在认知负荷以及相关认知负荷。认知负荷的类型、影响因素、作用如表 2.1 所示。[②]

表 2.1　认知负荷类型

类型	影响因素（来源）	作用
内在认知负荷	通过学习材料的内在性质与学习者的专业知识之间的互相作用而产生。举例来说如果学习材料对于学习者来说难度较高就会产生内在认知负荷，而内在认知负荷的大小取决于工作记忆中同时被处理信息的数量以及与已存在的图式的联系	过高的内在认知负荷会对学习产生阻碍作用，而过低的内在认知负荷对学习也没有积极作用，会造成学习者的学习动机低下
外在认知负荷	由不当的学习材料的呈现方式或教学设计导致学习者在与教学目标不相关的任务或操作上耗费了过多的认知资源，形成外在认知负荷	外在认知负荷对学习没有积极意义，甚至会阻碍学习
相关认知负荷	完成某项学习任务认知资源充足的情况下可能产生相关认知负荷。学习者可能将剩余的认知资源用于图式建构，在工作记忆中进行更高一级的认知加工	相关认知负荷对学习有促进作用

因此，认知负荷理论研究的主要目标就是要在教学过程中合理有效地控制认知负荷，最大限度地降低阻碍学习者学习的内在认知负荷和外在认知负荷，优化促进学习者学习的相关认知负荷，使学习者能够充分合理地利用其有限的认知资源，取得最优的学习效果。[③]

根据认知负荷理论，内在认知负荷由学习者的先前知识和学习材料的性质交互影响，因此它不受教学设计的直接影响，而外在认知负荷和相关认知负荷是可以通过教学设计进行优化的。因此我们可以看出，认知负荷并不是学习过程当中可有可无的因素，而是决定教学设计能否促进学习的关键因素。因此，认知负荷理论成为多媒体学习研究与实践的重要理论基础。梅耶（Mayer）和莫雷诺（Moreno）于 20 世纪 90 年代末，明确了多媒体学习中三种认知负荷的来源，即必要加工、外来加工和生成加工，从而与内在认知负荷、外在认知负荷和相关认知负荷一一对应起来，并且形成了多媒体学习的认知负荷的三元模型，如图 2.5 所示。通过合理的多媒体学习的教学设计优化学习者的认知负荷，促进学习者多媒体情境下

① Sweller J, Cognitive Load During Prblem Solving:Effects on Learing[J]. Cognitive Science,1988,12(2):257-285.
② Sweller J, Merrienboer J J G V, Paas F G W C. Cognitive Architecture and Instructional Design[J]. Educational Psychology Review, 1998, 10(3):251-296.
③ 龚德英. 多媒体学习中认知负荷的优化控制 [D]. 西南大学 ,2009;15.

学习效果的提高始终是多媒体学习最重要的研究目标。

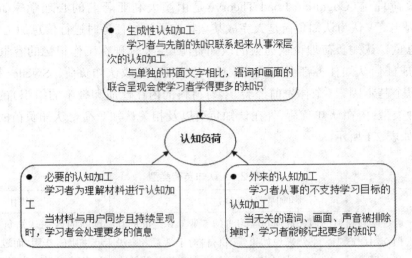

图 2.5　多媒体学习认知负荷三元模型

四、多媒体学习认知理论

多媒体学习认知理论是由美国加州大学圣巴巴拉分校的梅耶（Mayer）教授提出并创建的,梅耶及其研究团队用 20 多年的时间致力于从认知心理学的角度出发对多媒体学习的认知加工过程机制和多媒体的教学设计原则进行理论探索和大量的实验研究,构建了多媒体学习的理论体系。[①] 该理论以双通道、容量有限和主动加工三个假设为出发点,以工作记忆理论、双重编码理论、认知负荷理论为基础,建立了多媒体学习的认知理论模型。

梅耶认为多媒体情境下的学习是一个学习者主动加工的过程,这一过程包括三个阶段:选择,组织和整合。选择,当学习者通过眼睛和耳朵注意到呈现材料中合适的语词和图像时,就实现了对材料的选择,这一过程发生于感觉记忆阶段;组织,学习者对已选择的语词之间建立内在的联系并形成言语模型,对已选择的画面之间建立内在的联系并形成图像模型,这一过程发生于工作记忆阶段;整合,学习者将工作记忆中的言语模型和图像模型与长时记忆里相关的先前知识进行联结和整合。需要说明的是,选择、组织和整合的三个过程不一定是以线性的顺序发生,学习者可能以多种不同的方式从一个过程转至另一个过程。整体过程如图 2.6 所示。[②]

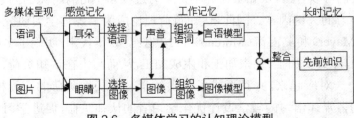

图 2.6　多媒体学习的认知理论模型

① 郑旭东,吴博靖.多媒体学习的科学体系及其历史地位——兼谈教育技术学走向"循证科学"之关键问题 [J]. 现代远程教育研究 ,2013,(1):40-47.

② Mayer, Richard E. The Promise of Multimedia Learning: Using the Same Instructional Design Methods across Different Media.[J]. Learning & Instruction, 2003, 13(2):125-139.

多媒体学习认知理论探究多媒体情境下学习者的认知心理机制,重点在于解释学习者在多媒体情境下的学习是怎样发生的,强调多媒体学习材料的设计要有助于学习者的认知加工。梅耶及其同事在多媒体学习的认知理论模型的基础之上,通过大量的实验总结归纳出了12条多媒体学习的设计规则,例如多媒体原则、空间邻近原则等,如表2.2所示。多媒体学习认知理论具备基本假设、理论基础,又以实证研究为主要研究范式,形成了一门具备较强科学性的理论体系,[1] 是本研究重要的理论基础。

表2.2　多媒体学习的设计规则 [2][3]

名称	描　述
多媒体原则（Multimedia Principle）	学习者使用同时包含语词和画面的多媒体材料进行学习时,其取得的学习效果要比只有语词的材料更好
空间邻近原则（Spatial Contiguity Principle）	书页及屏幕上的文字与其对应的配图相邻近呈现要比隔开呈现能使学习者取得更好的学习效果
时间邻近原则（Temporal Contiguity Principle）	学习者使用语词和画面同时呈现的多媒体材料进行学习时,取得的学习效果要比语词和画面分离呈现的材料更好
一致性原则（Coherence Principle）	学习者使用不包含无关文字、声音、视频等要素的学习材料进行学习时,取得的学习效果比包含无关要素的材料更好
标记原则（Signaling Principle）	对多媒体学习材料中的重要内容添加标记,要比未标记的材料能使学习者学的更好
冗余性原则（Redundancy Principle）	学习者使用"动画＋语音解说"形式的多媒体材料进行学习时,取得的学习效果比"动画＋语音解说＋屏幕文字解说"形式的多媒体材料更好
多通道原则（modality principle）	"动画＋语音解说"形式的学习材料比"动画＋屏幕文字"形式的学习材料更能促进学习者的深度学习
分段原则（Segmentation Principle）	将多媒体信息按照学习者的学习步调分段呈现,其学习效果更好
预训练原则（Pre-training Principle）	在多媒体学习之前帮助学习者掌握和了解学习内容中的主要概念的名称和特性,会使学习者学的更好

五、心理学相关理论作为解释性理论

在20世纪60年代,著名的认知心理学家和教育理论家布鲁纳（Bruner,1966）对心理学和教育学的关系首次进行了富有深度的理论思考,并且提出了两种不同性质和作用的理论:解释性理论和规定性理论。[4]

---

① Mayer R E, Heiser J, Lonn S. Cognitive constraints on multimedia learning: When presenting more material results in less understanding.[J]. Journal of Educational Psychology, 2001, 93(1):187-198.

② Mayer R E. The Cambridge handbook of multimedia learning[M]. Cambridge: Cambridge University Press, 2005:23-24.

③ Mayer R E, Hegarty M, Mayer S, et al. When static media promote active learning: annotated illustrations versus narrated animations in multimedia instruction.[J]. Journal of Experimental Psychology Applied, 2005, 11(4):256.

④ Bruner J S. Toward a Theory of Instruction[M]. Cambridge Mass: Harvard University Press, 1966.

(一)解释性理论——有关"为什么"(Why)的理论

有关"为什么"(Why)的问题是科学研究中最为基本的问题,随后研究者们将设想出各种理论以解释现象,一个解释性理论随之诞生。"为什么"的问题对于科学研究是最为根本的问题,它是一种探究现象存在根源的问题。心理学中的学习理论和发展理论告诉我们学习者是怎样学习的,在学习中有可能会发生什么情况,为什么会发生这些情况,属于解释性理论。

(二)规定性理论——有关"怎样做"(How)的理论

在提出"为什么"(Why)的问题后,研究者们更为关心的是"怎样做"(How)的问题,"怎样做"探究的是现象产生的机制,需要解释性理论的渗透。教育学中的各类教学理论给出掌握知识的最佳方法方面的规则,并且为评价各种教学方式提供了标准和准则,属于规定性理论(或处方性理论)。

工作记忆理论、双通道理论、认知负荷理论以及多媒体学习认知理论等这些与多媒体情境下学习相关的心理学理论研究的重点在于探究不同的多媒体学习材料设计如何影响学习者的学习,学习者的认知心理机制和认知过程是什么样的,重点在于描述和解释多媒体情境下的学习是怎样发生的。按照布鲁纳对解释性理论和规定性理论(或处方性理论)的划分框架,相关的心理学理论属于解释性理论,而多媒体画面语言学的研究目标在于对多媒体学习材料的设计与应用给出一些指导性的规则,同时为评价多媒体学习材料的质量提供标准和准则,属于规定性理论(或处方性理论)。显然,作为解释性理论的相关心理学理论是多媒体画面中媒体要素设计规则的理论依据和基础,多媒体画面中媒体要素的设计应符合学习者在多媒体情境下学习的认知心理机制,在此基础上才能对怎样更好的设计媒体给出相应的规则。

第三节　视觉语言的路径借鉴

一、视觉语言的概念

视觉语言是一种视觉艺术理论,源于英文"Language of Vision",它是由视觉基本元素以及设计原则所构成的传递信息和表达情感的规范或符号系统。其基本元素包括线条、形状、色彩、明暗、质感和空间等等,这些元素是构成一件视觉作品的基础。[①] 而设计原则是指艺术家用来组织和运用基本元素传递信息和表达情感的原则和方法,例如布局、对比、节奏、平衡和统一等等。如果把视觉语言中的各项基本元素比喻为文字语言中的单词,那么一副视觉画面或者一件视觉作品就相当于按照一定语法和结构形成的句子,语法和结构就相当于设计原则。每一件设计作品都以它特有的视觉符号组合向人们传递着各种信息。[②]

二、视觉语言的研究内容

视觉语言最初应用于绘画、书法、戏剧、舞蹈、摄影和影视等艺术门类,出现了针对不同艺术门类的视觉语言,如美术语言、舞蹈语言、摄影语言、电影语言、电视语言等。视觉语言承载着交流、沟通和传递信息的重任,同时在形式上创造了丰富的视觉艺术形态,给人们带来美的体验。如今,视觉语言早已延伸至人们日常生活的广阔领域,尤其是在商业领域,运

①　熊瑛,尤斐.新媒体传播下的视觉语言研究 [J].艺术与设计(理论),2013,(5):48-50.
②　林英博.浅析视觉语言与文字语言关系 [J].作家,2007,(12):109-110.

用视觉语言装饰产品的包装和外表、精心设计的各类广告等等,可以达到吸引人的注意,提高人们审美品位的目的。①

视觉语言以视觉生理学、视觉心理学、认知心理学、美学、符号学为理论基础对视觉作品中的构成要素的设计规则及传达意义进行研究。

以平面设计中的视觉语言为例,其主要研究内容是点、线、面、色彩、文字、图形以及各类元素的编排的设计规则及传达意义。

而影视语言则不单单研究视觉要素的设计原则,需要将视觉语言与听觉语言结合在一起进行影视艺术创作,由于电影媒介的具象性、运动性、视听结合的三个显著特征,主要研究内容包括构图、色彩、场景、音效、剪辑等视听要素和时空要素。②

三、视觉语言的研究路径

视觉语言的相关研究往往有两种不同的研究路径。一种是构成研究路径,另一种是符号学研究路径。

构成研究路径将视觉设计的对象概括成具有某些特殊特征的视觉对象,并对这一特定的视觉对象进行构成要素分析,然后将构成要素之间的相互配合关系总结为规律。构成研究是视觉设计理论最常用的研究方法,其目的是通过构成研究来建立某类视觉对象系统的表现方式以及方法体系。虽然通过这种基于要素构成研究所获得的视觉要素组成单位具有很大的主观性,但却可以让视觉对象的表现能够像语言一样具有高度的可组织性和可设计性。这种通过构成研究方法所构建的系统的表现方式和方法体系一般也被称为视觉语言。因此从这种意义上来说,构成研究实际上就是构建视觉语言的研究。

符号学研究路径将视觉设计的表现方式和方法视为一种具有特殊形式的言语系统,也就是一种诉诸于视觉的语言,探究其内在稳定的表达结构。在具体的研究当中同样存在语构学、语义学、语用学三种不同的研究倾向,并且由于研究倾向的不同,研究者所采用的研究方法也会有所不同。但是,无论哪一种研究倾向都是沿袭语言学本身的立场来对视觉设计进行话语性的研究。因此,符号学研究路径的意图是通过将视觉设计表现方法归结为一些稳定的语意结构,并且以研究语言的思维方式对视觉设计作品所"表达"的"含义"进行更为准确的解读。③

构成研究指向图画性,不关注视觉设计作品如何表达,而更加关注如何构成图画本身。符号学研究则指向话语性,关注如何用一种稳定的视觉表现形式表达特定的含义。实际上,构成研究是以构建视觉语言为目的的,而符号学研究则是以视觉语言为起点和基础的,构成研究是符号学研究的基础,只有通过构成研究形成视觉语言之后,才具备了开展符号学研究的前提和条件。

四、视觉语言与多媒体画面语言的联系与区别

从视觉设计的角度来讲,多媒体画面属于视觉设计作品中的一种,因此多媒体画面语言属于视觉语言的分支。二者之间有很多共同点但又有不同之处。

---

① 权英卓、王迟. 互动艺术的视觉语言 [M]. 北京: 中国轻工业出版社 ,2007:1-19.
② 赵勇. 电影符号学研究范式辨析 [J]. 电影艺术 ,2007,(4):32-35.
③ 赵战. 新媒介视觉语言研究 [D]. 西安美术学院 ,2012:12-15.

　　二者的共同之处在于,从多媒体画面语言目前的研究方法和研究路径来看,多媒体画面语言借鉴了传统的视觉语言的研究方法和理论成果。多媒体画面语言以视觉语言的构成研究为研究路径,首先分析画面的构成要素,之后探索各要素的设计规则和要素之间相互配合关系,通过借鉴影视语言、广告语言、绘画语言、摄影语言等视觉艺术设计理论初步形成了多媒体画面语言的语法规则即多媒体画面艺术理论。

　　二者的区别在于研究对象的特征有所不同,因此研究重点也应有所不同,具体表现如下:

　　多媒体画面与视觉作品的功能不同。多媒体画面是多媒体学习材料的最小单位,画面承载的信息是教学信息,其核心功能是教学功能,目的是使学生学会和掌握画面中传递的教学内容或者掌握某种学习方法,促进学习者认知过程的形成和思维的深度发展;而视觉设计作品的类型多种多样,如电影、电视片、广告、美术作品等,其功能是传递信息、表达情感、达到吸引受众的注意力,实现与受众的情感共鸣,目的不局限于使受众学习某类知识。

　　多媒体画面具有交互特征。多媒体画面是以计算机技术、网络技术和移动技术为基础的,除了具备多种媒体呈现形式之外,还有一个显著特征是交互,这种画面具有多变性、直观性和可控性;而视觉设计作品如电影、电视片、广告、美术作品对受众来讲是不可控的,被动接受的。

　　综上所述,多媒体画面语言的研究应充分考虑其与视觉语言的联系与区别,把握多媒体画面的教学性和交互性,在借鉴视觉语言的同时,构建属于自己的语言体系。

五、视觉语言提供了可借鉴的研究路径

　　多媒体画面中的媒体要素的设计是多媒体画面语言的重要研究内容,可以借鉴视觉语言的研究路径,将视觉语言研究的两条路径,即构成研究和符号学研究相互衔接,形成一条完整的研究路径(见图2.7)。

图2.7　多媒体画面语言学研究路径

　　通过构成研究关注如何构成多媒体画面,借鉴其他视觉设计领域媒体要素设计的相关理论,分析和探究多媒体画面中媒体要素的如何设计以及媒体与其他类型媒体要素的组合规律;通过符号学研究关注多媒体画面的语义(话语性)和语用(应用环境),因此在构成研究的同时关注多媒体画面的话语性即如何准确表达教学内容,考察语用环境即教学环境中各因素对媒体要素设计规则的影响,明确各类媒体要素设计规则的成立条件和适用环境。

第四节　模型的结构与内容

　　在工作记忆理论、认知负荷理论、双通道理论、多媒体学习的认知理论基础上,以多媒体画面语言学为研究框架,借鉴视觉语言的研究路径,本研究提出一个多媒体画面中媒体要素的设计模型,如图2.8所示。该模型认为,从媒体要素设计的层次框架来看,主要包括认知心理层面、语构层面、语义及语用层面三个层面;从媒体要素设计的内容来看,主要包括媒体要素的基本属性、媒体与其他类型媒体的组合、学习线索、交互功能四大方面。

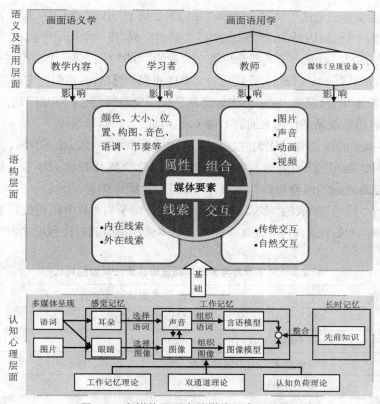

图 2.8　多媒体画面中的媒体要素设计模型

一、模型的三个层面——以多媒体画面语言学为框架

（一）认知心理层面

根据前文中对解释性理论和处方性理论的分析,认知心理层面描述的学习者的信息加工过程属于解释性理论,是本研究的研究主体处方性理论——多媒体画面中媒体要素设计规则必须遵循的基础,因为"不符合学习者的认知加工规律的设计一定不是好的设计"。学习者对多媒体画面设计有大诉求:知识呈现要符合认知加工规律,画面设计要符合艺术审美规律。其中知识呈现要符合学习者的认知加工规律为首要诉求,不能因为追求画面的美观,而损害学习者的首要诉求。认知心理层面位于模型的最底层,是整个模型的基础和依据。

（二）语构层面

当我们使用文字语言撰写文章时,无论文章是什么题材都要遵循基本的语构规则即语法规则。同样地,我们在设计和编写多媒体学习材料时同样也要遵循多媒体画面语言的基本语法规则。如果要搞清楚多媒体画面语言的语法,首先要搞清楚的是多媒体画面语言中语法的基本单位是什么,并对语法基本单位的设计规则进行探究,进而形成多媒体画面语言的语法。

文字语言最基本的语法单位包括"语素""词""短语""句子"和"句群",它们级别不同,性质也不同。[①] 语素是最小的语法单位,但是它不能独立运用,例如"说中国话"中的"说""中""国""话"就是最基本的语素;词是语言中最小的能独立运用的语法单位,它是我们

---

① 岑运强. 语言学概论 [M]. 北京：中国人民大学出版社,2004:17-19.

最容易凭直觉感受到的语法单位之一,例如"我们买了房子"中的"我们""买""了""房子"是这句话中包含的四个词;短语是由两个或两个以上的词组成,在一个句子中也相当于词的语法单位,例如"我们的朋友"就是一个典型的短语,由"我们""的""朋友"三个词组成;句子是最小的言语交际单位,是具有一定语调的,表达相对完整的思想和感情,并按照一定语法规则组织起来的用于交际的基本单位,例如"我想出去玩。"就是一个完整的句子;"句群"是在连续的叙述和交谈中按照某种组织联系结合起来的若干句子,也可称之为"篇章"。①

如果将多媒体画面语言类比为文字语言,其中"单个文字、点、线、面、帧、音符"等构成各类媒体的基本要素相当于"语素";画面中的各类"单个媒体要素(图、文、声、像)"相当于"词";"媒体要素之间的组合搭配",如文字+图片、视频+声音、动画+文字+声音等,相当于"短语";若干"短语"形成的"多媒体画面"相当于"句子";"多个相互关联的多媒体画面"则相当于"句群"。文字语言与多媒体画面语言基本语法单位的对比情况如表 2.3 所示。

表 2.3　文字语言与多媒体画面语言语法单位的对比

文字语言	多媒体画面语言
语素	单个文字、点、线、面、帧、音符等基本元素
词	单个媒体要素(图、文、声、像)
短语	媒体要素之间的组合搭配
句子	多媒体画面
句群	多个相互关联的多媒体画面

如表 2.3 所示,模型中的语构层面就是要围绕多媒体画面中媒体要素的特征,对涉及的多媒体画面语言各个基本的语法单位的设计规则进行探究,语构层面实际上划定了媒体要素设计研究的基本内容,是模型的核心层面。

(三)语义和语用层面

如上文所述,多媒体情境下的学习过程和学习效果会受到多种因素的综合交互影响,多媒体学习材料的设计不应仅局限于材料本身的研究,同时也应该将其置于完整的教学系统中。对于多媒体画面中媒体要素设计规则的研究同样也不应该仅仅局限于多媒体画面之内,要综合考虑画面之外的教学系统的各要素对媒体要素设计的影响。根据上文提到的e-learning 教学系统的四要素包括教师、学生、教学内容、媒体,其中多媒体画面中的媒体要素属于教学系统中媒体要素含义的第二个层面即教学信息的呈现方式,那么教学系统中各要素(教师、学生、教学内容、呈现设备(媒体的第二层含义))对多媒体画面中媒体要素设计的影响,同样也是不容忽视的。其中教学内容与媒体要素设计之间的关系属于画面语义学的研究内容,同处于教学环境中的教师、学生以及呈现设备与媒体要素设计之间的关系则属于画面语用学的研究内容。

画面语义学和画面语用学层面处于整个模型的最上层,关注到多媒体画面之外的完整

---

① 申小龙 . 语言学纲要 [M]. 上海 : 复旦大学出版社 ,2003:129-132.

的教学系统内各要素对多媒体画面中媒体要素设计规则的影响,在语构学的基础之上,进一步探究与不同的教学内容、不同的教师、学生和呈现设备相匹配的媒体要素设计规律。

二、模型的四个方面

以多媒体画面中的媒体要素文本为例,构成文本的基本元素是单个文字(例如汉语中的"你"以及英文中的"you"等),属于多媒体画面语言语法中的"语素"层面,而媒体要素则属于语法中"词"的层面。

文本出现在多媒体画面中时既有其自身的属性特征——"词性",又能与其他类型媒体要素组合搭配形成"短语",同时通过多媒体画面的"交互功能"形成"句群",学习者在使用多媒体学习材料进行学习时同样会受到相应的"学习任务"所引导,学习任务是学习者的学习线索。要对文本在不同级别语法单位上的特征进行匹配的设计,形成完善的媒体要素设计模型。除去作为画面中语素的单个文字的设计(因为各国的语言已经形成,讨论其文字的设计已无意义),本研究认为多媒体画面中的媒体要素设计模型包括四个主要方面:媒体要素的基本属性,媒体要素与其他类型媒体的组合、交互、学习线索。

(一)媒体要素的基本属性

以文本这种类型的媒体要素的设计为例进行分析,其基本属性表现为文本的字体、字号、颜色、位置、字间距、行间距、版式,对文本基本属性的设计研究包括两个层面:基本属性本身以及通过各项基本属性的相互配合呈现出的视觉效果。

1. 基本属性本身

字体:常见的字体包括宋体、黑体、楷体、隶书等。

字号:字号决定了文本的大小,有多种计量方式:号数、磅数、毫米、英寸、像素等。

颜色:与书本教材中传统的黑色文字不同的是,在多媒体画面中能够根据教学内容和色彩设计理论,结合设计者的创意来确定文字的颜色,为文字增添颜色能使多媒体画面更加引人注目,营造美的学习环境。但在选择文字的颜色时要与背景和其他媒体的颜色协调,其颜色明度要与背景的明度具有一定的差别,保证文字的可读性。

位置:文本在多媒体画面中的位置包括两种情况,第一种情况是文本在多媒体画面中的绝对位置,例如在画面的正中、正上、正下、左上、左中、左下、右上、右中还是右下;第二种情况是文本与其他媒体要素之间的相对位置,例如当文本与图片组合时,文字位于图片的上方、下方、左方还是右方。

字间距:字间距指的是相邻两个字符之间的距离。字符间距会影响文本的可读性,过于密集或分散的字符均不符合人们的阅读习惯。

行间距:行间距的大小是相邻的两行文本之间的距离,行间距的宽窄是设计时较难把握的。行间距过窄,会导致缺少一条明显的水平分隔带,阅读时上下文本间容易相互干扰;行间距过宽,则会造成过大的分隔带,影响各行之间的连贯性,也容易引起视觉疲劳。

分栏:多媒体画面中的文本可以分成一栏、两栏或多栏,这是文本排版的基本方法。文本的分栏一般根据学习者的阅读习惯、画面空间分布以及与其他媒体的配合而决定。

2.各项基本属性的相互配合呈现出的视觉效果

通过文本的字体、字号、颜色、间距、位置、版式等文本的基本属性的变化、布置、组合和搭配能够衍变出新的视觉效果,在呈现文本(显性刺激)的同时还呈现出一种文本的综合风格(隐性刺激),在学习者的知觉过程中生成"新质"。如果这种综合风格符合学习者的审美需求,便会产生和谐的视觉效果,反之则会成为多媒体画面中的败笔。虽然视觉效果也与媒体要素的基本属性相关,但它决不等于这些成分之和,而是一个完全独立于这些成分之外的全新整体,这个整体有一种超越各部分的独立的"新质",这个新质就称为"格式塔质",这是一种从显性刺激中生成隐性刺激(新质)的过程。

(二)媒体要素与其他类型媒体的组合

在多媒体画面中如果单一使用媒体要素来表达教学内容,则相当于书本教材的搬家,无法利用多媒体信息呈现方式的优势帮助学习者增强对教学内容的注意度、记忆度、理解度,更无法完全满足学习者的审美需求。通过媒体要素与其他类型媒体之间的有效组合,使学习者能够在轻松、愉悦、优美的多媒体情境下开展符合他们认知加工机制的学习。因此,文本与其他类型媒体之间的组合搭配需要满足学习者认知心理和视觉审美两个层面的需求。

1.认知心理层面的组合需求

根据梅耶的多媒体学习的认知模型,多媒体材料呈现的语词和画面信息分别被不同的通道进行加工,因而并不会相互干扰而造成信息超载。相反,通过两种通道上呈现信息使学习者有机会形成言语和图像的心理模型并在二者之间建立联系,增加了信息的处理深度,从而有利于对学习材料的深度加工。

在信息的选择阶段,文本内容经由视觉通道被学习者所注意和选择,形成感觉记忆;在信息的组织和整合阶段,文本内容则会在学习者的工作记忆中形成言语模型,并有机会与图像模型建立联系,形成深度加工,为与长时记忆中的先前知识进行整合做好准备。本研究总结出多媒体画面中几种常见的文本与其他媒体类型的组合方式及其对应的感觉通道和呈现模式,如表2.4所示。

表2.4　文本与其他媒体类型的组合方式

感觉通道	组合方式	呈现模式
视觉	文本+图片	言语+图像
视觉+听觉	文本+声音(解说)	言语
视觉	文本+动画	言语+图像
视觉	文本+视频	言语+图像
视觉+听觉	文本+声音(解说)+图片	言语+图像
视觉+听觉	文本+声音(解说)+动画	言语+图像
视觉+听觉	文本+声音(解说)+视频	言语+图像

简单来说,多媒体画面中的文本经由视觉通道进入工作记忆,并在工作记忆系统中形成

言语模型。通过与经由听觉通道的媒体类型(声音)和具有图像表征形式的媒体类型(图片、动画、视频)相组合形成"短语"将有助于学习者对学习材料的深度加工,形成学习效果的质的飞跃。

　　2.视觉审美层面的组合需求

　　多媒体画面中既包括基本媒体要素呈现的客观刺激,又包括由基本媒体要素相互配合而生成的新的视听觉效果。多媒体画面中的各类媒体要素的组合搭配,同样也会在学习者的知觉过程中生成"新质"或"格式塔质"。那么如果多媒体画面上各类媒体要素的配合形成的知觉是和谐的,就会产生视听觉美感,为学习者营造一种美的感受,提高其学习的兴趣和积极性。举例来说,文本与背景或图片的搭配,解说与文字或图片的搭配等等。

(三)交互

　　多媒体画面是多种信息呈现形式的具有交互功能的画面,单个多媒体画面是多媒体学习材料的基本组成单位。学习者通过多媒体画面中的交互功能能够从当前画面切换到新的画面,完成人与学习材料之间的互动,并从交互反馈中习得和理解知识、检验学习成果。交互功能将多媒体学习材料中的多媒体画面组接起来,使若干单个画面(句子)形成相互联系的画面群(句群),帮助学习者根据自身情况完成一个连贯的学习任务。多媒体画面语言中又将交互功能定义为画面组接技术,多媒体画面之间的组接和联结由交互功能完成。因此,交互设计是多媒体画面中不可或缺的一个因素,缺少了交互功能,学习者就仿佛只能阅读一个单句,而无法阅读完整的段落,更无法从上下文中获取相关信息帮助理解这个单句。

　　多媒体画面中交互的形式是多种多样的,如导航、虚拟实验、进度控制、习题测试、游戏闯关、学习注释等等。根据不同交互形式的需求会有不同的输入输出形式,呈现出多通道和智能化的趋势。但从多媒体画面的角度进行分析,交互的输出结果毋庸置疑是由多媒体画面呈现,而交互的输入方式则是由不同的多媒体画面呈现终端自身交互输入技术的特点决定的,目前最为常见的是传统的计算机系统中所采用的鼠标、键盘和手写板等传统交互方式,以及手机、平板电脑和交互式电子白板等所采用的触摸、语音、重力感应等多通道的自然交互方式。

(四)学习线索

　　学习者在使用多媒体画面进行学习时往往带有明确的学习任务和学习目的,这对学习者来说是学习的线索。根据 Sweller(1988)的认知负荷理论,通过添加学习线索能够帮助学习者有层次地建构学习内容的心理表征,并且根据学习内容的相对重要性合理分配认知资源,从而降低阻碍学习者学习的外在认知负荷,促进利于学习者学习的相关认知负荷,提高学习者的学习效果。按照学习材料中的学习线索是否直接添加在文本内容上,又可以将其划分为内在线索和外在线索。内在线索一般通过直接添加于文本内容之上的特殊标记,如加粗、变色、下划线、倾斜、阴影等,来突出文本的结构、重点和难点等与学习任务高度相关的内容;外在线索则不直接添加于文本内容之上,而是通过文字或语音的形式直接向学习者布置相关的学习任务。哪种线索更有利于学习者的学习?这种对学习者提供帮助的线索自然成为多媒体画面中媒体要素设计的重要研究内容。

第五节　模型的特点与意义

一、模型的系统性

与以往的多媒体画面中媒体要素设计的研究不同,本模型突破了仅从媒体本身进行研究的局限,强调从完整的教学系统的角度来研究整个多媒体画面中媒体要素的设计。该模型从学习者在多媒体情境下的认知心理机制出发,以画面语言语法的视角对文本的基本属性、文本与其他媒体的组合、文本线索和交互四个方面进行研究,同时兼顾了教学系统各要素对媒体要素设计的影响。该模型分为三个层面、四大方面,具有理论基础、研究框架和核心的研究内容,能够综合考虑多媒体画面中媒体要素设计涉及的各方面的因素,具有系统性和完备性。

二、模型的迁移性

按照多媒体画面中媒体要素设计模型的创建思路,可以迁移出多媒体画面中各个类型媒体要素(文本、图片、声音、动画与视频)的设计模型,为多媒体画面语言学的后续研究提供了可借鉴的研究框架和路径。以多媒体画面中的文本、图片、声音和视频为例,其设计模型也可以分为三个层面、四大方面,如图 2.9 至图 2.12。

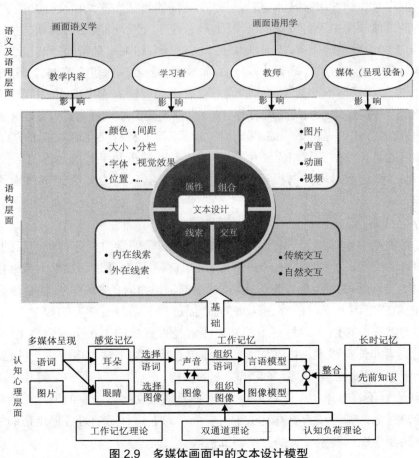

图 2.9　多媒体画面中的文本设计模型

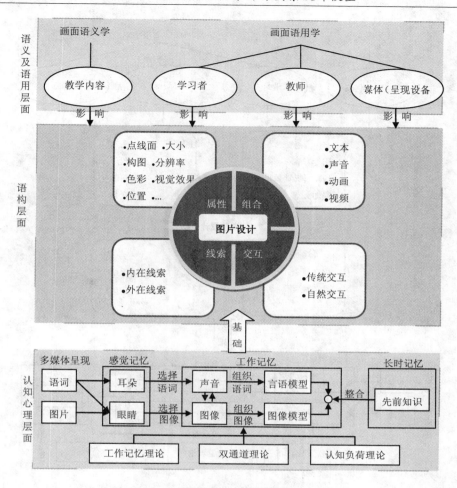

图 2.10　多媒体画面中的图片设计模型

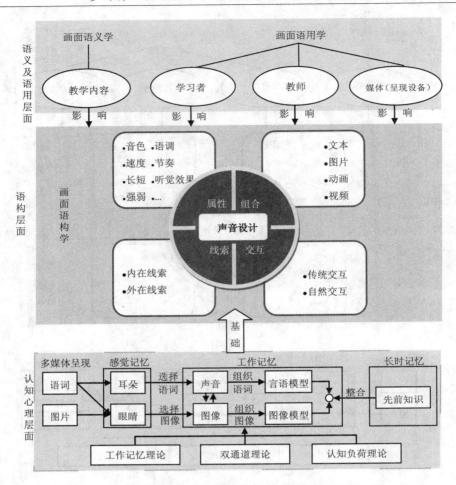

图 2.11　多媒体画面中的声音设计模型

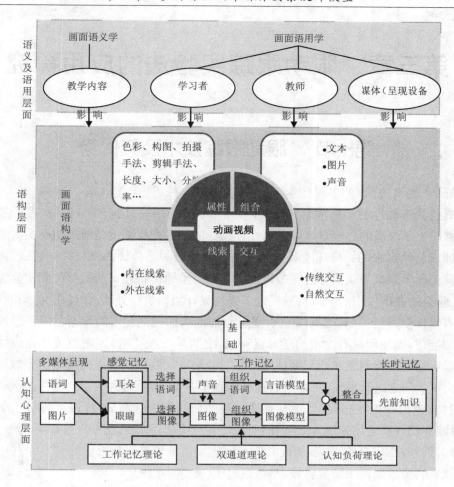

图 2.12　多媒体画面中的动画与视频设计模型

第三章 眼动跟踪实验法的应用探究

第一节 眼动跟踪技术及其优势

国外（主要是美国）的多媒体学习研究起步较早，成果也比较丰富。多媒体学习研究之父梅耶教授具有深厚的心理学研究背景，多媒体学习的研究目的、研究假设、理论基础和研究方法都印上了深深的心理学烙印。多媒体设计的一系列规则正是通过 100 多次的心理学实验验证或总结出来的。梅耶及其研究团队一般采用的是传统的反应时间测定、认知负荷测试以及正确率测试等认知行为实验方法。这些实验通常将被试随机分配到实验组和对照组中，实验组的被试使用的学习材料经过多媒体设计原则进行处理，如使用文本和画面共同呈现的多媒体学习材料（称之为多重表征组），对照组的被试使用的学习材料不经过多媒体设计原则处理，如使用只有文本的学习材料（称之为单一表征组）。两组被试完成规定的学习任务以后通过保持测试和迁移测试对其学习效果进行测试。其中保持测试一般通过学习材料中出现的问题进行测试，可以了解被试学到了多少，即学习的数量。迁移测试一般通过与学习材料中的知识点相关，但没有直接出现的新问题进行测试，可以了解学生学到了什么，是否能够理解和运用知识，即学习的质量。并且梅耶通常是通过多个实验对同一个问题进行研究，例如，在研究"文本和画面共同呈现比文本单独呈现是否更好？"这个问题时进行了 9 组独立的实验验证了研究假设，从而得出了"多媒体原则"。[①]

然而，多媒体学习早期研究采用的传统的认知行为实验方法，无论是反应时间测试、认知负荷测试还是正确率测试都是一种"离线"（offline）手段，通常采用的是在学习者的认知任务完成之后的回顾性的测试方式，与学习者实时的认知加工并不同步，很可能会与学习者认知加工的真实情况有所偏差，并且测试题目的类型和难度也可能会对测试结果产生影响。[②]

眼动跟踪技术，又称视线跟踪技术，是指对人在完成不同的认知任务时的眼动轨迹进行记录，分析诸如注视时间、注视点、注视次数、眼跳次数和瞳孔大小等眼动指标，从而研究个体的内在认知过程。[③] 眼动跟踪技术应用于教育学研究领域开始于 20 世纪 80 年代，早期主要用于研究阅读的心理机制。近年来，越来越多的多媒体学习方面的研究（包括梅耶团队的研究）也开始使用眼动跟踪技术，其优势主要包括三方面：

① Mayer, Richard E. The Promise of Multimedia Learning: Using the Same Instructional Design Methods across Different Media.[J]. Learning & Instruction, 2003, 13(2):125-139.

② Mayer R E, Heiser J, Lonn S. Cognitive constraints on multimedia learning: When presenting more material results in less understanding.[J]. Journal of Educational Psychology, 2001, 93(1):187-198.

③ Gog T V, Scheiter K. Eye tracking as a tool to study and enhance multimedia learning[J]. Learning & Instruction, 2010, 20(2):95-99.

第一,眼动跟踪技术是一种"在线"(online)手段。眼动跟踪技术可以直接跟踪学习者使用多媒体信息表征的学习材料进行学习的视觉认知过程,如按照什么顺序看、看了多长时间、看了哪些区域等等,透过这些数据可以揭示学习者的多媒体学习认知过程和认知规律。

第二,眼动跟踪实验可以将对学习者(被试)的干扰降到最低。眼动跟踪技术通过眼动仪对学习者的眼动轨迹进行跟踪,学习者在完成实验任务时几乎感受不到外界的干扰,保证了实验结果的可靠性。

第三,实验操作和数据处理容易。随着摄像技术、红外技术和微电子技术的不断发展,出现了一大批精度高、操作简单的眼动仪。例如,目前国内外相关研究应用较多的加拿大SR 公司生产的 Eyelink 眼动仪、瑞典生产的 Tobii 眼动仪以及德国生产的 SMI 眼动仪都是集成的眼动跟踪系统,都配套了相应的眼动数据处理软件,降低了数据处理的难度。这些优势推动了眼动跟踪实验方法在多媒体学习研究领域的应用和发展。

第二节　眼动跟踪实验需要注意的几个问题

眼动跟踪技术以其实时跟踪、实验结果可靠、操作和数据处理容易三大优势在多媒体学习研究领域得到了关注和应用,同时也取得了较多研究成果。然而眼动跟踪实验方法在多媒体学习研究中应用的时间还比较短,在研究内容、各种方法的配合、变量控制、设备选用、眼动指标选取、数据分析等方面还没有形成一个成熟的范式,对这些问题进行探讨有助于更好地在多媒体学习的研究中应用这种方法。

一、将眼动跟踪实验研究置于完整的教学系统当中,恰当控制实验变量

如前文所述,通过对国内外已有的典型研究进行梳理和分析,发现对同一问题的研究存在一些不同的结论。以"动画的播放速度对学习者学习效果影响"为例,不同的研究得出了相互矛盾的结论。这些相互矛盾的研究结论引发了研究者的思考,多媒体情境下的学习效果不单单只受到多媒体学习材料的媒体元素本身的影响,而是受到媒体元素、学习者、学习内容和教学设计等因素的相互影响,如图 3.1 所示。

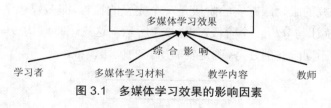

图 3.1　多媒体学习效果的影响因素

近年来,越来越多的学者将多媒体学习材料与教学内容、学习者个体特征和教学策略等因素相结合开展多媒体学习方面的研究。

摒弃多媒体学习过程中的其他因素,仅研究多媒体学习材料内部不同媒体元素的设计是片面的,多媒体学习的研究必然是基于内容的、基于特定情境的。同样可以推断的是,一定不存在一种适合于任何教学内容、任何教学模式或任意学习者的多媒体学习材料设计方法。① 一个完整的学习过程涉及教师、学生、教学内容、媒体或媒介、教学策略以及教学模式等诸多因素。同样,多媒体情境下的学习过程也会涉及这些因素。因此,仅研究多媒体学习材料本身是不够的,应该把多媒体学习的研究纳入到更完整的框架当中去,将多媒体情境下的学习视为一个复杂的复合系统,学习效果受到教学系统中各种因素的交互影响。这就要求研究者将相关研究置入教学系统当中,综合考虑教学系统四要素对实验结果的影响,明确眼动跟踪实验的自变量与因变量,确定实验的因变量(眼动指标、学习效果等)是否由所操纵的自变量(多媒体学习材料、学习者个体差异、教学内容、教学策略)引起,保证实验结果的效度。

二、眼动跟踪实验(在线测试)与认知行为实验(离线测试)相结合

多媒体学习早期研究采用的传统的认知行为实验方法(反应时间测试、认知负荷测试、正确率测试等)是一种"离线"(offline)手段,通常发生于学习者的认知任务完成之后,这种回顾性的测试方式与学习者实时的认知加工并不同步,并且测结果受到测试题目的类型和难度的影响,进而影响实验结果的可靠性。

眼动跟踪技术是一种"在线"(online)手段,能够直接跟踪学习者在多媒体情境下学习的认知过程。但是眼动数据反映的是学习者视知觉层面的情况,表明学习者"用眼睛看"的情况。然而,"看到的并不一定是被加工的",眼动数据并不能全面地反映学习者的认知加工过程,眼动数据并不能完全解释学习的成功与失败。②

因此,不能将眼动跟踪实验方法作为研究的唯一方法,应该将眼动跟踪实验(在线测试)与认知行为实验(在线测试)相结合(如图3.2所示),从知觉和认知的双重视角全面进行多媒体学习的相关研究。

图3.2　在线测试与离线测试相结合

三、仪器设备的选用

多媒体学习研究的眼动跟踪实验阶段是一个完整的流程,即多媒体学习材料的呈现、眼动数据跟踪、数据统计与分析三个阶段,如图3.3所示。这三个阶段构成一个完整的研究流程,缺一不可,根据不同阶段的任务,确定实验所需的仪器设备。

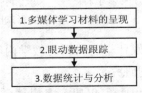

图3.3　多媒体学习研究的眼动跟踪实验流程

　① 刘儒德,赵妍,柴松针等. 多媒体学习的认知机制 [J]. 北京师范大学学报(社会科学版),2007,(5):22-27.

　② Gog T V, Scheiter K. Eye tracking as a tool to study and enhance multimedia learning[J]. Learning & Instruction, 2010, 20(2):95-99.

　　呈现阶段的设备。多媒体学习材料主要由计算机的显示器屏幕呈现。需要说明的是，随着移动技术的不断发展，各种运行于移动设备上的电子图书、学习软件层出不穷，学习者在移动学习环境下如何更有效地进行多媒体学习，也是多媒体学习需要关注的研究领域，[①]多媒体学习材料还可以由手机、平板电脑等移动设备呈现。

　　眼动数据跟踪阶段的设备。眼动数据的跟踪则由专业的眼动仪完成。根据多媒体学习材料呈现设备的不同，所需要的眼动仪也有所不同。目前多媒体学习研究中最为常见的眼动仪是遥测式眼动仪。这种眼动仪不需要头戴装置或头托，也不需要外置的眼动摄像机，但只能在二维平面内测试眼动追踪内容，且被试的头部也不能随意移动，被试与呈现实验材料之间的距离也固定在一个范围之内，一般为50~70cm，适合于跟踪学习者基于计算机屏幕进行学习的眼动数据。另外一种不太常见的是可移动式的眼镜式眼动仪。这种眼动仪在使用时就像佩戴一副普通的眼镜一样，支持移动状态、真实场景切换，头动范围也不受限制，因此更符合移动学习的特性，适合于跟踪学习者基于移动设备学习的眼动数据。两种眼动仪的对比情况如表 3.1 所示。

表 3.1　遥测式眼动仪与眼镜式眼动仪的选取

名称	跟踪方式	特点	适用媒介
遥测式眼动仪	遥测式	只能在二维平面内测试眼动追踪内容，头部不能随意移动	
眼镜式眼动仪	可移动式	支持移动状态、真实场景切换，头动范围不受限制	

　　数据统计与分析阶段的设备。一般由安装数据统计分析软件的计算机或工作站即可完成。

四、眼动指标选取和数据分析方法

（一）眼动指标选取

　　根据研究目的选取恰当的、有效的眼动指标至关重要，否则会丢失研究过程中有价值的数据信息，从而导致数据分析和研究讨论泛泛而谈。[②] 从已有的使用眼动跟踪实验方法的多媒体学习的研究中，可以看出大多数研究对注视时间、注视次数、瞳孔大小、眼动轨迹进行了分析，而对首次注视时间、回视次数、非注视总时间、首次注视点、首次注视点的注视时间、

---

① 刘世清. 多媒体学习与研究的基本问题——中美学者的对话 [J]. 教育研究 ,2013,(4):113-117.
② 闫国利，熊建萍，臧传丽，余莉莉，崔磊，白学军. 阅读研究中的主要眼动指标评述 [J]. 心理科学进展 ,2013,(4):589-605.

眼跳次数、眼跳之间的关联元素等不容忽视的眼动指标却少有问津,造成对于眼动数据利用不够充分,分析不够全面。眼动分析中某个单一的指标很难有研究价值,应该根据研究的需要对特定区域选择不同的指标进行深入分析,因而有必要根据自己的实验特点和实验目的选择若干眼动指标进行科学严密的分析。表 3.2 总结了多媒体学习中各眼动指标的含义,供研究者参考。

表 3.2　眼动指标含义

眼动指标	含　义
注视时间	注视时间是指视线停留在一个注视点上的时间,反映了学习者对学习材料的加工程度。具体包括总注视时间、相对注视时间、平均注视时间、首次注视时间等
注视次数	注视的次数反映了学习者对学习材料的熟练程度、学习的策略以及学习的难易程度。具体包括总注视次数、相对注视次数、平均注视次数等
眼动轨迹	眼动轨迹将眼动数据以数据和图形结合的方式呈现出的轨迹图,能直观地反映眼动的时空特征,反映了学习者的视觉浏览过程
瞳孔大小	瞳孔大小的变化反映的是该学习材料是否引起学习者的思考和深度加工,瞳孔越大,说明提取信息越难
眼跳距离	眼跳距离指从一个注视点到另一个注视点之间的距离,反映了学习者阅读多媒体学习材料时知觉广度的一个指标
热点图	热点图是指将注视点的密集程度用不同的颜色进行展示,反映学习者的视觉加工热区
首次注视时间	首次注视时间是指视线停留在首次注视点上的时间,反映学习者认知加工的早期特征
眼跳次数	眼跳次数指注视点之间的转换次数。眼跳次数受到目标区域范围大小和加工难度的影响,范围越大眼跳次数越多,难度越高学习者也会多次注视该区域,眼跳次数也会增多
首次注视点	首次注视点反映的是学习者首次注视的位置
回视次数	回视次数是指眼睛退回已注视过的内容上的次数,反映了学习者对之前所加工信息的再加工过程
非注视总时间	非注视总时间是指在两个注视点之间转移的总时间之和。非注视总时间越长,表明学习者的注意力不集中,或者认知加工难度较小,学习速度较快

(二)数据分析方法

眼动跟踪实验方法提供了丰富的视觉认知过程的数据,但挑战是怎么利用和分析这些数据。选择适当的眼动指标之后,恰当有效的数据分析是取得实验结论的关键。目前大多数研究采用社会科学统计软件 SPSS 对眼动数据进行简单百分比统计、统计描述和统计推断。简单百分比统计仅计算各类眼动指标所占的百分比,统计描述和统计推断是指计算眼动数据的平均值、标准差,并在此基础上运用 t 检验、方差分析、回归分析、因子分析等方法进行进一步分析和判断。除了上述的统计方法外,眼动数据分析还可以采用关联、聚类、分类等数据挖掘技术,发现数据背后隐藏的深层次的规律,从而总结出学习者在多媒体学习情境下的认知规律。

　　将眼动跟踪技术应用于多媒体学习研究领域,即时记录学习者在多媒体学习过程中的眼动数据,揭示学习者学习过程中的认知加工规律,对于多媒体学习研究的进一步发展具有十分重要的意义。方法的进步是取得学科创新的关键,把握多媒体学习研究的发展方向,并在今后的多媒体学习研究中更好的使用眼动跟踪实验方法,是值得关注和思考的问题。根据上述对眼动跟踪技术在多媒体学习研究中的应用分析,对眼动跟踪实验的设计和应用提出一些思考和建议,期望对今后多媒体学习的相关研究起到一定的借鉴和参考作用。

第四章 多媒体画面中媒体要素设计语法规则案例研究

第一节 案例研究整体方案

一、整体工作流程

实验研究的整体工作流程可以划分为三个阶段，依次为准备阶段、实验阶段和数据分析阶段。

第一阶段：准备阶段。具体的工作包括收集相关文献、确定实验目的、设计和制作多媒体学习材料、设计实验前被试分组测试题和实验后学习效果测试题，规划实验室实验和教学实验过程。

第二阶段：实验阶段。本研究综合采用了实验室实验和自然情境下的教学实验方法进行多媒体画面中媒体要素设计的相关研究，因此根据实验室实验和教学实验的不同特点具备不同的研究工作环节。

实验室实验具体包括下列环节：在实验前，先对被试进行测试，以了解和掌握被试不同的个体特征，例如先前知识，并将其作为实验研究的控制变量或自变量。让被试使用经过设计的多媒体学习材料进行学习，同时使用眼动仪记录其注视次数、注视时间、眼动轨迹等眼动数据。学习结束之后立即对被试进行学习效果测试。

教学实验具体包括下列环节：对被试进行分组，分别使用不同设计的多媒体学习材料进行教学，教学结束后对学习者的学习效果进行测试。

第三阶段：数据分析阶段。对实验研究期间所获取到的各类数据进行统计和分析，并以此为依据总结出相关的结论。

实验研究的整体流程如表 4.1 所示。

表 4.1 实验研究整体工作流程

流程阶段	研究工作内容
第一阶段：准备阶段	1. 收集相关文献资料及具有高信度的测试题
	2. 设计和开发各类问卷和多媒体学习材料
	3. 设计和规划实验室实验和教学实验过程

流程阶段		研究工作内容
第二阶段： 实验阶段	实验室 实验	1. 对被试进行前测，根据测试结果进行同质或异质分组
		2. 实验室实验的实施，让学习者使用对应的多媒体学习材料进行学习，同时使用眼动仪记录各类眼动数据
		3. 对被试进行后测，了解学习者使用多媒体学习材料学习的效果
	教学实验	1. 对被试进行前测，根据测试结果进行同质或异质分组
		2. 自然情境下的教学实验的实施，通过经过不同设计的多媒体学习材料进行教学
		3. 对被试进行后测，了解学习者使用多媒体学习材料学习的效果
第三阶段： 数据分析阶段		1. 数据的整理以及分析
		2. 实验结果讨论
		3. 得出研究结论

二、整体架构

根据多媒体画面中的媒体要素设计模型，本研究针对多媒体画面中媒体要素不同的属性、不同的媒体要素组合搭配、不同的线索和不同的交互方式开展多媒体情境下的学习实验研究，并且综合分析媒体要素设计与教学内容、学生的个体特征以及呈现设备对学生的视觉认知过程和学习效果的影响，实验研究总体框架如图 4.1 所示。本研究以多媒体画面中的媒体要素设计模型为基础，通过对多媒体画面中媒体的呈现方式进行设计，充分考虑呈现设备、教学内容类型、学生的自身特征等因素，通过传统的认知行为研究、眼动实验研究和教学实验研究相结合的方式，构建出一个更系统、更深入、更科学的多媒体画面语言的研究体系，旨在丰富和完善多媒体画面语言学的理论体系，为多媒体学习材料的设计、开发和应用提供科学的依据和指导，同时为多媒体画面语言学的相关研究提供一种可借鉴的研究范式。

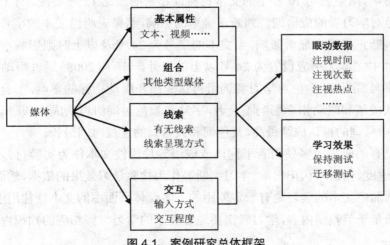

图 4.1　案例研究总体框架

以上确立了案例研究的基本要求和整体架构,本研究将在此整体架构之下开展若干具体的案例研究,以期探索出部分多媒体画面中媒体的设计规则,具体实验安排如表4.2所示。

表4.2 案例研究具体安排

研究视角	实 验
媒体的基本属性	案例1:不同呈现设备下文本的字体与字号设计的语法规则研究 案例2:不同知识难度下文本的艺术性设计的语法规则研究
媒体组合	案例3:不同知识类型下教学视频的字幕设计的语法规则研究
线索	案例4:文本线索设计的语法规则研究 案例5:教学视频线索设计的语法规则研究
交互	案例6:不同学习者年龄下交互类型设计的语法规则研究

第二节 案例1:不同呈现设备下文本的字体与字号设计语法规则研究

知觉信息是人们在对外界事物进行知觉时所获得的关于知觉对象的信息,例如知觉对象的大小、颜色、亮度、味道、音量等等。有研究证明,知觉信息影响个体的认知加工与决策判断。[①] 文本是学习者从多媒体学习材料中获取信息的重要渠道,因此也成为学习者最重要的知觉对象之一。作为知觉对象的文本,其在画面中呈现出来的基本属性如文本的大小、字体、颜色、位置等知觉信息也会对学习者的认知加工产生影响。

目前,国内外的许多研究证实了文本的基本属性对学习者的眼动指标和学习效果都会产生影响。Bemard(2002)比较了10号、12号、14号的几种不同大小的文本对学习者阅读材料速度的影响,结果表明10号字的文本材料读起来明显比12号要慢。水仁德(2008)比较了不同字号对学习者的成语词性判断正确率的影响,结果表明当文本的字号小于24号时对学习者的判断正确率有显著影响,当文本的字号为24号及以上时则影响不显著,因此建议多媒体课件中文本大小应设置为24号以上的尺寸。李萍(2008)通过眼动实验的方法,研究了不同字号、字体和颜色对学习者词组再认成绩和眼动指标的影响,实验结果表明,字体对词组再认成绩和眼动指标影响不显著,字号和颜色对词组再认成绩和眼动指标影响显著,黄色词和中号词的再认成绩最高,黄色词和大号词的注视时间最长。

国内外已有的研究大多使用若干词语或成语等片段性文本作为实验材料,以词性判断正确率、阅读速度、词语再认正确率、学习判断等作为检验学习效果的依据,然而这与学习者基于多媒体画面中文本的学习是有一定差距的。多媒体画面中的文本往往用于表达一个完整的知识点或是一节教学内容,学习者需要通过文本的学习掌握相应的知识内容,其学习效

---

① 程翠.字体大小对学习判断影响的实验研究[D].浙江师范大学,2012:1-3.

果表现为学习的数量和学习的质量,即学习者对知识识记的数量和对知识理解和应用的能力。显然,多媒体画面中文本的基本属性对学习者的视觉认知过程和学习效果的影响研究不能脱离真实的学习情境,应该以表达一节教学内容或一个知识点的完整文本作为实验材料,以学习者的学习数量和学习质量作为学习效果检验的依据。

同时,国内外已有的研究大多以计算机屏幕作为呈现设备,而很少直接使用目前流行的各种移动设备(如平板电脑、手机)作为呈现设备,往往忽视了不同的呈现设备的特点对学习者基于文本内容的学习时的认知过程和学习效果的影响。

因此,本实验拟通过将不同的文本大小、文本字体和呈现设备相结合的方式,探究文本的基本属性与呈现设备对学习者眼动指标和学习效果的影响。

一、目的与假设

实验目的:探究文本的大小、字体与呈现设备对学习者视觉认知过程和学习效果的影响。

实验假设:根据实验目的,本实验的基本假设有:(1)文本的大小对学习者的眼动指标影响显著;(2)文本的大小对学习者的学习效果影响显著;(3)文本的字体对学习者的眼动指标影响显著;(4)文本的字体对学习者的学习效果影响显著;(5)文本的呈现设备对学习者的眼动指标影响显著;(6)文本的呈现设备对学习者的学习效果影响显著;(7)学习者的眼动指标和学习效果之间正向相关。

二、方法与过程

(一)实验设计

本实验分为两部分:文本的大小与呈现设备对学习者视觉认知过程和学习效果的影响研究,简称"字号实验";文本的字体与呈现设备对学习者视觉认知过程和学习效果的影响研究,简称"字体实验"。

1. 字号实验

采用 5(字号)×2(呈现设备)的两因素被试间实验设计。

(1)自变量

字号。被试间变量,分为五个水平,12 号、18 号、24 号、28 号和 36 号。

呈现设备。被试间变量,分为两个水平,计算机屏幕和 iPad。

(2)因变量

学习效果。具体包括保持测试成绩、迁移测试成绩和总成绩。

眼动指标。具体包括总注视次数、注视点平均持续时间、总注视时间。

因变量的解释如下:

保持测试成绩:对知识记忆效果的测量,反映学习的数量。[①]

迁移测试成绩:对知识理解和应用效果的测量,反映学习的质量。[②]

总成绩:保持性测试和迁移性测试成绩之和。

---

① (美)迈耶著.牛勇,丘香译.多媒体学习[M].北京:商务印书馆,2006:1-22,206-218.

② (美)迈耶著.牛勇,丘香译.多媒体学习[M].北京:商务印书馆,2006:1-22,219-229.

总注视次数（Total Fixation Count）：人为了看清楚某一事物，两只眼睛必须保持一定的方位，才能使物体成像在视网膜上。这种将眼睛对准事物的活动叫注视，一次注视也称为一个注视点。总注视次数是指一个兴趣区（或一组兴趣区）内所有的注视点个数，反映了学习者对兴趣区的注意程度和学习策略。[①]

平均注视点持续时间（Mean Fixation Duration）：是指视线停留在每个注视点上平均所用的时间，反映了学习者对学习材料的加工程度和认知负荷，认知负荷越大则平均注视点持续时间越长。[②]

总注视时间（Total Fixation Duration）：是指一个兴趣区（或一组兴趣区）内所有注视点的持续时间总和，反映了学习者对学习材料的加工程度。

（3）无关变量

被试的先前知识水平。对所有被试进行先前知识测试，并将先前知识水平较高的被试剔除，以免对学习效果的测试产生影响。

2. 字体实验

采用 3（字体）×2（呈现设备）的两因素被试间实验设计。

（1）自变量

字体。被试间变量，文本的字体分为三个水平，宋体、楷体和黑体。

呈现设备。被试间变量，呈现设备分为两个水平，计算机屏幕和 iPad。

（2）因变量

与字号实验相同。

（3）无关变量

与字号实验相同。

（二）实验材料

（1）被试基本信息问卷一份：用于获取被试的性别、年龄和专业等基本信息。

（2）先前知识测试题两份：分别用于测量参加字体实验和字号实验的被试的先前知识水平，根据测试结果剔除有知识基础的被试，以保证所有被试具有相同的先前知识水平。

（3）学习材料十六份。

①字号实验十份。十份学习材料的主题均为"人脑记忆的奥秘"，文本内容一致，共计1765 字，主要讲述了"短时记忆和长时记忆的概念、区别和类型""科学家对人脑记忆的研究"等内容。十份学习材料都以图片的形式呈现给学习者，白底黑字、宋体。其中五份学习材料为由计算机屏幕显示，图片的分辨率为 1280×1024，文本字号分别为 12 号、18 号、24号、28 号和 36 号。另外五份学习材料由 iPad 显示，图片的分辨率为 1024×768，文本字号也分别为 12 号、18 号、24 号、28 号和 36 号。由于字号和呈现设备尺寸的不同，造成每份学习材料的图片数量也不同，字号越大需要学习者翻页的次数就越多，详情如表 4.3 所示。

---

① 闫国利，熊建萍，臧传丽，余莉莉，崔磊，白学军．阅读研究中的主要眼动指标评述 [J]．心理科学进展，2013，（4）:589-605.

② 段朝辉，颜志强，王福兴等．动画呈现速度对多媒体学习效果影响的眼动研究 [J]．心理发展与教育，2013，（1）:46-53.

表4.3 不同字号与不同呈现设备的学习材料的图片数量(张)

呈现设备 \ 字号	12号	18号	24号	28号	36号
计算机屏幕	1	1	2	2	3
iPad	1	2	2	3	5

②字体实验六份。六份学习材料的主题均为"高速铁路",共计1077字,主要讲述了"高速铁路的概念""高速铁路的发展""高速铁路的原理"等内容。六份学习材料都以图片的形式呈现给学习者,白底黑字,文本字号为18号。其中三份学习材料由计算机屏幕显示,图片的分辨率为1280×1024,文本字体分别为宋体、楷体和黑体。另外三份学习材料由iPad显示,图片的分辨率为1024×768,文本字体也分别为宋体、楷体和黑体。

(4)学习效果测试材料两份:字号实验和字体实验各一份。字号实验效果测试题目共16道,其中保持测试题目12道,迁移测试题目4道;字体实验效果测试题目共15道,其中保持测试题目11道,迁移测试题目4道。题型包括单选题、多选题和填空题。保持性测试用于测试学习者记住了多少知识即学习的数量,保持性测试样例如下:

科学家通过研究动物的(　　　)认识了人类的记忆,打开了记忆奥秘的捷径之一。

A. 视觉系统　　　B. 神经系统　　　C. 感官系统　　　D. 循环系统

迁移性测试用于测试学习者对知识的理解和应用能力即学习的质量,迁移性测试样例如下:

中国还有万余千米的高铁路线正在建设之中,以下选项符合未来高速铁路发展趋势的是(　　　)。(多选)

A. 时速达到1000千米,甚至更快

B. 安全性高、能静止悬浮、启动耗能少

C. 运行噪声小、可大大降低路基和轨道成本

D. 可在海底和气候恶劣地区运行而不受任何影响

(三)被试

从天津师范大学的本科生中随机抽取190名学生参加实验(其中男生89名,女生101名)。其中100人参加字号实验,随机分为10组,每组10人,分别学习不同字号和不同呈现设备的实验材料;另外90人参加字体实验,随机分为6组,每组15人,分别学习不同字体和不同呈现设备的实验材料。

(四)实验仪器

眼动仪一台:本研究采用采样率为120Hz的Tobii X120型眼动仪记录被试的眼动数据,并采用眼动仪配套的分析软件Tobii Studio 3.2进行眼动数据的处理。

工作站一台:用于运行实验程序,向被试呈现计算机屏幕上的实验材料。型号为惠普Z620,处理器为Intel Xeon E5-2063双核1.8GB,内存为12GB,宽高比为4:3的显示器,尺寸为48.26厘米(19英寸),屏幕分辨率为1280×1024。

iPad 一台：用于向被试呈现 iPad 上的学习材料。型号为 iPad3，处理器为 AppleA5X，运行内存 1GB，存储容量 16 GB，尺寸为 24.64 厘米（9.7 英寸），屏幕分辨率为 2048×1536。

场景摄像机一台：用于拍摄被试使用 iPad 进行学习的实时视频，以便将视频输入实验程序，将学习者的实时的眼动数据与视频相匹配，获取被试使用 iPad 进行学习的各项眼动指标。型号为罗技 Pro C920，动态分辨率为 1280×720，接口类型为 USB2.0。

（五）实验过程

字号实验和字体实验的实验过程一致。被试按照分组情况学习相应的学习材料，学习的同时由眼动仪记录眼动指标，学习完成后进行学习效果测试。具体过程如下：

（1）被试填写基本信息问卷、测试先前知识；

（2）主试引导被试进入眼动实验室，坐在距离眼动仪 60cm 的椅子上，并向被试说明本实验为非侵入性的，学习成绩与考试无关，使被试放松心情；

（3）进行眼动定标，定标完成后呈现实验指导语；

（4）被试进行学习材料的学习，学习完成后按空格键退出实验程序；

（5）被试完成学习效果测试题目。

三、数据分析

（一）字号实验数据分析

1. 学习效果分析

对被试使用不同呈现设备、不同字号学习材料进行学习的学习效果进行统计，答对一个要点计 4 分，共计 100 分，分别记录每个被试的保持测试成绩、迁移测试成绩和总成绩。使用 SPSS 17.0 对学习效果进行统计分析。

（1）保持测试成绩分析

表 4.4　不同字号和不同呈现设备的保持测试成绩

实验分组	计算机屏幕			iPad		
	平均值（分）	标准差	N	平均值（分）	标准差	N
12 号	47.8000	9.35474	10	47.3000	13.87284	10
18 号	54.6000	7.24492	10	50.6000	11.03731	10
24 号	55.8000	8.56089	10	52.4000	11.14750	10
28 号	51.4000	7.94705	10	50.8000	8.85438	10
36 号	47.8000	13.14703	10	50.2000	10.21763	10

从表 4.4 中可以看出，当使用计算机屏幕呈现学习材料时，学习者的保持测试成绩从 24 号、18 号、28 号、12 号和 36 号（并列）依次降低，当使用 iPad 呈现学习材料时，学习者的保持测试成绩从 24 号、28 号、18 号、36 号、12 号依次降低。两种呈现设备不同字号的保持测试平均值的比较如图 4.2 所示。

从图 4.2 中可以看出，除 36 号字以外，其余各字号的保持测试成绩均是计算机屏幕组比 iPad 组要高一些。计算机屏幕组与 iPad 组各字号的保持测试成绩的变化趋势基本一致，呈现出"中间高、两头低"的趋势，计算机屏幕呈现下各字号组的成绩变化幅度比较大，而 iPad 呈现下各字号组的保持测试成绩变化幅度较小。

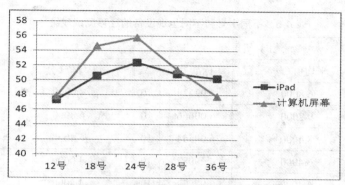

图 4.2　各组保持测试平均值比较

对各组保持测试成绩进行多因素方差分析（GLM 多变量），确定不同字号和不同呈现设备两种因素的主效应和交互作用情况，结果见表 4.5。

表 4.5　不同字号和不同呈现设备的保持测试成绩组间方差分析

变异来源	平方和	自由	均方	F	显著性
呈现设备	37.210	1	37.210	0.348	0.557
字号	559.960	4	139.990	1.308	0.273
呈现设备 * 字号	132.440	4	33.110	0.309	0.871

表 4.5 说明，呈现设备（$F=0.348$，$p=0.557>0.05$）和字号（$F=1.308$，$p=0.273>0.05$）的主效应均不显著，二者的交互作用也不显著（$F=0.309$，$p=0.871>0.05$）。

分别对两种呈现设备的五组保持测试成绩进行 Oneway 方差分析，确定不同呈现设备下的文本的不同字号对学习者保持测试成绩的影响是否显著。结果发现，计算机屏幕呈现的五组字号的保持测试成绩的组间差异不显著（$F=1.544$，$p=0.206>0.05$），iPad 呈现的五组字号的保持测试成绩的组间差异也不显著（$F=0.227$，$p=0.892>0.05$）。使用 LSD 法分别对两种呈现设备的五组字号的保持测试成绩进行事后多重比较，进一步观察不同呈现设备下各组的保持测试成绩的差异情况。比较结果显示，计算机屏幕呈现和 iPad 呈现的五个字号组的保持测试成绩的两两比较的差异都不显著。

分别对不同字号下的两种呈现设备组的保持测试成绩进行独立样本 t 检验，分析不同字号下的不同呈现设备对学习者保持测试成绩的影响是否显著。结果发现五种字号下两种呈现设备组的保持测试成绩的差异都不显著。

（2）迁移测试成绩分析

从表 4.6 可以看出，当使用计算机屏幕呈现学习材料时，学习者的迁移测试成绩从 18

号、24 号、12 号、28 号、36 号依次降低,当使用 iPad 呈现学习材料时,学习者的迁移测试成绩从 18 号、24 号、36 号、12 号和 28 号(并列)依次降低。两种呈现设备不同字号的迁移测试平均值的比较如图 4.3 所示。

表 4.6　不同字号和不同呈现设备的迁移测试成绩

实验分组	计算机屏幕			iPad		
	平均值(分)	标准差	N	平均值(分)	标准差	N
12 号	6.8000	5.97774	10	4.0000	3.26599	10
18 号	9.2000	5.00666	10	6.8000	5.97774	10
24 号	8.4000	6.09554	10	6.4000	4.29987	10
28 号	6.4000	4.29987	10	4.0000	2.66667	10
36 号	4.4000	3.97772	10	4.4000	2.95146	10

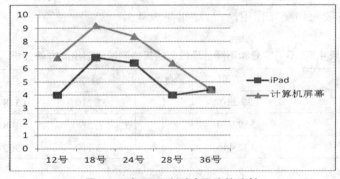

图 4.3　各组迁移测试平均值比较

从图 4.3 中可以看出,36 号字两种呈现设备组的迁移测试成绩相同,其余各字号的迁移测试成绩均是计算机屏幕组比 iPad 组要高一些。计算机屏幕组与 iPad 组各字号的迁移测试成绩的变化趋势基本一致,均是中间的两个字号(18 号、24 号)最高,两端的字号(12 号、28 号、36 号)成绩则相对较低。

对各组迁移测试成绩进行多因素方差分析(GLM 多变量),确定不同字号和不同呈现设备两种因素的主效应和交互作用情况,结果见表 4.7。

表 4.7　不同字号和不同呈现设备的迁移测试成绩组间方差分析

变异来源	平方和	自由	均方	F	显著性
呈现设备	92.160	1	92.160	4.327	0.040
字号	189.760	4	47.440	2.227	0.072
呈现设备 * 字号	24.640	4	6.160	0.289	0.884

表 4.7 说明,呈现设备的主效应($F=4.327$,$p=0.040<0.05$)显著,字号的主效应($F=2.227$,$p=0.072>0.05$)不显著,二者的交互作用也不显著($F=0.289$,$p=0.884>0.05$)。

分别对两种呈现设备的五组迁移测试成绩进行 Oneway 方差分析,确定不同呈现设备下的文本的不同字号对学习者迁移测试成绩的影响是否显著。结果发现,计算机屏幕呈现的五组字号的迁移测试成绩的组间差异不显著($F=1.319$,$p=0.278>0.05$),iPad 呈现的五组字号的迁移测试成绩的组间差异也不显著($F=1.160$,$p=0.341>0.05$)。使用 LSD 法分别对两种呈现设备的五组字号的迁移测试成绩进行事后多重比较,进一步观察两种呈现设备下各组的迁移测试成绩的差异情况。比较结果显示,计算机屏幕呈现的 18 号组和 36 号组差异显著($p=0.043<0.05$),18 号组的迁移测试成绩显著高于 36 号组,其余所有字号组的两两比较的差异都不显著;iPad 呈现的五个字号组的迁移测试成绩的两两比较的差异都不显著。

分别对不同字号下的两种呈现设备组的迁移测试成绩进行独立样本 t 检验,分析不同字号下的不同呈现设备对学习者迁移测试成绩的影响是否显著。结果发现五种字号下两种呈现设备组的迁移测试差异都不显著。

(3)总成绩分析

从表 4.8 可以看出,当使用计算机屏幕呈现学习材料时,学习者的总成绩从 24 号、18 号、28 号、12 号、36 号依次降低,当使用 iPad 呈现学习材料时,学习者的迁移测试成绩从 24 号、18 号、28 号、36 号、12 号依次降低。两种呈现设备不同字号的总成绩平均值的比较如图 4.4 所示。

表 4.8　不同字号和不同呈现设备的总成绩

实验分组	计算机屏幕			iPad		
	平均值(分)	标准差	N	平均值(分)	标准差	N
12 号	54.600 0	10.500 79	10	51.300 0	15.649 28	10
18 号	63.800 0	9.496 20	10	57.400 0	15.407 07	10
24 号	64.200 0	11.942 45	10	58.800 0	9.531 24	10
28 号	57.800 0	8.297 26	10	54.800 0	9.437 51	10
36 号	52.200 0	13.546 63	10	54.600 0	11.354 88	10

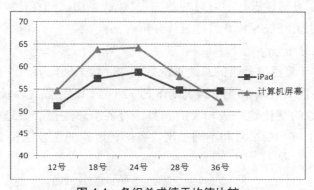

图 4.4　各组总成绩平均值比较

从图 4.4 中可以看出,除 36 号字以外,其余各字号的总成绩均是计算机屏幕组比 iPad 组要高一些。计算机屏幕呈现与 iPad 呈现各字号组的总成绩变化趋势基本一致,24 号和 18 号总成绩最高,其余各字号则比较低。计算机屏幕呈现下各字号组的总成绩变化幅度较大,而 iPad 呈现下各字号组的总成绩变化幅度较小。

对各组总成绩进行多因素方差分析(GLM 多变量),确定不同字号和不同呈现设备两种因素的主效应和交互作用情况,结果见表 4.9。

表 4.9 不同字号和不同呈现设备的总成绩组间方差分析

变异来源	平方和	自由	均方	F	显著性
呈现设备	246.490	1	246.490	1.778	0.186
字号	1261.000	4	315.250	2.274	0.067
呈现设备 * 字号	232.360	4	58.090	0.419	0.795

表 4.9 说明,呈现设备(F=1.778,p=0.186>0.05)和字号(F=2.274,p=0.067>0.05)的主效应都不显著,二者的交互作用也不显著(F=0.419,p=0.795>0.05)。

分别对两种呈现设备的五组总成绩进行 Oneway 方差分析,确定不同呈现设备下的文本的不同字号对学习者总成绩的影响是否显著。结果发现,计算机屏幕呈现的五组字号的总成绩的组间差异不显著(F=2.435,p=0.061>0.05),iPad 呈现的五组字号的总成绩的组间差异也不显著(F=0.527,p=0.716>0.05)。使用 LSD 法分别对两种呈现设备的五组字号的总成绩进行事后多重比较,进一步观察两种呈现设备下各组的总成绩的差异情况。比较结果显示,计算机屏幕呈现的 18 号组和 36 号组差异显著(p=0.022<0.05),24 号组和 36 号组差异显著(p=0.018<0.05),18 号组和 24 号组的总成绩显著高于 36 号组,其余所有字号组的两两比较的差异都不显著;iPad 呈现的五个字号组的总成绩的两两比较的差异都不显著。

分别对不同字号下的两种呈现设备组的总成绩进行独立样本 t 检验,确定不同字号下的不同呈现设备对学习者总成绩的影响是否显著。结果发现五种字号下两种呈现设备组的总成绩差异都不显著。

2. 眼动数据分析

将被试对十份学习材料进行学习时的总注视次数、平均注视点持续时间和总注视时间三项眼动指标导出,使用 SPSS 17.0 进行统计分析。

(1)总注视次数分析

如表 4.10 所示,计算机屏幕组的总注视次数从 28 号、12 号、18 号、24 号、36 号依次降低,而 iPad 组的总注视次数从 36 号、24 号、18 号、28 号、12 号依次降低。两种呈现设备下不同字号总注视次数的变化趋势成相反的态势。对各组总注视次数进行多因素方差分析(GLM 多变量),以了解不同字号和不同呈现设备两种因素的主效应和交互作用情况,结果见表 4.11。

表 4.10　不同字号和不同呈现设备的总注视次数

实验分组	计算机屏幕			iPad		
	平均值（个）	标准差	N	平均值（个）	标准差	N
12 号	574.700 0	276.587 16	10	450.900 0	142.523 64	10
18 号	510.800 0	146.549 04	10	544.600 0	152.486 94	10
24 号	502.300 0	190.181 81	10	627.000 0	206.379 91	10
28 号	623.300 0	186.267 46	10	526.800 0	154.348 67	10
36 号	457.500 0	176.505 11	10	705.500 0	246.345 40	10

表 4.11　不同字号和不同呈现设备的总注视次数组间方差分析

变异来源	平方和	自由	均方	F	显著性
呈现设备	34 670.440	1	34 670.440	0.935	0.336
字号	73 762.540	4	18 440.635	0.498	0.738
呈现设备 * 字号	479 505.660	4	119 876.415	3.234	0.016

表 4.11 说明，呈现设备（$F=0.935$，$p=0.336>0.05$）和字号（$F=0.498$，$p=0.738>0.05$）的主效应都不显著，二者的交互作用显著（$F=3.234$，$p=0.016<0.05$）。

分别对两种呈现设备的五组总注视次数进行 Oneway 方差分析，确定不同呈现设备下的文本的不同字号对学习者总注视次数的影响是否显著。结果发现，计算机屏幕呈现的五组字号的总注视次数的组间差异不显著（$F=1.064$，$p=0.385>0.05$），iPad 呈现的五组字号的总注视次数的组间差异显著（$F=2.805$，$p=0.037<0.05$）。使用 LSD 法分别对两种呈现设备的五组字号的总注视次数进行事后多重比较，进一步观察两种呈现设备下各组的总注视次数差异情况。比较结果显示，计算机屏幕呈现的五个字号组的总注视次数两两比较的差异都不显著；iPad 呈现的 12 号组与 24 号组差异显著（$p=0.039<0.05$），12 号组与 36 号组差异极其显著（$p=0.004<0.01$），24 号组和 36 号组的总注视次数显著高于 12 号组，28 号组与 36 号组差异显著（$p=0.036<0.05$），36 号组的总注视次数显著高于 28 号组，其余两两比较的差异都不显著。

分别对不同字号下的两种呈现设备组的总注视次数进行独立样本 t 检验，确定不同字号下的不同呈现设备对学习者总注视次数的影响是否显著。结果发现，36 号字的两种呈现设备组的总注视次数差异显著（$p=0.019<0.05$），iPad 组显著高于计算机组，其余四种字号下两种呈现设备组的总注视次数差异都不显著。

（2）平均注视点持续时间分析

如表 4.12 所示，计算机屏幕组的平均注视点持续时间从 12 号、18 号、28 号、24 号、36 号依次降低，iPad 组的平均注视点持续时间从 12 号、18 号、36 号、24 号、28 号依次降低。对各组平均注视点持续时间进行多因素方差分析（GLM 多变量），以了解不同字号和不同呈现设备两种因素的主效应和交互作用情况，结果见表 4.13。

表 4.12　不同字号和不同呈现设备的平均注视点持续时间

实验分组	计算机屏幕			iPad		
	平均值（s）	标准差	N	平均值（s）	标准差	N
12 号	0.298 0	0.064 60	10	0.356 0	0.087 71	10
18 号	0.258 0	0.062 50	10	0.275 0	0.103 95	10
24 号	0.202 0	0.037 95	10	0.229 0	0.036 35	10
28 号	0.215 0	0.040 62	10	0.226 0	0.021 71	10
36 号	0.200 0	0.044 22	10	0.230 0	0.033 00	10

表 4.13　不同字号和不同呈现设备的平均注视点持续时间组间方差分析

变异来源	平方和	自由	均方	F	显著性
呈现设备	0.020	1	0.020	5.926	0.017
字号	0.190	4	0.047	13.738	0.000
呈现设备 * 字号	0.007	4	0.002	0.476	0.753

表 4.13 说明，呈现设备的主效应显著（$F=5.926, p=0.017<0.05$），字号的主效应极其显著（$F=13.738, p=0.000<0.01$），二者的交互作用不显著（$F=3.234, p=0.753>0.05$）。

分别对两种呈现设备的五组平均注视点持续时间进行 Oneway 方差分析，确定不同呈现设备下的文本的不同字号对学习者平均注视点持续时间的影响是否显著。结果发现，计算机屏幕呈现的五组字号的平均注视点持续时间的组间差异极其显著（$F=6.868$，$p=0.000<0.01$），iPad 呈现的五组字号的平均注视点持续时间的组间差异也极其显著（$F=7.254, p=0.000<0.01$）。

使用 LSD 法分别对两种呈现设备的五组字号的平均注视点持续时间进行事后多重比较，进一步观察两种呈现设备下各组的平均注视点持续时间的差异情况。比较结果显示：计算机屏幕呈现的 12 号组与 24 号组差异极其显著（$p=0.000<0.01$），12 号组与 28 号组差异极其显著（$p=0.001<0.01$），12 号组与 36 号组差异极其显著（$p=0.000<0.01$），12 号组的平均注视点持续时间显著高于 24 号、28 号和 36 号组，18 号组与 24 号组差异显著（$p=0.019<0.05$），18 号组与 36 号组差异显著（$p=0.015<0.05$），18 号组的平均注视点持续时间显著高于 24 号和 36 号组，其余两两比较的差异都不显著；iPad 呈现的 12 号组与 18 号组差异极其显著（$p=0.008<0.01$），12 号组与 24 号组差异极其显著（$p=0.000<0.01$），12 号组与 28 号组差异极其显著（$p=0.000<0.01$），12 号组与 36 号组差异极其显著（$p=0.000<0.01$），12 号组的平均注视时间显著高于其余所有字号组，其余两两比较的差异都不显著。

分别对不同字号下的两种呈现设备组的平均注视点持续时间进行独立样本 t 检验，分析不同字号下的不同呈现设备对学习者平均注视点持续时间的影响是否显著。结果发现，五组字号下两种呈现设备组的平均注视点持续时间差异都不显著。

（3）总注视时间分析

如表 4.14 所示，计算机屏幕组的总注视时间从 12 号、28 号、18 号、24 号、36 号依次降低，而 iPad 组的总注视时间从 36 号、12 号、18 号、24 号、28 号依次降低。对各组总注视时间进行多因素方差分析（GLM 多变量），以了解不同字号和不同呈现设备两种因素的主效应和交互作用情况，结果见表 4.15。

表 4.14　不同字号和不同呈现设备的总注视时间

实验分组	计算机屏幕			iPad		
	平均值（s）	标准差	N	平均值（s）	标准差	N
12 号	168.210 0	72.394 87	10	159.189 0	60.158 29	10
18 号	130.831 0	47.292 79	10	149.078 0	59.715 83	10
24 号	105.760 0	48.781 63	10	141.738 0	47.983 31	10
28 号	138.198 0	54.965 58	10	120.159 0	40.026 49	10
36 号	93.871 0	41.520 55	10	163.440 0	67.488 42	10

表 4.15　不同字号和不同呈现设备的总注视时间组间方差分析

变异来源	平方和	自由	均方	F	显著性
呈现设备	9 357.467	1	9 357.467	3.094	0.082
字号	20 559.534	4	5 139.883	1.699	0.157
呈现设备＊字号	25 012.529	4	6 253.132	2.067	0.092

表 4.15 说明，呈现设备（$F=3.094$，$p=0.082>0.05$）和字号（$F=1.699$，$p=0.157>0.05$）的主效应都不显著，二者的交互作用也不显著（$F=2.067$，$p=0.092>0.05$）。

分别对两种呈现设备的五组总注视时间进行 Oneway 方差分析，确定不同呈现设备下文本不同字号对学习者总注视时间的影响是否显著。结果发现，计算机屏幕呈现的五组字号的总注视时间组间差异显著（$F=2.899$，$p=0.032<0.05$），iPad 呈现的五组字号的总注视时间的组间差异不显著（$F=2.805$，$p=0.936>0.05$）。使用 LSD 法分别对两种呈现设备五组字号的总注视时间进行事后多重比较，进一步观察两种呈现设备下各组的总注视时间差异情况。比较结果显示，计算机屏幕呈现的 12 号组与 24 号组差异显著（$p=0.013<0.05$），12 号与 36 号组差异极其显著（$p=0.004<0.01$），12 号组的总注视时间显著高于 24 号组和 36 号组，其余两两比较的差异都不显著；iPad 呈现的五个字号组的总注视时间两两比较的差异都不显著。

分别对不同字号下的两种呈现设备组的总注视次数进行独立样本 t 检验，分析不同字号下的不同呈现设备对学习者总注视时间的影响是否显著。结果发现，36 号字的两种呈现设备组的总注视时间差异显著（$p=0.012<0.05$），iPad 组显著高于计算机组，其余四种字号下两种呈现设备组的总注视时间差异都不显著。

(二)字体实验数据分析

1. 学习效果分析

(1)保持测试成绩分析

如表 4.16 所示,计算机屏幕组和 iPad 组的保持测试成绩都是从宋体、楷体和黑体依次降低。对各组的保持测试成绩进行多因素方差分析(GLM 多变量),以了解不同字体和不同呈现设备两种因素的主效应和交互作用情况,结果见表 4.17。

表 4.16　不同字体和不同呈现设备的保持测试成绩

实验分组	计算机屏幕			iPad		
	平均值(分)	标准差	N	平均值(分)	标准差	N
宋体	47.000 0	5.464 17	15	44.4000	9.447 60	15
楷体	44.133 3	7.763 16	15	43.2000	10.015 70	15
黑体	42.466 7	6.555 99	15	42.8667	8.140 43	15

表 4.17　不同字体和不同呈现设备的保持测试成绩组间方差分析

变异来源	平方和	自由	均方	F	显著性
呈现设备	24.544	1	24.544	0.379	0.540
字体	143.356	2	71.678	1.106	0.336
呈现设备 * 字体	33.889	2	16.944	0.261	0.771

表 4.17 说明,呈现设备($F=0.379$,$p=0.540>0.05$)和字体($F=1.106$,$p=0.336>0.05$)的主效应都不显著,二者的交互作用也不显著($F=0.261$,$p=0.771>0.05$)。

分别对两种呈现设备下三组字体的保持测试成绩进行 Oneway 方差分析,确定不同呈现设备下文本的不同字体对学习者保持测试成绩的影响是否显著。结果发现,计算机屏幕呈现的三组字体的保持测试成绩组间差异不显著($F=1.778$,$p=0.182>0.05$),iPad 呈现的三组字体的保持测试成绩的组间差异也不显著($F=0.114$,$p=0.892>0.05$)。使用 LSD 法分别对两种呈现设备下三组字体的保持测试成绩进行事后多重比较发现,计算机屏幕呈现和iPad 呈现的三组字体的保持测试成绩两两比较的差异都不显著。

分别对不同字体下的两种呈现设备组的保持测试成绩进行独立样本 t 检验,分析不同字体下的不同呈现设备对学习者保持测试成绩的影响是否显著。结果发现,三组字体下两种呈现设备组的保持测试成绩差异都不显著。

(2)迁移测试成绩分析

如表 4.18 所示,计算机屏幕组的迁移测试成绩从楷体、宋体和黑体依次降低,iPad 组的迁移测试成绩从楷体和黑体(并列)、宋体依次降低,各种字体之间成绩的差异幅度不大。对各组的迁移测试成绩进行多因素方差分析(GLM 多变量),以了解不同字体和不同呈现设备两种因素的主效应和交互作用情况,结果见表 4.19。

表 4.18　不同字体和不同呈现设备的迁移测试成绩

实验分组	计算机屏幕			iPad		
	平均值（分）	标准差	N	平均值（分）	标准差	N
宋体	22.133 3	5.423 05	15	22.66 67	5.589 11	15
楷体	24.000 0	3.703 28	15	24.266 7	4.651 68	15
黑体	20.800 0	4.585 69	15	24.266 7	5.750 36	15

表 4.19　不同字体和不同呈现设备的迁移测试成绩组间方差分析

变异来源	平方和	自由	均方	F	显著性
呈现设备	45.511	1	45.511	1.819	0.181
字体	55.822	2	27.911	1.116	0.332
呈现设备 * 字体	47.289	2	23.644	0.945	0.393

表 4.19 说明，呈现设备（F=1.819，p=0.181>0.05）和字体（F=1.116，p=0.332>0.05）的主效应都不显著，二者的交互作用也不显著（F=0.945，p=0.393>0.05）。

分别对两种呈现设备下三组字体的迁移测试成绩进行 Oneway 方差分析，确定不同呈现设备下文本的不同字体对学习者迁移测试成绩的影响是否显著。结果发现，计算机屏幕呈现的三组字体的迁移测试成绩组间差异不显著（F=1.812，p=0.176>0.05），iPad 呈现的三组字体的迁移测试成绩组间差异也不显著（F=0.447，p=0.643>0.05）。使用 LSD 法分别对两种呈现设备的三组字体的迁移测试成绩进行事后多重比较发现，计算机屏幕呈现和 iPad 呈现的三组字体的迁移测试成绩的两两比较的差异都不显著。

分别对不同字体下的两种呈现设备组的迁移测试成绩进行独立样本 t 检验，确定不同字体下的不同呈现设备对学习者迁移测试成绩的影响是否显著。结果发现，三组字体下两种呈现设备组的迁移测试成绩差异都不显著。

（3）总成绩分析

如表 4.20 所示，计算机屏幕组的总成绩从宋体、楷体和黑体依次降低，iPad 组的总成绩从楷体、黑体、宋体依次降低，各种字体之间成绩的差异幅度不大。

表 4.20　不同字体和不同呈现设备的总成绩

实验分组	计算机屏幕			iPad		
	平均值（分）	标准差	N	平均值（分）	标准差	N
宋体	69.133 3	8.339 81	15	67.066 7	12.668 67	15
楷体	68.133 3	8.991 00	15	67.466 7	11.369 55	15
黑体	63.266 7	7.731 81	15	67.133 3	13.201 01	15

对各组的总成绩进行多因素方差分析（GLM 多变量），确定不同字体和不同呈现设备两种因素的主效应和交互作用情况，结果见表 4.21。

表 4.21　不同字体和不同呈现设备的总成绩组间方差分析

变异来源	平方和	自由	均方	F	显著性
呈现设备	3.211	1	3.211	0.029	0.866
字体	152.600	2	76.300	0.679	0.510
呈现设备 * 字体	144.289	2	72.144	0.642	0.529

表 4.21 说明，呈现设备（$F=0.029$，$p=0.866>0.05$）和字体（$F=0.679$，$p=0.510>0.05$）的主效应都不显著，二者的交互作用不显著（$F=0.642$, $p=0.529>0.05$）。

分别对两种呈现设备下三组字体的总成绩进行 Oneway 方差分析，确定不同呈现设备下文本的不同字体对学习者总成绩的影响是否显著。结果发现，计算机屏幕呈现的三组字体的总成绩组间差异不显著（$F=2.109$，$p=0.134>0.05$），iPad 呈现的三组字体的总成绩组间差异也不显著（$F=0.004$，$p=0.996>0.05$）。使用 LSD 法分别对两种呈现设备的三组字体的总成绩进行事后多重比较发现，计算机屏幕呈现和 iPad 呈现的三组字体总成绩两两比较的差异都不显著。

分别对不同字体下的两种呈现设备组的总成绩进行独立样本 t 检验，确定不同字体下的不同呈现设备对学习者总成绩的影响是否显著。结果发现，三组字体下两种呈现设备组的总成绩差异都不显著。

2. 眼动数据分析

将被试对六份学习材料进行学习时的总注视次数、平均注视点持续时间和总注视时间三项眼动指标导出，使用 SPSS 17.0 进行统计分析。

（1）总注视次数分析

如表 4.22 所示，计算机屏幕组和 iPad 组的总注视次数都是从楷体、黑体、宋体依次降低。对各组总注视次数进行多因素方差分析（GLM 多变量），以了解不同字体和不同呈现设备两种因素的主效应和交互作用情况，结果见表 4.23。

表 4.22　不同字体和不同呈现设备的总注视次数

实验分组	计算机屏幕			iPad		
	平均值（个）	标准差	N	平均值（个）	标准差	N
宋体	509.733 3	164.426 91	15	555.333 3	161.123 14	15
楷体	709.933 3	214.460 27	15	607.133 3	294.158 09	15
黑体	645.933 3	259.710 41	15	593.866 7	208.767 08	15

表 4.23   不同字体和不同呈现设备的总注视次数组间方差分析

变异来源	平方和	自由	均方	F	显著性
呈现设备	29 848.011	1	29 848.011	0.604	0.439
字体	250 014.689	2	125 007.344	2.529	0.086
呈现设备 * 字体	85 338.022	2	42 669.011	0.863	0.425

表 4.23 说明,呈现设备(F=0.604,p=0.439>0.05)和字体(F=2.529,p=0.086>0.05)的主效应都不显著,二者的交互作用也不显著(F=0.863,p=0.425>0.05)。

分别对两种呈现设备下三组字体的总注视次数进行 Oneway 方差分析,确定不同呈现设备下文本的不同字体对学习者总注视次数的影响是否显著。结果发现,计算机屏幕呈现的三组字体的总注视次数组间差异显著(F=3.349,p=0.045<0.05),iPad 呈现的三组字体的总注视次数组间差异不显著(F=0.209,p=0.812>0.05)。使用 LSD 法分别对两种呈现设备的三组字体的总注视次数进行事后多重比较,进一步观察两种呈现设备下各组总注视次数的差异情况。比较结果显示,计算机屏幕呈现的宋体与楷体的差异显著(p=0.015<0.05),宋体的总注视次数显著低于楷体;iPad 呈现的三组字体的总注视次数的两两比较的差异都不显著。

分别对不同字体下的两种呈现设备组的总注视次数进行独立样本 t 检验,确定不同字体下的不同呈现设备对学习者总注视次数的影响是否显著。结果发现,三组字体下两种呈现设备组的总注视次数的差异都不显著。

(2)平均注视点持续时间分析

如表 4.24 所示,计算机屏幕组的平均注视点持续时间从宋体、楷体、黑体依次降低,iPad 组的平均注视点持续时间从黑体、宋体、楷体依次降低。

表 4.24   不同字体和不同呈现设备的平均注视点持续时间

实验分组	计算机屏幕			iPad		
	平均值(s)	标准差	N	平均值(s)	标准差	N
宋体	0.248 7	0.063 12	15	0.284 0	0.035 21	15
楷体	0.2413	0.047 64	15	0.281 3	0.063 90	15
黑体	0.2293	0.067 45	15	0.289 3	0.068 61	15

对各组平均注视点持续时间进行多因素方差分析(GLM 多变量),确定不同字体和不同呈现设备两种因素的主效应和交互作用情况,结果见表 4.25。

表 4.25　不同字体和不同呈现设备的平均注视点持续时间组间方差分析

变异来源	平方和	自由	均方	F	显著性
呈现设备	0.046	1	0.046	13.187	0.000
字体	0.001	2	0.000	0.112	0.894
呈现设备 * 字体	0.003	2	0.001	0.371	0.691

表 4.25 说明，呈现设备的主效应极其显著（$F=13.187$，$p=0.000<0.01$），字体的主效应不显著（$F=0.112$，$p=0.894>0.05$），二者的交互作用也不显著（$F=0.371$，$p=0.691>0.05$）。

分别对两种呈现设备三组字体的平均注视点持续时间进行 Oneway 方差分析，确定不同呈现设备下文本的不同字体对学习者平均注视点持续时间的影响是否显著。结果发现，计算机屏幕呈现的三组字体的平均注视点持续时间组间差异不显著（$F=0.397$，$p=0.675>0.05$），iPad 呈现的三组字体的平均注视点持续时间的组间差异不显著（$F=0.074$，$p=0.928>0.05$）。使用 LSD 法分别对两种呈现设备的三组字体的平均注视点持续时间进行事后多重比较，进一步观察两种呈现设备下各组的平均注视点持续时间的差异情况。比较结果显示，计算机屏幕呈现和 iPad 呈现的三组字体平均注视点持续时间两两比较的差异都不显著。

分别对不同字体下的两种呈现设备组的平均注视点持续时间进行独立样本 t 检验，确定不同字体下的不同呈现设备对学习者平均注视点持续时间的影响是否显著。结果发现，黑体的计算机屏幕呈现组与 iPad 呈现组差异显著（$p=0.035<0.05$），iPad 呈现组的平均注视点持续时间显著高于计算机屏幕呈现组；其余两种字体下两种呈现设备组的总注视次数差异都不显著。

（3）总注视时间分析

如表 4.26 所示，计算机屏幕组的总注视时间从楷体、黑体、宋体依次降低，iPad 组的总注视时间从黑体、楷体、宋体依次降低。对各组总注视时间进行多因素方差分析（GLM 多变量），以了解不同字体和不同呈现设备两种因素的主效应和交互作用情况，结果见表 4.27。

表 4.26　不同字体和不同呈现设备的总注视时间

实验分组	计算机屏幕			iPad		
	平均值（s）	标准差	N	平均值（s）	标准差	N
宋体	132.612 0	60.550 13	15	158.263 3	50.240 10	15
楷体	172.127 3	58.927 40	15	170.101 3	80.042 93	15
黑体	145.718 7	61.264 55	15	174.498 0	81.038 39	15

表 4.27 说明，呈现设备（$F=1.561$，$p=0.215>0.05$）和字体（$F=1.132$，$p=0.327>0.05$）的主效应都不显著，二者的交互作用也不显著（$F=0.490$，$p=0.614>0.05$）。

表 4.27　不同字体和不同呈现设备的总注视时间组间方差分析

变异来源	平方和	自由	均方	F	显著性
呈现设备	6 865.623	1	6 865.623	1.561	0.215
字体	9 956.517	2	4 978.259	1.132	0.327
呈现设备 * 字体	4 311.969	2	2 155.985	0.490	0.614

分别对两种呈现设备下三组字体的总注视时间进行 Oneway 方差分析,确定不同呈现设备下文本的不同字体对学习者总注视时间的影响是否显著。结果发现,计算机屏幕呈现下三组字体的总注视时间组间差异不显著($F=1.674$,$p=0.200>0.05$),iPad 呈现的三组字体的总注视时间组间差异也不显著($F=0.205$,$p=0.816>0.05$)。使用 LSD 法分别对两种呈现设备的三组字体的总注视时间进行事后多重比较发现,计算机屏幕呈现和 iPad 呈现的三组字体的总注视时间两两比较的差异都不显著。

分别对不同字体下的两种呈现设备组的总注视时间进行独立样本 t 检验,以了解不同字体下的不同呈现设备对学习者总注视时间的影响是否显著。结果发现,三组字体下两种呈现设备组的总注视时间差异都不显著。

四、结果讨论

(一)文本的字号、字体和呈现设备对学习者学习效果的影响

当字号与呈现设备两因素结合时:保持测试成绩和总成绩,字号主效应不显著,呈现设备主效应不显著,二者交互作用不显著;迁移测试成绩,呈现设备主效应显著,字号主效应不显著,二者交互作用不显著。

当字体与呈现设备两因素结合时:保持测试成绩、迁移测试成绩和总成绩,字体和呈现设备的主效应都不显著,二者的交互作用也都不显著。

1. 文本的字号与呈现设备对学习者学习效果的影响

当学习材料由计算机屏幕呈现时,学习者的保持测试成绩、迁移测试成绩和总成绩的变化趋势基本一致,都是 18 号组和 24 号组的各项成绩最好,12 号组和 28 号组各项成绩则相对较低,36 号组的各项成绩都最差。其中保持测试成绩各字号组间差异不显著,迁移测试成绩 18 号组显著高于 36 号组,总成绩 18 号组和 24 号组都要显著高于 36 号组。这表明,当学习材料由计算机屏幕呈现时,不同的字号对学习者的学习数量和学习质量有一定影响,当字号适中(18 号和 24 号)时学习者能够取得更好的学习效果,而当字号过小(12 号)或过大(36 号)时学习者的学习效果则相对较差,字号对学习数量的影响不显著,对学习质量的影响更为显著。

当学习材料由 iPad 呈现时,学习者的保持测试成绩、迁移测试成绩和总成绩的变化趋势也基本一致,都是 18 号组和 24 号组的各项成绩最好,28 号组和 36 号组各项成绩则相对较低,12 号组的各项成绩都最差。保持测试成绩、迁移测试成绩和总成绩各组间的差异都不显著。这表明,当学习材料由 iPad 呈现时,字号对学习者学习数量和学习质量的影响都不显著。

相同字号不同呈现设备的各项成绩的比较发现,除 36 号字以外,学习者使用其余各字号的学习材料进行学习时,计算机屏幕呈现组的保持测试成绩、迁移测试成绩和总成绩都要略高于 iPad 呈现组。独立样本 t 检验的结果表明,各项成绩的不同呈现设备组之间差异都不显著。这表明,呈现设备对学习者的学习数量和学习质量影响都不显著,但相比较而言,计算机屏幕呈现对学习者的学习更有利。

2. 文本的字体与呈现设备对学习者学习效果的影响

当学习材料由计算机屏幕和 iPad 呈现时,宋体组、楷体组和黑体组的保持测试成绩、迁移测试成绩和总成绩的组间差异都不显著。这表明在两种呈现设备下,学习材料的字体对学习者的学习数量和学习质量影响都不显著。

宋体、楷体和黑体三种字体下两种设备组的各项成绩差异也不显著。这表明在不同的字体之下,两种呈现设备对学习者的学习数量和学习质量影响不显著。

(二)文本的字号、字体和呈现设备对学习者眼动指标的影响

当字号与呈现设备两因素结合时:总注视次数和总注视时间,字号和呈现设备主效应都不显著,二者交互作用不显著;平均注视点持续时间,呈现设备主效应显著,字号主效应极其显著,二者交互作用不显著。

当字体与呈现设备两因素结合时:总注视次数和总注视时间,字体和呈现设备主效应不显著,二者的交互作用不显著;平均注视点持续时间,呈现设备主效应显著,字体主效应不显著,二者交互作用不显著。

1. 文本的字号与呈现设备对学习者眼动指标的影响

当学习材料由计算机屏幕呈现时:总注视次数和总注视时间,36 号组最低,24 号和 18 号组居中, 12 号和 28 号组最高。总注视次数组间差异不显著,总注视时间 12 号组显著高于 24 号组和 36 号组,这表明当文本为 12 号的小字号时学习者的总注视时间加长,学习者认知加工的速度降低;平均注视点持续时间,呈现出字号越大,平均注视点持续时间就越短的趋势,12 号和 18 号组最长,24 号和 28 号居中,36 号最短,12 号组显著高于 24 号、28 号和 36 号组, 18 号组显著高于 24 号和 36 号组,这说明学习材料的文本字号越小学习者花在一个注视点上的注视时间就越长,学习者的认知负荷就越大。

当学习材料由 iPad 呈现时:总注视次数,36 号组最高、24 号和 18 号组居中,12 号和 28 号组最低,各字号组总注视次数的变化趋势与计算机屏幕呈现时恰好相反,24 号和 36 号组的总注视次数显著高于 12 号组,36 号组的总注视次数显著高于 28 号组,这说明,学习材料的字号越大,学习者的注视次数就越多;总注视时间,36 号和 12 号组最高、18 号与 24 号组居中、28 号组最低,五个字号组间差异不显著,这说明,过大或过小的字号都会使学习者的总注视时间加长,认知加工速度放慢;平均注视点持续时间,同样呈现出字号越大,平均注视点持续时间就越短的趋势,12 号组显著高于 18 号、24 号、28 号和 36 号组,这说明当学习材料的文本字号为 12 号时,学习者辨认文字的时间加长,学习者的认知负荷增加。

相同字号不同呈现设备的各项眼动指标比较发现,除 36 号字的总注视次数和总注视时间 iPad 呈现组显著高于计算机屏幕呈现组以外,学习者使用其余各字号的学习材料进行学习时,计算机呈现组和 iPad 呈现组的各项眼动指标差异都不显著。这表明,两种呈现设备对学习者的视觉认知过程影响不显著。

2. 文本的字体与呈现设备对学习者眼动指标的影响

当学习材料由计算机屏幕呈现时:总注视次数和总注视时间,楷体组最高、黑体组居中、宋体组最低,楷体组的总注视次数显著高于宋体组,三组之间的总注视时间差异不显著;平均注视点持续时间,宋体组最高、楷体组居中、黑体组最低,三组之间差异不显著。

当学习材料由 iPad 呈现时:总注视次数,楷体组最高、黑体组居中、宋体组最低;总注视时间,黑体组最高、楷体组居中、宋体组最低;平均注视点持续时间黑体组最高、宋体组居中、楷体组最低。三项指标的组间差异都不显著。

上述的实验结果表明,在两种呈现设备下,字体对学习者视觉认知过程的影响都不显著。

相同字体不同呈现设备的各项眼动指标的比较发现,除字体为黑体时学习者的平均注视点持续时间 iPad 呈现组显著高于计算机屏幕呈现组外,学习者使用其余各字体的学习材料进行学习时,计算机呈现组和 iPad 呈现组的各项眼动指标差异都不显著。这表明,呈现设备对学习者的视觉认知过程影响不显著。

(三)眼动指标与学习效果之间的联系

字体实验结果表明,字体和呈现设备对学习者的视觉认知过程和学习效果的影响均不显著,所以仅对字号实验的眼动指标和学习效果之间的联系进行分析。

学习材料由计算机屏幕呈现时:如图 4.5 所示,当学习材料的文本字号为 36 号时,学习者的总成绩最低,总注视时间最少,二者正向相关,这表明当文本的字号较大时吸引了学习者较少的视觉注意力,认知加工时间也相对最短,因此总的学习效果也最差。当学习材料的文本字号为 12 号、18 号、24 号和 28 号的眼动指标和学习效果呈反向相关趋势,即当学习者的总注视时间较高的 12 号和 28 号,学习效果相对较低,而总注视时间较低的 18 号和 24 号,学习效果相对较高。这表明, 18 号字和 24 号字是最适合学习者学习的两种字号,学习者的认知加工时间相对较短,取得了学习效果与学习效率的最优结果。

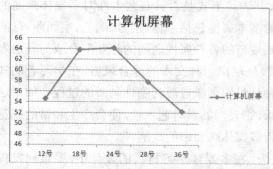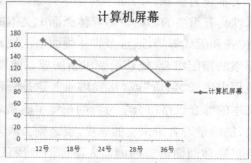

图 4.5　计算机屏幕呈现的各字号组总成绩比较(左)和总注视时间比较(右)

学习材料由 iPad 呈现时:如图 4.6 所示,学习者的眼动指标和学习效果基本呈反向相关趋势,即学习者的总注视时间较高的 12 号和 36 号,学习效果相对较差,而总注视时间居中的 18 号和 24 号,学习效果相对较好。与计算机屏幕呈现一样,iPad 呈现的 18 号字和 24 号字是最适合学习者学习的两种字号,学习者的认知加工时间相对较短,同样取得了学习效果与学习效率的最优结果。

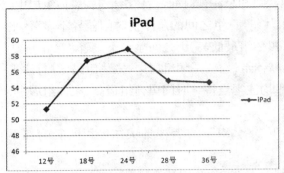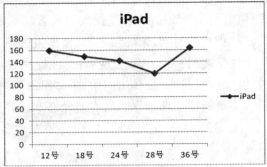

图 4.6　iPad 呈现的各字号组总成绩比较(左)和总注视时间比较(右)

第三节　案例 2:不同知识难度下文本的艺术性设计语法规则研究

相对于多媒体课件艺术性价值实证研究的匮乏,多媒体课件的画面设计要具有艺术性已经先行受到课件评审者和研究者的认可。教育部教育管理信息中心主办的全国多媒体课件大赛,在其连续十六届的评分标准中都包含"艺术性"这一项,要求"课件的文字、图片、声音、视频和动画要切合主题、和谐协调,各种媒体要制作精细、吸引力强,具备良好的视觉效果、符合视觉心理。"钟志荣(2005)认为艺术性与教育性、科学性和技术性一样,是决定多媒体课件质量的不可缺少的重要因素之一。[①] 李晓东(2010)提出"多媒体课件的艺术性表现在能激发学习者情感,引起学习者学习兴趣,让学习者乐于接受所学知识,同时使学习者受到美的熏陶",并对文本、图形、图像和声音的艺术表现形式进行了介绍。[②]

文本作为多媒体画面中的基本要素之一,其表现形式是否具有艺术性对多媒体画面的艺术性具有重要的影响。多媒体画面中文本的基本属性包括字体、字号、颜色、字间距、行间距、位置和版式等等,通过多媒体画面语法规则规范的各种属性之间的相互配合或与其他媒体要素的搭配组合,能够衍变出新的视觉效果,呈现出一种文本的综合风格,在学习者的知觉过程中生成"新质"或"格式塔质",这是一种从显性刺激过渡为隐性刺激的过程。如果这种文本的综合风格符合学习者的视觉审美需求,则表明其具有艺术性,便会产生和谐的视觉效果,能给学习者带来美的感受,反之则会成为多媒体画面中的败笔。

多媒体画面语言的创始人游泽清教授认为"在多媒体学习材料的设计中,要重视发挥文本呈现的艺术功能,包括按照对称、均衡、对比、韵律等形式美的法则设计文本;借助动感、

① 钟志荣.多媒体课件制作的艺术应用 [J].现代远距离教育,2005,(4):50-52.
② 李晓东,韩玲玲,孟庆红.多媒体课件的艺术表征探究 [J].黑龙江教育(高教研究与评估),2010,(10):60-61.

声音、色彩配合呈现文本;适当调整字体及其特征元素重组文本等,使多媒体学习材料除了传达理性知识内容外,还通过形象生动的形式、简洁清晰的表述、方便灵活的互动,为学习者营造一个友好的学习环境。这不仅有利于提高学习效率,而且还对激发学习动机、升华情感意识、优化认知结构和促进知识迁移都会起到积极作用。"[①]"多媒体画面中的文本不仅可以通过字义的描述来表达知识、信息,而且还可以通过字形的艺术表现形式来营造一种良好的学习氛围。"[②] 如前文所述,多媒体画面中文本的形式包括五种:标题文本、内容文本、交互文本、图表文本和图像文本。图表文本和图像文本一般出现在图片、表格、动画和视频当中,往往不做艺术性的加工和处理,以免对学习者产生干扰,阻碍学习者从图片、表格、动画或视频中读取信息。课件设计者们通常对多媒体画面中的标题文本(图 4.7)、交互文本(图 4.7)、内容文本(图 4.8)进行精心设计,使其更加符合课件的主题,给学习者带来美的视觉感受,符合学习者的审美需求。

图 4.7　标题文本和交互文本

图 4.8　内容文本

---

① 游泽清.多媒体画面艺术设计 [M].北京:清华大学出版社,2009:36-37.
② 游泽清.多媒体画面艺术设计 [M].北京:清华大学出版社,2009:37-38.

图 4.7 中"中国山水画"是课件的标题,通过字体的变化、位置的变化、字色的变化以及与背景图片的配合,呈现出与课件主题相匹配的艺术风格。"简介""形式""技法"等交互文本是课件的导航菜单,学习者通过单击相应的文字可以进入相应的模块进行学习。图 4.7 中的交互文本选用"华文行楷"字体,并以红色的印章图片作为背景,呈现出来的艺术风格与山水画卷背景相吻合,很好地突出了课件的主题。

图 4.8 中的内容文本讲述了水墨画的四大特点"远""奇""笔墨交融"和"神形统一"。内容文本的设计用传统的书法字体、错落有致的位置安排、大小有别的字号以及与课件整体风格相统一的颜色为学习者营造了一种良好的学习环境。图 4.8 中内容文本的表现形式远大于传统书本教材千篇一律的"白底黑字"。

目前关于多媒体画面中文本的艺术性的研究大多集中于对文本的色彩、版面、字体等的艺术性表现规则的探讨上,借鉴美术、绘画、书法等相关领域的艺术规则提出了多媒体画面中媒体要素的设计规则。研究者们往往凭经验认为设计精美的课件一定是好的,一定会给学习者带来良好的体验,从而促进他们的学习,鲜有研究使用实证研究的方法探究多媒体画面中各媒体要素呈现形式的艺术性设计如何影响学习者认知过程和学习效果。

多媒体画面中各类文本的艺术性表现形式给学习者带来美的感受的同时,是否会对学习者的学习产生促进作用?是否会影响学习者的视觉认知过程?本研究拟使用眼动研究方法探究多媒体画面中交互文本和内容文本的艺术性对学习者视觉认知过程和学习效果的影响,从实证研究的角度对多媒体画面中文本的艺术性价值进行探究。

一、目的与假设

实验目的:探究交互文本和内容文本的艺术性设计对学习者视觉认知过程和学习效果的影响。

实验假设:根据实验目的,本实验的基本假设有:(1)交互文本的艺术性设计对学习者的眼动指标影响显著;(2)内容文本的艺术性设计对学习者的学习效果影响显著;(3)内容文本的艺术性设计对学习者的眼动指标影响显著;(4)内容文本的难度对学习者的眼动指标影响显著;(5)内容文本的难度对学习者的学习效果影响显著;(6)内容文本的难度和艺术性设计对学习者的学习效果和眼动指标存在交互影响作用;(7)学习者的眼动指标和学习效果之间正向相关。

二、方法与过程

(一)实验设计

本实验分为两部分:交互文本的艺术性设计对学习者视觉认知过程的影响研究;内容文本的艺术性设计和难度对学习者的视觉认知过程和学习效果的影响研究。

1. 交互文本的艺术性设计对学习者的视觉认知过程的影响研究

采用 2(交互文本的艺术性设计)×1 被试内实验设计。

(1)自变量

交互文本的艺术性设计。被试内变量,交互文本的艺术性设计分为两个水平,有艺术性和无艺术性。

（2）因变量

首次进入页面。学习者单击交互文本进入学习的第一个页面。

眼动指标。具体包括总注视次数、注视点平均持续时间、总注视时间、首次进入时间、首个注视点注视时间以及注视热点。首次进入时间、首个注视点注视时间和注视热点的解释如下：

首次进入时间（Time to First Fixation）：该指标计算的是被试用了多长时间注视到一个兴趣区，即首次进入兴趣区的用时。时间越短表明该兴趣区越容易吸引学习者的注意力。

首个注视点注视时间（First Fixation Duration）：该指标计算的是兴趣区中出现的第一个注视点的持续时间，反映学习者早期认知加工的特点。

注视热点（Hot Spot）：眼动仪可以将所有学习者的眼动轨迹按照受关注程度的不同用不同的颜色进行标注，形成注视热点。注视点密集的区域用红色表示，随着注视点密集程度的下降，颜色逐渐由红色变为黄色，最终过渡到绿色。

（3）无关变量

交互文本的位置。为了防止交互文本的位置对学习者眼动数据的影响，将实验材料分为两个版本，版本一将艺术性交互文本上下排列、版本二将艺术性交互文本左右排列。其中一半被试学习版本一的学习材料，另一半被试学习版本二的学习材料，抵消因交互文本的位置因素引起的实验误差。

2. 内容文本的艺术性设计和学习材料难度对学习者的视觉认知过程和学习效果的影响研究

采用 2（内容文本的艺术性设计）×2（难度）两因素被试内实验设计。

（1）自变量

内容文本的艺术性设计。被试内变量，分为两个水平，有艺术性和无艺术性。

内容文本的难度。被试内变量，分为两个水平，难和易。

（2）因变量

学习效果。具体包括学习者的保持测试成绩、迁移测试成绩和总成绩。

眼动指标。具体包括总注视次数、注视点平均持续时间以及总注视时间。

（3）无关变量

被试的先前知识水平。对所有被试进行先前知识测试，并将先前知识水平较高的被试剔除，以免对学习效果的测试产生影响。

（二）实验材料

1. 被试基本信息问卷一份

用于获取被试的性别、年龄、专业等基本信息。

2. 先前知识测试题一份

用于测量被试的先前知识水平，根据测试结果剔除先前知识水平较高的被试，以保证所有被试具有相同的先前知识水平。

3. 多媒体课件一份

本实验所用的多媒体课件包括五个多媒体画面，其中一个为课件的导航界面，其余四个为课件内容页面。

　　导航页面包括课件的标题、四个交互文本和一个退出按钮,用于测试交互文本的艺术性设计对学习者视觉认知过程的影响。四个交互文本分别为"国画装裱""内容划分""现代形态"和"技巧划分"。其中"国画装裱"和"内容划分"的文本字体分别使用了"书体坊颜体"和"隶书"、颜色为白色、并且与黑色的墨滴图片背景相配合,衍生出与课件主题相配合的艺术风格。"现代形态"和"技巧划分"的文本则采用无背景配合、宋体和黑色的无艺术风格呈现形式。导航页面中四个交互式文本采用十字交叉的布局方式,分为两个版本。版本1的两个艺术性的交互文本位于十字交叉布局的垂直线上,另外两个无艺术性的交互文本位于水平线上,如图4.9所示。版本2的艺术性交互文本与无艺术性交互文本位置对调,如图4.10所示。所有被试被平均分为两组,分别使用版本1和版本2的课件进行学习,目的是防止被试的视觉浏览习惯(从上到下或从左至右)对其眼动指标的影响。

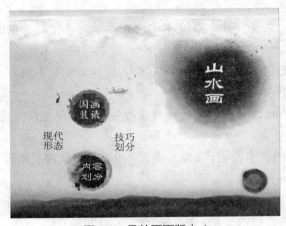

图4.9　导航页面版本1

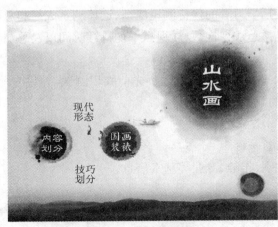

图4.10　导航页面版本2

　　四个内容页面分别为"国画装裱"(图4.11)、"内容划分"(图4.12)、"现代形态"(图4.13)和"技巧划分"(图4.14)。其中"国画装裱"和"内容划分"的内容文本进行艺术性设计,"现代形态"和"技巧划分"的内容文本无艺术性设计。由30名美术专业的大学生对四个内容页面的艺术性进行评定,每个页面的艺术性等级为1～5级,级别越高艺术性越强,得分也越高。"国画装裱"和"内容划分"两个页面的艺术性得分要显著高于"现代形态"和"技巧划分"两个页面,因此可以判断四个页面在艺术性水平上差异显著,可以作为实验的自变量。由30名无中国山水画相关知识基础的大学生对四篇学习材料的难度进行评估,同样将难度等级设定为1～5级,级别越高则难度越高。评定结果显示"国画装裱"和"现代形态"水平相当,属于难度低的学习材料,"内容划分"和"技巧划分"水平相当,属于难度高的学习材料。两组难度之间差异显著,可以作为实验的自变量。

图4.11 "国画装裱"内容页面

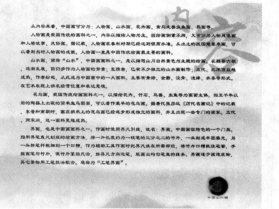

图4.12 "内容划分"内容页面

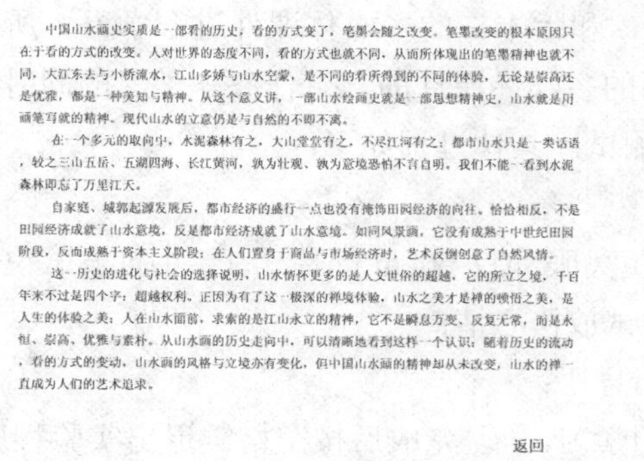

图4.13 "现代形态"内容页面

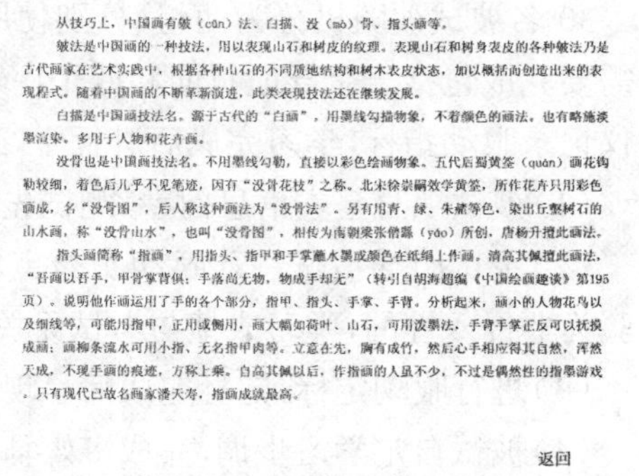

图4.14 "技巧划分"内容页面

4. 效果测试材料一份

学习效果测试题的题型包括单选题、多选题和填空题。保持性测试题目共12道,迁移性测试题目共4道。保持性测试样例如下:

山水画独立于人物画发生在( )。

A. 春秋战国　　B. 魏晋时期　　C. 隋唐时期　　D. 五代北宋

迁移性测试样例如下:

下图的类型为( )。

A. 花鸟画　　　　　B. 没骨　　　　　C. 白描　　　　　D. 界画

（三）被试

从天津师范大学教育科学学院的本科生中随机抽取30名（男生11名，女生19名），随机分为两组，每组15人，分别学习导航页面为两个不同版本的课件。交互文本和内容文本的艺术性设计以及学习材料的难度均为被试内变量。对被试的先前知识进行测试，确保所有被试具有同样的知识基础。

（四）实验仪器

眼动仪一台：配置同案例1。

工作站一台：配置同案例1。

（五）实验过程

30名被试被随机分为两组，分别使用版本一和版本二的多媒体课件进行学习。所有被试需要完成包括一个导航页面和四个内容页面的多媒体课件的学习任务。学习的同时由眼动仪记录眼动指标，学习完成后进行学习效果测试。具体过程如下：

（1）被试填写基本信息问卷、测试先前知识；

（2）主试引导被试进入眼动实验室，坐在距离眼动仪60cm的椅子上，并向被试说明本实验为非侵入性的，学习成绩与考试无关，使被试放松心情；

（3）进行眼动定标，定标完成后呈现实验指导语；

（4）被试自定学习步调，完成多媒体课件的学习，学习完成后按空格键退出实验程序；

（5）被试完成学习效果测试题目。

三、数据分析

（一）交互文本实验数据分析

1. 眼动数据分析

为了更好地分析学习者对艺术性交互文本和无艺术性交互文本的注视情况，将两个版本的导航页面都划分成两个兴趣区组：艺术性组和无艺术性组。分别将艺术性组和无艺术性组的首次进入时间、首个注视点注视时间、总注视次数、总注视时间和平均注视点持续时间五项眼动指标导出，使用SPSS 17.0进行统计分析。

如表 4.28 所示:首次进入时间,无艺术性组高于艺术性组;首个注视点注视时间,艺术性组略低于无艺术性组;总注视次数,艺术性组高于无艺术性组;平均注视点持续时间,艺术性组略低于无艺术性组;总注视时间,艺术性组高于无艺术性组。对两组的各项眼动指标进行配对样本 t 检验,进一步考察艺术性组和无艺术性组的交互文本各项眼动指标的差异情况,结果如表 4.29 所示。

表 4.28 交互文本页面眼动指标

眼动指标	艺术性			无艺术性		
	平均值	标准差	N	平均值	标准差	N
首次进入时间(S)	6.106 3	2.802 52	30	8.162 0	4.783 62	30
首个注视点注视时间(S)	0.450 3	0.205 35	30	0.511 0	0.203 46	30
总注视次数(个)	30.633 3	17.662 51	30	18.200 0	11.754 38	30
平均注视点持续时间(S)	0.505 3	0.123 67	30	0.544 3	0.173 42	30
总注视时间(S)	7.631 7	4.573 02	30	4.944 7	2.972 34	30

表 4.29 艺术性组和非艺术性组交互文本各项眼动指标配对样本 t 检验

眼动指标	兴趣区组	N	平均值	标准差	t	显著性
首次进入时间	艺术性	30	6.106 3	2.802 52	−2.500	0.018
	无艺术性	30	8.162 0	4.783 62		
首个注视点注视时间	艺术性	30	0.450 3	0.205 35	−1.135	0.266
	无艺术性	30	0.511 0	0.203 46		
总注视次数	艺术性	30	30.633 3	17.662 51	7.845	0.000
	无艺术性	30	18.200 0	11.754 38		
平均注视点持续时间	艺术性	30	0.505 3	0.123 67	−1.239	0.225
	无艺术性	30	0.544 3	0.173 42		
总注视时间	艺术性	30	7.631 7	4.573 02	5.535	0.000
	无艺术性	30	4.944 7	2.972 34		

从表 4.29 中可以看出:首次进入时间,艺术性组与无艺术性组差异显著($p=0.018<0.05$),艺术性组显著低于无艺术性组;首个注视点注视时间,艺术性组与无艺术性组差异不显著($p=0.266>0.05$);总注视次数,艺术性组与无艺术性组差异极其显著($p=0.000<0.01$),艺术性组显著高于无艺术性组;平均注视点持续时间,艺术性组与无艺术性组差异不显著($p=0.225>0.05$);总注视时间,艺术性组与无艺术性组差异极其显著($p=0.000<0.01$),艺术性组显著高于无艺术性组。

交互文本的注视热点(见图 4.15 和图 4.16)进一步证实:两个版本中均是艺术性设计的

交互文本的注视热点更为集中,颜色更趋于红色(图例中最右边),这表明无论艺术性交互文本处于垂直还是水平位置,均比非艺术性交互文本吸引了学习者更多的视觉注意力。

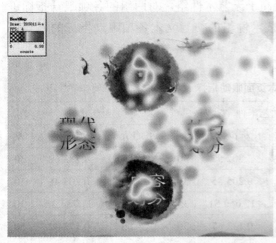 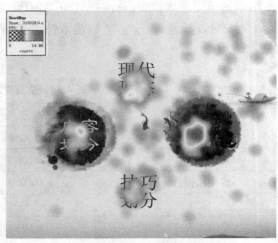

图 4.15　版本 1 交互文本注视热点　　　　图 4.16　版本 2 交互文本注视热点

2. 首次进入页面分析

对所有被试的首次进入页面进行了统计,结果显示 22 名被试选择了"国画装裱"或"内容划分"两个艺术性交互文本,占所有 30 名被试的 73%,这表明艺术性交互文本在吸引学习者视觉注意力的同时也有效引导了学习者的学习路径,大多数学习者优先选择具有艺术性设计的交互文本开始课件的学习。

(二)内容文本学习效果和眼动数据分析

1. 学习效果分析

对被试的学习效果进行统计,共 16 道题目,答对一个要点计 1 分,共计 16 分,分别记录每个被试的不同艺术性设计和不同难度的四个内容页面的保持测试成绩、迁移测试成绩和总成绩,使用 SPSS17.0 对学习效果进行统计分析。

(1)保持测试成绩分析

如表 4.30 所示,被试的保持测试成绩从无艺术性易、艺术性易、艺术性难、无艺术性难内容文本依次降低。对被试学习四种不同内容文本的保持测试成绩进行重复测量多因素方差分析(GLM 重复度量),了解不同艺术性设计和不同难度水平两种因素的主效应和交互作用情况,结果见表 4.31。

表 4.30　不同艺术性设计和不同难度水平的保持测试成绩

实验分组	易			难		
	平均值(分)	标准差	N	平均值(分)	标准差	N
艺术性	1.900 0	0.758 86	30	1.533 3	0.819 31	30
无艺术性	2.066 7	0.944 43	30	0.866 7	0.776 08	30

表4.31　不同艺术性设计和不同难度水平的保持测试成绩组内方差分析表

变异来源	平方和	自由	均方	F	显著性
艺术性	1.875	1	1.875	2.959	0.096
误差（艺术性）	18.375	29	0.634		
难度	18.408	1	18.408	28.333	0.000
误差（难度）	18.842	29	0.650		
艺术性 * 难度	5.208	1	5.208	8.372	0.007
误差（艺术性 * 难度）	18.042	29	0.622		

表4.31 说明，艺术性设计的主效应不显著（$F=2.959$，$p=0.096>0.05$），难度的主效应极其显著（$F=28.333$，$p=0.000<0.01$），二者的交互作用极其显著（$F=8.372$，$p=0.007<0.01$），如图 4.17 所示。

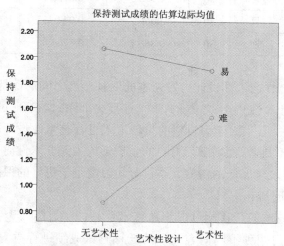

图 4.17　不同艺术性设计和不同难度水平的保持测试成绩均值图

　　分别对学习者学习不同难度下的不同艺术性设计的内容文本的保持测试成绩进行配对样本 t 检验，以确定不同难度下的不同艺术性设计对学习者保持测试成绩的影响是否显著，结果如表 4.32 所示。

表4.32　不同难度下的不同艺术性设计的保持测试平均值比较

难度	艺术性设计	N	平均值	标准差	t	显著性
易	艺术性	30	1.900 0	0.758 86	−0.757	0.455
	无艺术性	30	2.066 7	0.944 43		
难	艺术性	30	1.533 3	0.819 31	3.551	0.001
	无艺术性	30	0.866 7	0.776 08		

从表 4.32 可以看出，易内容文本的两种艺术性设计之间的保持测试成绩差异不显著

（p=0.455>0.05），难内容文本的两种艺术性设计之间的保持测试成绩差异极其显著（p=0.001<0.01）。这说明，当学习材料的难度较低时，艺术性设计对保持测试成绩的影响不显著，而当学习材料的难度较高时，艺术性设计对保持测试成绩的影响显著，学习者通过具有艺术性表现形式的内容文本进行学习取得了更好的保持测试成绩。

分别对学习者学习不同艺术性设计下不同难度的内容文本的保持测试成绩进行配对样本 t 检验，以确定不同艺术性设计下的不同难度对学习者保持测试成绩的影响是否显著，结果如表 4.33 所示。

表 4.33　不同艺术性设计下的不同难度的保持测试平均值比较

艺术性设计	难度	N	平均值	标准差	t	显著性
艺术性	易	30	1.900 0	0.758 86	2.009	0.054
	难	30	1.533 3	0.819 31		
无艺术性	易	30	2.066 7	0.944 43	5.288	0.000
	难	30	0.866 7	0.776 08		

从表 4.33 可以看出，艺术性设计内容文本的两种难度之间的保持测试成绩差异不显著（p=0.054>0.05），无艺术性内容文本的两种难度之间的保持测试成绩差异极其显著（p=0.000<0.01）。这说明，当对学习材料的呈现形式进行艺术性设计时，学习材料的难度对保持测试成绩的影响不显著，而当学习材料的呈现形式为无艺术性时，难度对保持测试成绩的影响显著，学习者通过难度低的内容文本进行学习取得了更好的保持测试成绩。

（2）迁移测试成绩分析

如表 4.34 所示，被试的迁移测试成绩从艺术性易、艺术性难、无艺术性易、无艺术性难依次降低。对被试学习四种不同内容文本的迁移测试成绩进行重复测量多因素方差分析（GLM 重复度量），以了解不同艺术性设计和不同难度水平两种因素的主效应和交互作用情况，结果见表 4.35。

表 4.34　不同艺术性设计和不同难度水平的迁移测试成绩

实验分组	易学习材料			难学习材料		
	平均值（分）	标准差	N	平均值（分）	标准差	N
艺术性	0.733 3	0.449 78	30	0.666 7	0.479 46	30
无艺术性	0.616 7	0.339 46	30	0.200 0	0.406 84	30

表 4.35　不同艺术性设计和不同难度水平的迁移测试成绩组内方差分析表

变异来源	平方和	自由	均方	F	显著性
艺术性	2.552	1	2.552	15.149	0.001
误差（艺术性）	4.885	29	0.168		

续表

变异来源	平方和	自由	均方	F	显著性
难度	1.752	1	1.752	10.844	0.003
误差（难度）	4.685	29	0.162		
艺术性 * 难度	0.919	1	0.919	7.572	0.010
误差（艺术性 * 难度）	3.519	29	0.121		

表 4.35 说明，艺术性设计的主效应极其显著（F=15.149，p=0.001<0.01），难度的主效应极其显著（F=10.844，p=0.003<0.01），二者的交互作用显著（F=7.572，p=0.010<0.05），如图 4.18 所示。

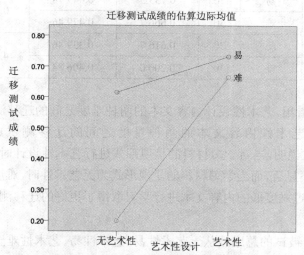

图 4.18　不同艺术性设计和不同难度水平的迁移测试成绩均值图

分别对学习者学习不同难度下的不同艺术性设计的内容文本的迁移测试成绩进行配对样本 t 检验，以确定不同难度下的不同艺术性设计对学习者迁移测试成绩的影响是否显著，结果如表 4.36 所示。

表 4.36　不同难度下的不同艺术性设计的迁移测试平均值比较

难度	艺术性设计	N	平均值	标准差	t	显著性
易	艺术性	30	0.733 3	0.449 78	1.126	0.269
	无艺术性	30	0.616 7	0.339 46		
难	艺术性	30	0.666 7	0.479 46	5.037	0.000
	无艺术性	30	0.200 0	0.406 84		

从表 4.36 可以看出，易内容文本的两种艺术性设计之间的迁移测试成绩差异不显著

（p=0.269>0.05），难内容文本的两种艺术性设计之间的迁移测试成绩差异极其显著（p=0.000<0.01）。这说明，当学习材料的难度较低时，艺术性设计对迁移测试成绩的影响不显著，而当学习材料的难度较高时，艺术性设计对迁移测试成绩的影响显著，学习者通过艺术性设计的内容文本进行学习取得了更好的迁移测试成绩。

分别对学习者学习不同艺术性设计下不同难度的内容文本的迁移测试成绩进行配对样本 t 检验，以确定不同艺术性设计下的不同难度对学习者迁移测试成绩的影响是否显著，结果如表 4.37 所示。

表 4.37　不同艺术性设计下的不同难度的迁移测试平均值比较

艺术性设计	难度	N	平均值	标准差	t	显著性
艺术性	易	30	0.733 3	0.449 78	0.626	0.536
	难	30	0.666 7	0.479 46		
无艺术性	易	30	0.616 7	0.339 46	4.805	0.000
	难	30	0.200 0	0.406 84		

从表 4.37 可以看出，艺术性设计内容文本的两种难度之间的迁移测试成绩差异不显著（p=0.536>0.05），无艺术性内容文本的两种难度之间的迁移测试成绩差异极其显著（p=0.000<0.01）。这说明，当对学习材料的呈现形式进行艺术性设计时，学习材料难度对迁移测试成绩的影响不显著，而当学习材料的呈现形式为无艺术性时，难度对迁移测试成绩的影响显著，学习者通过难度低的内容文本进行学习取得了更好的迁移测试成绩。

（3）总成绩分析

如表 4.38 所示，被试的总成绩从无艺术性易、艺术性易、艺术性难至无艺术性难依次降低。对被试学习四种不同内容文本的总成绩进行重复测量多因素方差分析（GLM 重复度量），以了解不同艺术性设计和不同难度水平两种因素的主效应和交互作用情况，结果见表 4.39。

表 4.38　不同艺术性设计和不同难度水平的总成绩

实验分组	易学习材料			难学习材料		
	平均值（分）	标准差	N	平均值（分）	标准差	N
艺术性	2.633 3	0.889 92	30	2.200 0	0.961 32	30
无艺术性	2.683 3	1.062 55	30	1.066 7	0.907 19	30

表 4.39　不同艺术性设计和不同难度水平的总成绩组内方差分析表

变异来源	平方和	自由	均方	F	显著性
艺术性	8.802	1	8.802	10.915	0.003
误差（艺术性）	23.385	29	0.806		

续表

变异来源	平方和	自由	均方	F	显著性
难度	31.519	1	31.519	34.929	0.000
误差（难度）	26.169	29	0.902		
艺术性 * 难度	10.502	1	10.502	17.722	0.000
误差（艺术性 * 难度）	17.185	29	0.593		

　　表 4.39 说明，艺术性设计的主效应极其显著（F=10.915，p=0.003<0.01），难度的主效应极其显著（F=34.929，p=0.000<0.01），二者的交互作用极其显著（F=17.722，p=0.000<0.01），如图 4.19 所示。

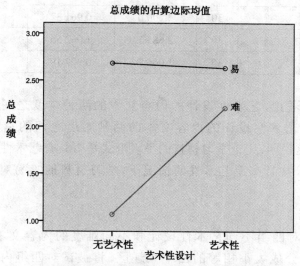

图 4.19　不同艺术性设计和不同难度水平的总成绩均值图

　　分别对学习者学习不同难度下的不同艺术性设计的内容文本的总成绩进行配对样本 t 检验，以考查不同难度下的不同艺术性设计对学习者总成绩的影响是否显著，结果如表 4.40 所示。

表 4.40　不同难度下的不同艺术性设计的总成绩平均值比较

难度	艺术性设计	N	平均值	标准差	t	显著性
易	艺术性	30	2.633 3	0.889 92	−0.234	0.269
	无艺术性	30	2.683 3	1.062 55		
难	艺术性	30	2.200 0	0.961 32	5.191	0.000
	无艺术性	30	1.066 7	0.907 19		

　　从表 4.40 可以看出，易内容文本的两种艺术性设计之间的总成绩差异不显著

(p=0.269>0.05），难内容文本的两种艺术性设计之间的总成绩差异极其显著（p=0.000<0.01）。这说明，当学习材料的难度较低时，艺术性设计对总成绩的影响不显著，而当学习材料的难度较高时，艺术性设计对总成绩的影响显著，学习者通过具有艺术性表现形式的内容文本进行学习取得了更好的总成绩。

分别对学习者学习不同艺术性设计下不同难度的内容文本的总成绩进行配对样本 t 检验，以确定不同艺术性设计下的不同难度对学习者总成绩的影响是否显著，结果如表 4.41 所示。

表 4.41   不同艺术性设计下的不同难度的总成绩平均值比较

艺术性设计	难度	N	平均值	标准差	t	显著性
艺术性	易	30	2.633 3	0.889 92	2.149	0.040
	难	30	2.200 0	0.961 32		
无艺术性	易	30	2.683 3	1.062 55	6.655	0.000
	难	30	1.066 7	0.907 19		

从表 4.41 可以看出，艺术性设计的内容文本的两种难度之间的总成绩差异显著（p=0.040<0.05），无艺术性设计的内容文本的两种难度之间的总成绩差异极其显著（p=0.000<0.01）。这说明，无论学习材料的呈现形式是否具有艺术性，学习材料难度对总成绩的影响都显著，并且在无艺术性的情况下，学习材料的难易对总成绩的影响极为显著。

2. 眼动数据分析

为更好地分析对四组不同艺术性设计和不同难度的内容文本的注视情况，分别对四组内容文本划分成大小相等的四个兴趣区，将被试对四组内容文本的总注视次数、平均注视点持续时间和总注视时间三项眼动指标导出，使用 SPSS17.0 进行统计分析。

（1）总注视次数分析

如表 4.42 所示，被试的总注视次数从无艺术性易、无艺术性难、艺术性难至艺术性易依次升高。对被试学习四种不同内容文本的总注视次数进行重复测量多因素方差分析（GLM 重复度量），以了解不同艺术性设计和不同难度水平两种因素的主效应和交互作用情况，结果见表 4.43。

表 4.42   不同艺术性设计和不同难度水平的总注视次数

实验分组	易学习材料			难学习材料		
	平均值（个）	标准差	N	平均值（个）	标准差	N
艺术性	336.100 0	183.153 67	30	304.933 3	188.375 26	30
无艺术性	214.066 7	133.268 70	30	269.233 3	161.987 16	30

表 4.43　不同艺术性设计和不同难度水平的总注视次数组内方差分析表

变异来源	平方和	自由	均方	F	显著性
艺术性	186 598.533	1	186 598.533	14.342	0.001
误差（艺术性）	377 320.467	29	13 011.051		
难度	4 320.000	1	4 320.000	0.317	0.578
误差（难度）	394 706.000	29	13 610.552		
艺术性 * 难度	55 900.833	1	55 900.833	4.674	0.039
误差（艺术性 * 难度）	346 807.167	29	11 958.868		

表 4.43 说明，艺术性设计的主效应极其显著（$F=14.342$，$p=0.001<0.01$），难度的主效应不显著（$F=0.317$，$p=0.578>0.05$），二者的交互作用显著（$F=4.674$，$p=0.039<0.05$），如图 4.20 所示。

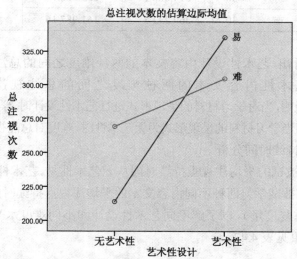

图 4.20　不同艺术性设计和不同难度水平的总注视次数均值图

分别对学习者学习不同难度下不同艺术性设计的内容文本的总注视次数进行配对样本 t 检验，以考察不同难度下的不同的艺术性设计对学习者总注视次数的影响是否显著，结果如表 4.44 所示。

表 4.44　不同难度下的不同艺术性设计的总注视次数平均值比较

难度	艺术性设计	N	平均值	标准差	t	显著性
易	艺术性	30	336.100 0	183.153 67	3.529	0.001
	无艺术性	30	214.066 7	133.268 70		
难	艺术性	30	304.933 3	188.375 26	1.648	0.110
	无艺术性	30	269.233 3	161.987 16		

从表 4.44 可以看出,易内容文本的两种艺术性设计之间的总注视次数差异极其显著(p=0.001<0.01),难内容文本的两种艺术性设计之间的总注视次数差异不显著(p=0.110>0.05)。这说明,当学习材料的难度较低时,艺术性设计对总注视次数的影响显著,而当学习材料的难度较高时,艺术性设计对总注视次数的影响不显著。

分别对学习者学习不同艺术性设计下不同难度的内容文本的总注视次数进行配对样本 t 检验,以确定不同艺术性设计下的不同难度对学习者总注视次数的影响是否显著,结果如表 4.45 所示。

表 4.45　不同艺术性设计下的不同难度的总注视次数平均值比较

艺术性设计	难度	N	平均值	标准差	t	显著性
艺术性	易	30	336.100 0	183.153 67	0.861	0.397
	难	30	304.933 3	188.375 26		
无艺术性	易	30	214.066 7	133.268 70	−2.783	0.009
	难	30	269.233 3	161.987 16		

从表 4.45 可以看出,艺术性设计内容文本的两种难度之间的总注视次数差异不显著(p=0.397>0.05),无艺术性内容文本的两种难度之间的总注视次数差异极其显著(p=0.009<0.01)。这说明,当对学习材料的呈现形式进行艺术性设计时,学习材料难度对总注视次数的影响不显著,而当学习材料的呈现形式为无艺术性时,难度对总注视次数的影响显著。

（2）平均注视点持续时间分析

如表 4.46 所示,被试的平均注视点持续时间从无艺术性易、艺术性易、无艺术性难至艺术性难依次增加。对被试学习四种不同内容文本的平均注视点持续时间进行重复测量多因素方差分析（GLM 重复度量）,以了解不同艺术性设计和不同难度水平两种因素的主效应和交互作用情况,结果见表 4.47。

表 4.46　不同艺术性设计和不同难度水平的平均注视点持续时间

实验分组	易学习材料			难学习材料		
	平均值（s）	标准差	N	平均值（s）	标准差	N
艺术性	0.207 7	0.063 72	30	0.222 7	0.042 09	30
无艺术性	0.194 7	0.080 85	30	0.215 3	0.074 08	30

表 4.47　不同艺术性设计和不同难度水平的平均注视点持续时间组内方差分析表

变异来源	平方和	自由	均方	F	显著性
艺术性	0.003	1	0.003	0.909	0.348
误差（艺术性）	0.099	29	0.003		
难度	0.010	1	0.010	3.988	0.055

续表

变异来源	平方和	自由	均方	F	显著性
误差（难度）	0.069	29	0.002		
艺术性 * 难度	0.000	1	0.000	0.132	0.719
误差（艺术性 * 难度）	0.053	29	0.002		

表 4.47 说明，艺术性设计（$F=0.909$，$p=0.348>0.05$）和难度（$F=3.988$，$p=0.055>0.05$）的主效应都不显著，二者的交互作用也不显著（$F=0.132$，$p=0.719>0.05$），如图 4.21 所示。

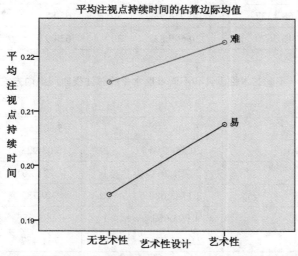

图 4.21　不同艺术性设计和不同难度水平的平均注视点持续时间均值图

分别对学习者学习不同难度下不同艺术性设计内容文本的平均注视点持续时间进行配对样本 t 检验，分析不同难度下的不同的艺术性设计对学习者平均注视点持续时间的影响是否显著。结果表明，易内容文本和难内容文本的两种艺术性设计之间的平均注视点持续时间差异都不显著（$p=0.420>0.05$，$p=0.460>0.05$）。但两种难度下，学习者学习艺术性设计的内容文本时的平均注视点的持续时间要更长一些。这说明，不论何种难度，学习者对具有艺术性设计的内容文本的加工程度要更深一些，但艺术性设计对被试的平均注视点持续时间的影响并没有达到统计学意义上的显著水平。

分别对学习者学习不同艺术性设计下不同难度内容文本的平均注视点持续时间进行配对样本 t 检验，分析不同艺术性设计下的不同难度对学习者平均注视点持续时间的影响是否显著。结果表明，艺术性设计和无艺术性设计内容文本的两种难度之间的平均注视点持续时间差异不显著（$p=0.215>0.05$，$p=0.093>0.05$）。但两种艺术性设计下，学习者学习高难度的内容文本时平均注视点的持续时间要更长一些。这说明，不论有无艺术性设计，学习者学习难度高的内容文本时认知负荷要更大一些，加工程度要更深一些，学习材料的难度对平均注视点持续时间的影响也没有达到统计学意义上的显著水平。

（3）总注视时间分析

如表 4.48 所示,被试的总注视时间从无艺术性易、无艺术性难、艺术性难至艺术性易依次增加。对被试学习四种不同内容文本的总注视时间进行重复测量多因素方差分析(GLM重复度量),以了解不同艺术性设计和不同难度水平两种因素的主效应和交互作用情况,结果见表 4.49。

表 4.48　不同艺术性设计和不同难度水平的总注视时间

实验分组	易学习材料			难学习材料		
	平均值（s）	标准差	N	平均值（s）	标准差	N
艺术性	68.4337	40.954 98	30	67.856 3	44.104 19	30
无艺术性	46.3670	30.609 83	30	62.093 7	38.483 73	30

表 4.49　不同艺术性设计和不同难度水平的总注视时间组内方差分析表

变异来源	平方和	自由	均方	F	显著性
艺术性	5 808.538	1	5 808.538	8.193	0.008
误差（艺术性）	20 558.774	29	708.923		
难度	1 721.267	1	1 721.267	2.296	0.141
误差（难度）	2 1743.688	29	749.782		
艺术性 * 难度	1 993.653	1	1 993.653	2.726	0.110
误差（艺术性 * 难度）	21 212.836	29	731.477		

表 4.49 说明,艺术性设计的主效应极其显著（$F=8.193$,$p=0.008<0.01$）,难度的主效应不显著（$F=2.296$,$p=0.141>0.05$）,二者的交互作用不显著（$F=2.726$,$p=0.110>0.05$）,如图 4.22 所示。

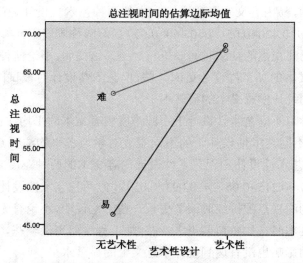

图 4.22　不同艺术性设计和不同难度水平的总注视时间均值图

分别对学习者学习不同难度下的不同艺术性设计内容文本的总注视时间进行配对样本 t 检验,分析不同难度下不同艺术性设计对学习者总注视时间的影响是否显著,结果如表 4.50 所示。

表 4.50 不同难度下的不同艺术性设计的总注视时间平均值比较

难度	艺术性设计	N	平均值	标准差	t	显著性
易	艺术性	30	68.433 7	40.954 98	2.600	0.015
	无艺术性	30	46.367 0	30.609 83		
难	艺术性	30	67.856 3	44.104 19	1.177	0.249
	无艺术性	30	62.093 7	38.483 73		

从表 4.50 可以看出,易内容文本的两种艺术性设计之间的总注视时间差异显著 (p=0.015<0.05),难内容文本的两种艺术性设计之间的总注视时间差异不显著 (p=0.249>0.05)。这说明,当学习材料的难度较低时,艺术性设计对总注视时间的影响显著,而当学习材料的难度较高时,艺术性设计对总注视时间的影响不显著。

分别对学习者学习不同艺术性设计下不同难度的内容文本的总注视时间进行配对样本 t 检验,分析不同艺术性设计下的不同难度对学习者总注视时间的影响是否显著,结果如表 4.51 所示。

表 4.51 不同艺术性设计下的不同难度的总注视时间平均值比较

艺术性设计	难度	N	平均值	标准差	t	显著性
艺术性	易	30	68.433 7	40.954 98	0.069	0.946
	难	30	67.856 3	44.104 19		
无艺术性	易	30	46.367 0	30.609 83	-2.950	0.006
	难	30	62.093 7	38.483 73		

从表 4.51 可以看出,艺术性设计内容文本的两种难度之间的总注视时间差异不显著 (p=0.946>0.05),无艺术性设计内容文本的两种难度之间的总注视时间差异极其显著 (p=0.006<0.01)。这说明,当对学习材料的呈现形式进行艺术性设计时,学习材料难度对总注视时间的影响不显著,而当学习材料的呈现形式为无艺术性时,学习材料难度对总注视时间的影响显著。

四、结果讨论

(一)交互文本艺术性设计对学习者眼动指标的影响

首次进入时间,艺术性交互文本显著低于非艺术性交互文本,表明被试注意到艺术性交互文本的速度显著超过非艺术性交互文本;总注视次数和总注视时间,艺术性交互文本显著高于无艺术性交互文本,这说明艺术性交互文本明显吸引了被试更多的注意力,与非艺术性交互文本相比获得了更多的注视次数和注视时间;首个注视点注视时间和平均注视点的持续时间,艺术性交互文本和无艺术性交互文本差异不显著,表明艺术性设计对学习者对交互文本的信息加工的程度的影响不显著,这与交互文本的作用相关,交互文本起到引导学习者学习路径的作用,一般不需要学习者进行深度的认知加工。

(二)内容文本的艺术性设计和难度对学习者学习效果的影响

保持测试成绩,艺术性设计的主效应不显著,难度的主效应显著,二者交互作用显著;迁移测试成绩和总成绩,艺术性设计的主效应极其显著,难度的主效应极其显著,二者交互作用显著。

1. 内容文本的艺术性设计对学习者学习效果的影响

当内容文本的难度水平较低时,艺术性设计组和无艺术性组的保持测试成绩、迁移测试成绩和总成绩的差异都不显著,但艺术性设计组的三项成绩都要略高于无艺术性设计组;而当内容文本的难度水平较高时,艺术性设计组和无艺术性组的保持测试成绩、迁移测试成绩和总成绩的差异都极其显著,艺术性设计组的三项成绩都显著高于无艺术性设计组。这表明:内容文本的难度较低时,其表现形式是否具有艺术性对学习者的学习数量、学习质量和总学习效果影响都不显著;而当内容文本的难度较高时,内容文本的表现形式是否具有艺术性则对学习者的学习数量、学习质量和总学习效果影响显著,艺术性的设计明显帮助学习者记住了更多的学习内容,促进了学习者对知识的理解和应用,取得了更好的学习效果。

2. 内容文本的难度对学习者学习效果的影响

当内容文本的表现形式具有艺术性时,难易两组的保持测试成绩、迁移测试成绩差异不显著,易内容文本组略高于难内容文本组,总成绩两组之间差异显著,易内容文本组显著高于难内容文本组;而当内容文本的表现形式无艺术性时,难易两组的保持测试成绩、迁移测试成绩和总成绩差异都极其显著,易内容文本组显著高于难内容文本组。这表明:内容文本的表现形式具有艺术性时,其难度对学习者的学习数量、学习质量效果影响不显著,但对总学习效果影响显著;而当内容文本的表现形式无艺术性时,其难度则对学习者的学习数量、学习质量和总学习效果影响都极其显著,学习者学习难度较低的内容文本明显记住了更多的学习内容,取得了更好的学习质量和总的学习效果。

(三)内容文本的艺术性设计和难度对学习者眼动指标的影响

总注视次数,艺术性设计主效应极其显著,难度主效应不显著,二者交互作用显著;平均注视点持续时间,艺术性设计和难度的主效应应都不显著,二者的交互作用也不显著;总注视时间,艺术性设计主效应极其显著,难度主效应不显著,二者交互作用不显著。

1. 内容文本的艺术性设计对学习者眼动指标的影响

当内容文本的难度水平较低时,艺术性设计组和无艺术性组的总注视次数和总注视时间差异极其显著,艺术性设计组显著高于无艺术性设计组;而当内容文本的难度水平较高时,两组的总注视次数和总注视时间差异不显著,艺术性设计组略高于无艺术性设计组。这表明,内容文本的难度较低时,其表现形式是否具有艺术性对学习者的总注视次数和总注视时间影响都极其显著,艺术性的表现形式明显吸引了学习者更多的注意力;而当内容文本的难度较高时,内容文本的表现形式是否具有艺术性则对学习者的总注视次数和总注视时间影响都不显著。

平均注视点持续时间的数据分析显示,两种难度下的两组不同艺术性设计的差异都不显著,但艺术性设计的两组都要略高于无艺术性设计的两组。这说明,艺术性设计加深了学习者对内容文本的加工程度,但这种影响没有达到统计学意义上的显著水平。

2. 内容文本的难度对学习者眼动指标的影响

当内容文本的表现形式具有艺术性时,难易两组的总注视次数和总注视时间差异都不显著;而当内容文本的表现形式无艺术性时,难易两组的总注视次数和总注视时间差异都极其显著,难内容文本组显著高于易内容文本组。这表明:内容文本的艺术性设计弱化了难度对学习者视觉注意力的影响,内容文本的表现形式具有艺术性时,难度对学习者的总注视次数和总注视时间影响不显著,而当内容文本的表现形式无艺术性时,难度对学习者的总注视次数和总注视时间影响显著,难内容文本明显吸引了学习者更多的注意力,学习者对难内容文本的认知加工时间明显增多。两种艺术性设计下的不同难度的平均注视点持续时间的差异都不显著,但难内容文本的两组数据都要略高于易内容文本的两组。这说明,学习者在加工难内容文本时的认知负荷要更大一些,占用了学习者更多的认知资源,但这种影响没有达到统计学意义上的显著水平。

(四)学习效果和眼动指标的联系

学习者学习艺术性易、无艺术性难和艺术性难的三种类型的内容文本时,取得的总学习效果和实时的眼动指标正向相关,即学习者对内容文本的总注视次数越多(图4.23)、总注视时间越长(图4.24),总的学习成绩(图4.25)就越高。而学习者学习无艺术性易的总注视时间和总注视次数最低,总成绩相对最高,且与艺术性易的总成绩基本持平,这表明,当内容文本的难度较低时,艺术性设计仅对眼动指标有显著影响,但对学习效果没有显著影响,学习效果主要受学习材料的难度水平影响。

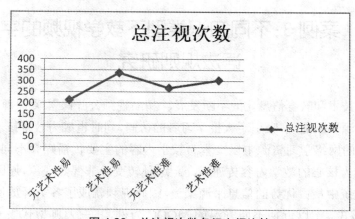

图4.23　总注视次数各组之间比较

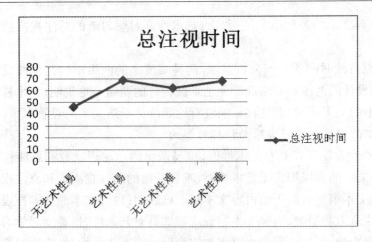

图 4.24　总注视时间各组之间比较

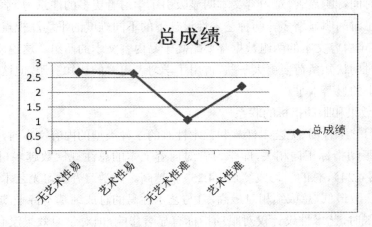

图 4.25　总成绩各组之间比较

第四节　案例 3：不同知识类型下教学视频的字幕设计语法规则研究

　　随着互联网技术和教育信息化的不断发展，"精品视频公开课""爱课程"、MOOC 等新型的网络学习资源不断涌现，吸引了大批学习者的访问，同时也成为教育技术研究者关注的焦点。[①] 与传统的网络学习资源中以文本为教学内容的主要传播媒介不同，新型的网络学习资源以视频作为核心的教学内容传递媒介。这种转变并非偶然现象，原因在于视觉是人类的各类感觉系统中最占优势的信息来源渠道，因此视频就成了各类开放性课程资源的最主要教学表现形式。[②] 以近期不断升温的 MOOC 为例，其三大典型代表 Coursera、edX、Udacity 平台上的课程，都是以视频作为学习者学习教学内容的主要途径。有研究者发现，

---

① Mcgreal R, Kinuthia W, Marshall S. Massive Open Online Courses: Innovation in education?[J]. Austcolled.com.au, 2013.

② 沈夏林 . 周跃良 . 论开放课程视频的学习交互设计 [J]. 电化教育研究 ,2012(2):84-87.

尽管大多数 MOOC 平台提供了课程的评估方式、在线讨论以及其他的交互活动,但往往这些会被学习者忽视,学习者在学习中更主要关注的仍是视频内容。[①] 种种现象表明,随着视频教育价值的不断凸显,如何设计视频、如何更好地在实际教学中应用视频已经成为急需解决的问题。相关研究表明,不同的文本与视频的组合方式对学习者自主学习的效果产生影响。[②] 因此本实验的着眼点在于文本与视频的组合方式,拟通过眼动实验和传统的认知行为实验相结合的方法,探究适合于陈述性知识和程序性知识两种知识类型的文本和视频的组合方式。

根据双通道理论和认知负荷理论,当语词和画面材料都以视觉形式呈现(例如字幕和动画/视频)时,就会造成听觉/言语通道闲置,而视觉/图像通道则会过度负荷,如图 4.26 所示。而当语词以听觉形式(解说)呈现时,学习者就可以通过听觉/言语通道加工它们,视觉/图像通道则只用来加工画面,这样两条通道得以平衡,就不会造成其中一条通道的过度负荷,影响学习效果,如图 4.27 所示。[③]

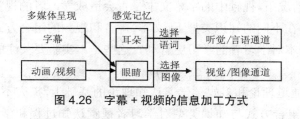

图 4.26　字幕 + 视频的信息加工方式

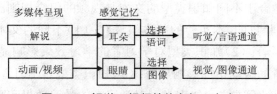

图 4.27　解说 + 视频的信息加工方式

梅耶教授以上述理论为依据,通过四组实验证实了接受动画 + 解说的多媒体呈现的学习者要比接受动画 + 文本呈现的学习者的保持测试成绩和迁移测试成绩都要好,据此提出了通道原则(modality principle)。通道原则认为学习者学习由动画和解说组成的多媒体呈现要比学习由动画和文本组成的多媒体呈现的学习效果要好。[④]

目前的各类网络视频学习资源中,作为视频解说的声音一般是必备的媒体呈现形式,通常有三种常见的媒体组合方式:视频 + 解说(声音),视频 + 解说(声音)+ 字幕(文本),视频 + 解说(声音)+ 概要字幕(文本)。视频 + 解说的媒体组合方式,与梅耶教授提出的通道原则一致,其信息加工方式如图 4.27。视频 + 解说 + 字幕的媒体组合方式通过后期编辑为教师的讲解配上字幕,字幕一般出现在屏幕的下方,其信息加工方式如图 4.28。视频 + 解说

① Haber J. xMOOC vs. cMOOC[EB.OL].[2013-04-13].http://degreeoffreedom.org/xmooc-vs-cmooc/.

② 王健, 郝银华, 卢吉龙. 教学视频呈现方式对自主学习效果的实验研究 [J]. 电化教育研究 ,2014,(3):93-99+105.

③ (美) 迈耶著 . 牛勇 , 丘香译 . 多媒体学习 [M]. 北京 : 商务印书馆 ,2006:172-181.

④ (美) 迈耶著 . 牛勇 , 丘香译 . 多媒体学习 [M]. 北京 : 商务印书馆 ,2006:182-183.

+ 概要字幕的呈现方式,同样是为教师的讲解添加字幕,区别在于仅在教师讲解到重点或难点内容时,以精炼的文字呈现知识内容的精髓,起到吸引学习者注意力,加深印象的作用,帮助学习者对重点和难点内容进行深度加工。概要字幕的文本量要远远少于视频 + 解说 + 字幕的媒体组合方式,其信息加工模式如图 4.28 所示。

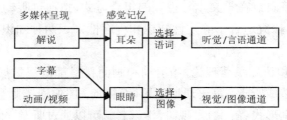

图 4.28　解说 + 视频 + 字幕的信息加工方式

有声视频中添加字幕,学习者通过听觉通道和视觉通道获取言语信息,通过视觉通道获取图像信息,在这种情况下,视频中的字幕文本是否会造成学习者的视觉通道的过度负荷而影响学习者的学习? 在不同的知识类型下,文本、声音和视频的组合方式是否也不同? 怎样在视频中添加字幕文本对学习者的学习更有利? 这些是本实验要关注的问题。

一、目的与假设

实验目的:在双通道理论和多媒体学习认知理论的基础上,探究不同的文本和视频(带有解说声音的视频)组合方式与知识类型对学习者视觉认知过程和学习效果的影响,从而总结出多媒体画面中适合于不同知识类型的文本与视频的组合规则。

实验假设:根据实验目的,本实验的基本假设有:(1)不同的文本和视频组合方式对学习者的学习效果影响显著;(2)知识类型对学习者的学习效果影响显著;(3)不同的文本和视频组合方式对学习者的眼动指标影响显著;(4)知识类型对学习者的眼动指标影响显著;(5)不同的文本和视频组合方式和知识类型对学习者的学习效果和眼动指标存在交互影响作用;(6)眼动指标与学习效果之间正向相关。

三、方法与过程

(一)实验设计

本实验采用 3(文本与视频的组合方式)×2(知识类型)两因素混合实验设计,其中文本与视频的组合方式为被试间变量,知识类型为被试内变量。

1. 自变量

文本与视频的组合方式。分为三个水平,无字幕视频、全字幕视频、概要字幕视频。

知识类型。分为两个水平,陈述性知识和程序性知识。

2. 因变量

眼动指标。具体包括总注视次数、注视点平均持续时间、总注视时间以及注视热点。

学习效果。具体包括学习者的保持测试成绩和迁移测试成绩。

3. 无关变量

被试的先前知识水平。对所有被试进行先前知识测试,并将先前知识水平较高的被试剔除,以免对学习效果的测试产生影响。

（二）实验材料

（1）被试基本信息问卷一份：用于获取被试的性别、年龄、专业等基本信息。

（2）先前知识测试题两份：分别用于测量与程序性知识视频和陈述性知识视频中学习内容相关的被试的先前知识水平,以保证所有被试具有相同的知识基础。

（3）视频学习材料六份：

其中三份为陈述性知识视频。陈述性知识视频选自中央电视台《科学世界》栏目的地理知识节目"行星的旅行",原始视频时长是 9 分 52 秒,分辨率为 720×576,视频配有清晰的解说声音,无字幕,去掉节目开头和结尾部分,保留其中的 5 分 34 秒。视频主要讲述了"开普勒定律""火星的运动规律""月球的运动规律"以及"月球的位置与潮水之间的关系"。三份视频的区别在于文本与视频的组合方式不一样,具体分为:无字幕视频、全字幕视频和概要字幕视频。无字幕视频与原始视频一致,仅有解说声音和视频,学习者分别通过听觉通道和视觉通道获取语词和图像信息;全字幕视频在原始视频的基础上,为所有解说词添加字幕,字幕位于视频画面的下方,速度与解说词保持一致,共计 105 句 1078 字,学习者通过听觉通道和视觉通道获取语词信息、通过视觉通道获取图像信息;概要字幕视频也为视频添加了字幕,与全字幕的区别是,概要字幕与解说词并不对应,仅在讲述一些重点的知识内容时出现概要性的字幕。例如,当视频中讲述"开普勒定律"的知识点时概要性字幕也相应地出现,解说词是"行星是在椭圆轨道上绕太阳运动,行星距离太阳越近,运动速度就越快,反之则越慢",视频画面中出现的概要字幕是"地球越接近太阳速度越快,反之越慢"。概要字幕 32 句,共计 473 字,与全字幕视频一样,学习者通过听觉通道和视觉通道获取语词信息、通过视觉通道获取图像信息。

另外三份为程序性知识视频。程序性知识视频为本实验自行制作,内容为 Excel 软件的高级操作技巧。视频长度为 5 分 2 秒,分辨率为 720×576,形式为屏幕录制配合教师讲解,通过一个实际操作任务"统计企业员工的出勤次数",讲授了"如何使用 count 和 countif 函数统计包含数字的单元格个数"。与陈述性知识视频一样也分为三个版本:无字幕视频、全字幕视频和概要字幕视频。其中全字幕视频字幕与教师讲解声音完全一致,共计 88 句 1270 字,概要字幕视频的字幕仅在讲解重点知识时出现,共计 11 句 150 字。

（4）学习效果测试材料两份：陈述性知识视频测试题和程序性知识视频测试题各一份。

陈述性知识视频测试题中包括保持测试题 10 道,迁移测试题 3 道,题型包括单选题、多选题和填空题。保持性测试题目直接出自于视频中讲解的关于行星旅行的知识内容,重点考察学习者对知识记忆的数量。保持性测试题样例如下:

地球距离太阳的距离越(　　　),速度越(　　　)。(填空)

迁移测试题则重点考察学习者对知识的运用能力,样例如下:

分析下表数据,你能得出什么结论(　　　)?(多选)

年份	春分	夏至	秋分	冬至
2008	3月20日	6月21日	9月22日	12月22日
2009	3月20日	6月21日	9月23日	12月22日
2010	3月21日	6月21日	9月23日	12月22日

A. 四季的时间是不相等的。

B. 地球绕太阳的运动并不是完美的匀速圆周运动。

C. 地球经过其公转轨道的夏天一半,比经过其轨道的冬天一半所用时间要多。

D. 我们使用的日历和开普勒定律以及地球运动速度变化有关系。

程序性知识视频测试题中包括保持测试题 7 道,迁移测试题 4 道,题型包括单选题、多选题、填空题和上机操作题。保持测试题样例如下:

在 Excel 中,COUNT 函数用于计算(   )。(单选)

A. 平均值   B. 求和   C. 包含数字的单元格的个数   D. 最小值

迁移测试题中除了包括常规的题型外,还增加了一道上机操作题,考查学生运用所学到的程序性知识解决实践问题的能力,如图 4.29 所示:

	A	第1次	第2次	第3次	第4次	第5次	第6次	第7次	第8次	共计
1	使用函数统计该班学生本学期交作业的次数									
3		第1次	第2次	第3次	第4次	第5次	第6次	第7次	第8次	共计
4	安妮	9月15日	9月23日	10月11日	10月19日	10月26日	11月3日	11月11日	11月20日	
5	陈汉兴	9月15日	9月23日			10月26日			11月20日	
6	陈怡	9月15日	9月23日	10月11日	10月19日	10月26日	11月3日			
7	陈冬	9月15日		10月11日		10月26日		11月11日	11月20日	
8	董博文	9月15日	9月23日		10月19日		11月3日		11月20日	
9	方雪		9月23日		10月19日			11月11日		
10	高宇胜	9月15日	9月23日				11月3日	11月11日	11月20日	
11	刘晓霞	9月15日				10月26日	11月3日			
12	王红	9月15日	9月23日		10月19日	10月26日		11月11日	11月20日	
13	王洪礼	9月15日	9月23日	10月11日	10月19日		11月3日		11月20日	
14	王伟	9月15日		10月11日			11月3日		11月20日	
15	李继军	9月15日	9月23日			10月26日	11月3日	11月11日		
16	张菊	9月15日	9月23日	10月11日	10月19日		11月3日		11月20日	
18								人数		
19	该班学生上交作业全齐的有:									
20	该班学生上交作业超过5次(包含5次)的有:									
21	该班学生上交作业不足4次(包含4次)的有:									

图 4.29   上机操作题截图

(三)被试

从天津师范大学教育科学学院的本科生中随机抽取 45 名(男生 18 名,女生 27 名),随机分为三组,每组 15 人。文本与视频的组合方式为被试间变量、知识类型为被试内变量。对被试的先前知识进行测试,确保所有被试具有同样的知识基础。

(四)实验仪器

眼动仪一台:配置同实验一。

工作站一台:配置同实验一。

效果测试用计算机一台：被试用于完成程序性知识视频测试题中的上机操作题。其配置为：处理器Ci5-2400，内存4GB，显示器为56厘米（22英寸）液晶显示器，分辨率为1440×900，操作系统为Windows XP，安装了Excel 2007软件。

（五）实验过程

45名被试被随机分配到无字幕组、全字幕组和概要字幕组当中。每个被试学习两套实验材料，例如无字幕组被试学习无字幕的陈述性知识视频和程序性知识视频，学习的同时由眼动仪记录眼动指标，学习完成后进行效果测试。具体过程如下：

（1）被试填写基本信息问卷、测试先前知识；

（2）主试引导被试进入眼动实验室，坐在距离眼动仪60cm的椅子上，并向被试说明本实验为非侵入性的，学习成绩与考试无关，使被试放松心情；

（3）进行眼动定标，定标完成后呈现实验指导语。被试开始学习第一份视频学习材料，视频播放完毕将自动退出实验程序；

（4）被试完成第一份学习效果测试题目；

（5）被试重新回到眼动仪座位处，运行实验程序，开始学习第二份视频学习材料，视频播放完毕将自动退出实验程序；

（6）被试完成第二份学习效果测试题目。

需要说明的是，为抵消两份视频材料的学习顺序对实验结果的影响，每组中一半被试按照先学习程序性知识视频，再学习陈述性知识视频的顺序进行学习和测试，另一半被试则采用相反的顺序。

四、数据分析

（一）学习效果分析

对被试的学习效果进行统计，陈述性知识视频测试题包含13个题目共60分，答对一个要点计4分，程序性知识视频测试题目包含11道题，上机操作题10分，同样是答对一个要点计4分，总分也是60分。分别记录每个被试两项测试的保持测试成绩、迁移测试成绩和总成绩。使用SPSS 17.0对学习效果进行统计分析。

1. 保持测试成绩分析

如表4.52所示：陈述性知识视频的保持测试成绩，全字幕组最高，概要字幕组次之，无字幕组最低；程序性知识视频的保持测试成绩，则是概要字幕组最高，无字幕组居中，全字幕组最低。不同的文本和视频的组合方式在不同的知识类型下保持测试成绩的差异也不尽相同。对各组的保持测试成绩进行重复测量多因素方差分析（GLM重复度量），以了解不同的文本和视频的组合方式和不同的知识类型两种因素的主效应和交互作用情况。结果见表4.53和表4.54。

表4.52 不同文本视频组合方式不同知识类型的保持测试成绩

实验分组	陈述性知识视频			程序性知识视频		
	平均值（分）	标准差	N	平均值（分）	标准差	N
无字幕组	28.27	6.135	15	28.40	10.742	15

实验分组	陈述性知识视频			程序性知识视频		
	平均值（分）	标准差	N	平均值（分）	标准差	N
全字幕组	34.40	5.816	15	24.20	9.908	15
概要字幕组	30.67	6.873	15	31.93	7.986	15

表 4.53　不同文本视频组合方式不同知识类型的保持测试成绩组内方差分析表

变异来源	平方和	自由	均方	F	显著性
知识类型	193.600	1	193.600	2.813	0.101
知识类型 * 文本视频组合方式	598.867	2	299.433	4.351	0.019
误差	2 890.533	42	68.822		

表 4.54　不同文本视频组合方式不同知识类型的保持测试成绩组间方差分析

变异来源	平方和	自由	均方	F	显著性
文本视频组合方式	137.356	2	68.678	1.087	0.347
误差	2 654.267	42	63.197		

　　表 4.53 和表 4.54 说明，学习者的保持测试成绩，知识类型的主效应不显著（$F=2.813$，$p=0.101>0.05$），文本视频组合方式的主效应不显著（$F=1.087$，$p=0.347>0.05$），二者的交互作用显著（$F=4.351$，$p=0.019<0.05$），如图 4.30 所示。

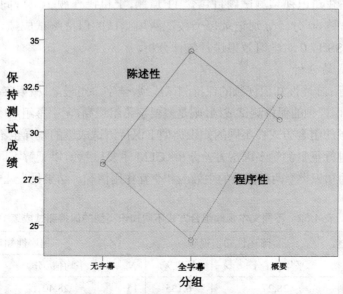

图 4.30　不同文本视频组合方式不同知识类型的保持测试成绩均值图

　　分别对陈述性知识视频和程序性知识视频三组的保持测试成绩进行 Oneway 方差分析,以确定不同知识类型下的不同文本和视频组合方式对学习者保持测试成绩的影响是否显著。结果发现:陈述性知识视频三组的保持测试成绩之间的差异达到显著水平(F=3.621,p=0.035<0.05);程序性知识视频三组的保持测试成绩之间的差异不显著(F=3.432,p=0.100>0.05)。使用 LSD 法分别对陈述性知识视频和程序性知识视频的各组保持测试成绩进行事后多重比较,进一步观察不同知识类型下各组的保持测试成绩的差异情况。

　　从表 4.55 中可以看出,陈述性知识视频的保持测试成绩:无字幕组和全字幕组之间具有显著差异(p=0.011<0.05),全字幕组的保持测试成绩显著高于无字幕组;无字幕组与概要字幕组之间差异不显著(p=0.302>0.05);全字幕组与概要字幕组之间的差异也不显著(p=0.112>0.05)。

表 4.55　陈述性知识视频的三组保持测试平均值事后多重比较(LSD)

(I)分组	(J)分组	均值差(I-J)	标准误	显著性	95% 置信区间	
					下限	上限
无字幕组	全字幕组	-6.133*	2.297	0.011	-10.77	-1.50
	概要字幕组	-2.400	2.297	0.302	-7.04	2.24
全字幕组	无字幕组	6.133*	2.297	0.011	1.50	10.77
	概要字幕组	3.733	2.297	0.112	-0.90	8.37
概要字幕组	无字幕组	2.400	2.297	0.302	-2.24	7.04
	全字幕组	-3.733	2.297	0.112	-8.37	0.90

* 均值差的显著性水平为 0.05。

表 4.56　程序性知识视频的三组保持测试平均值事后多重比较(LSD)

(I)分组	(J)分组	均值差(I-J)	标准误	显著性	95% 置信区间	
					下限	上限
无字幕组	全字幕组	4.200	3.511	0.238	-2.89	11.29
	概要字幕组	-3.533	3.511	0.320	-10.62	3.55
全字幕组	无字幕组	-4.200	3.511	0.238	-11.29	2.89
	概要字幕组	-7.733*	3.511	0.033	-14.82	-0.65
概要字幕组	无字幕组	3.533	3.511	0.320	-3.55	10.62
	全字幕组	7.733*	3.511	0.033	0.65	14.82

* 均值差的显著性水平为 0.05。

　　从表 4.56 中可以看出,程序性知识视频的保持测试成绩:全字幕组和概要字幕组之间具有显著差异(p=0.033<0.05),概要字幕组的保持测试成绩显著高于全字幕组;无字幕组与

全字幕组之间差异不显著（p=0.238>0.05）；无字幕组与概要字幕组之间的差异也不显著（p=0.320>0.05）。

　　分别对无字幕组、全字幕组和概要字幕组的陈述性知识视频和程序性知识视频的保持测试成绩进行配对样本 t 检验，分析不同文本和视频组合方式下的不同知识类型对学习者保持测试成绩影响是否显著。结果如表 4.57 所示。

表 4.57　不同文本视频组合方式下的不同知识类型保持测试平均值比较

文字视频组合方式	知识类型	N	平均值	标准差	t	显著性
无字幕组	陈述性	15	28.27	6.135	-0.038	0.970
	程序性	15	28.40	10.742		
全字幕组	陈述性	15	34.40	5.816	4.187	0.001
	程序性	15	24.20	9.908		
概要字幕组	陈述性	15	30.67	6.873	-0.416	0.684
	程序性	15	31.93	7.986		

　　从表 4.57 中可以看出，无字幕组的两种知识类型之间差异不显著（p=0.970>0.05），全字幕组的两种知识类型之间差异极其显著（p=0.001<0.01），概要字幕组的两种知识类型之间差异不显著（p=0.684>0.05）。这说明当文本和视频的组合方式不同时，学习者学习两种知识类型时取得的保持测试成绩的差异情况也是不同的，当两种知识类型的视频都添加全字幕时，对陈述性知识视频的学习数量起到了促进作用，而对程序性知识视频的学习数量却起到了阻碍作用。

　　2. 迁移测试成绩分析

　　如表 4.58 所示，陈述性知识视频的迁移测试成绩，概要字幕组最高，全字幕组次之，无字幕组最低；程序性知识视频的迁移测试成绩，概要字幕组最高，无字幕组居中，全字幕组最低。不同的文本和视频的组合方式在不同的知识类型下迁移测试成绩的差异也不尽相同。对各组的迁移测试成绩进行重复测量多因素方差分析（GLM 重复度量），以了解不同的文本和视频的组合方式和不同的知识类型两种因素的主效应和交互作用情况。结果见表 4.59 和表 4.60。

表 4.58　不同文本视频组合方式不同知识类型的迁移测试成绩

实验分组	陈述性知识视频			程序性知识视频		
	平均值（分）	标准差	N	平均值（分）	标准差	N
无字幕组	11.20	2.484	15	10.55	3.420	15
全字幕组	12.00	3.207	15	10.03	3.282	15
概要字幕组	13.87	3.335	15	10.64	2.533	15

表 4.59　不同文本视频组合方式不同知识类型的迁移测试成绩组内方差分析表

变异来源	平方和	自由	均方	F	显著性
知识类型	85.459	1	85.459	9.387	0.004
知识类型 * 文本视频组合方式	24.968	2	12.484	1.371	0.265
误差	382.358	42	9.104		

表 4.60　不同文本视频组合方式不同知识类型的迁移测试成绩组间方差分析

变异来源	平方和	自由	均方	F	显著性
文本视频组合方式	34.515	2	17.257	1.776	0.182
误差	408.198	42	9.719		

　　表 4.59 和表 4.60 表明，学习者的迁移测试成绩，知识类型的主效应显著（$F=9.387$，$p=0.004<0.05$），文本视频组合方式的主效应不显著（$F=1.776$，$p=0.182>0.05$），二者的交互作用不显著（$F=1.371$，$p=0.265>0.05$），如图 4.31 所示。

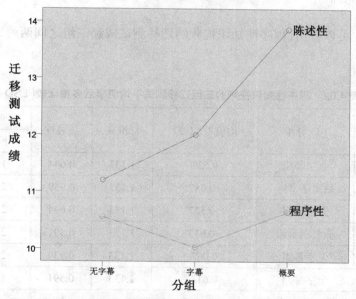

图 4.31　不同文本视频组合方式不同知识类型的迁移成绩均值图

　　分别对陈述性知识视频和程序性知识视频三组的迁移测试成绩进行 Oneway 方差分析，确定不同知识类型下的不同文本和视频组合方式对学习者迁移测试成绩的影响是否显著。结果发现：陈述性知识视频三组的迁移测试成绩之间的差异达到显著水平（$F=3.556$，$p=0.048<0.05$）；程序性知识视频三组的迁移测试成绩之间的差异不显著（$F=0.172$，$p=0.843>0.05$）。使用 LSD 法分别对陈述性知识视频和程序性知识视频的各组迁移测试成绩进行事后多重比较,进一步观察不同知识类型下各组的迁移测试成绩的差异情况。

从表 4.61 中可以看出,陈述性知识视频的迁移测试成绩:无字幕组和概要字幕组之间具有显著差异($p=0.020<0.05$),概要字幕组的迁移测试成绩显著高于无字幕组;无字幕组与全字幕组之间差异不显著($p=0.474>0.05$);概要字幕组与全字幕组之间的差异也不显著($p=0.099>0.05$)。

表 4.61　陈述性知识视频的三组迁移测试平均值事后多重比较(LSD)

(I) 分组	(J) 分组	均值差 (I-J)	标准误	显著性	95% 置信区间	
					下限	上限
无字幕组	全字幕组	−0.800	1.107	0.474	−3.03	1.43
	概要字幕组	−2.667*	1.107	0.020	−4.90	−0.43
全字幕组	无字幕组	0.800	1.107	0.474	−1.43	3.03
	概要字幕组	−1.867	1.107	0.099	−4.10	0.37
概要字幕组	无字幕组	2.667*	1.107	0.020	0.43	4.90
	全字幕组	1.867	1.107	0.099	−0.37	4.10

* 均值差的显著性水平为 0.05。

从表 4.62 中可以看出,程序性知识视频的迁移测试成绩三组之间两两比较的差异均不显著。

表 4.62　程序性知识视频的三组迁移测试平均值事后多重比较(LSD)

(I) 分组	(J) 分组	均值差 (I-J)	标准误	显著性	95% 置信区间	
					下限	上限
无字幕组	全字幕组	0.527	1.133	0.644	−1.76	2.81
	概要字幕组	−0.087	1.133	0.939	−2.37	2.20
全字幕组	无字幕组	−0.527	1.133	0.644	−2.81	1.76
	概要字幕组	−0.613	1.133	0.591	−2.90	1.67
概要字幕组	无字幕组	0.087	1.133	0.939	−2.20	2.37
	全字幕组	0.613	1.133	0.591	−1.67	2.90

* 均值差的显著性水平为 0.05。

分别对无字幕组、全字幕组和概要字幕组的陈述性知识视频和程序性知识视频的迁移测试成绩进行配对样本 t 检验,以分析不同文本和视频组合方式下的不同知识类型对学习者迁移测试成绩影响是否显著,如表 4.63 所示。

从表 4.63 中可以看出,无字幕组的两种知识类型之间差异不显著($p=0.605>0.05$),全字幕组的两种知识类型之间差异不显著($p=0.083>0.05$),概要字幕组的两种知识类型之间差异显著(p=0.007<0.05)。

表 4.63　不同文本视频组合方式下的不同知识类型迁移测试平均值比较

文字视频组合方式	知识类型	N	平均值	标准差	t	显著性
无字幕组	陈述性	15	11.20	2.484	0.529	0.605
	程序性	15	10.55	3.420		
全字幕组	陈述性	15	12.00	3.207	1.869	0.083
	程序性	15	10.03	3.282		
概要字幕组	陈述性	15	13.87	3.335	3.171	0.007
	程序性	15	10.640 0	2.533 43		

（二）眼动数据分析

为更好地分析学习者对文本和视频的注视情况,对各组所用的六份视频实验材料分别划分成两个兴趣区:视频区和字幕区。分别将各组视频区和字幕区的总注视次数、总注视时间和平均注视点持续时间三项眼动指标导出,使用 SPSS 17.0 进行统计分析。

1. 总注视次数分析

（1）视频区和字幕区总注视次数分析

如表 4.64 中所示:两种知识类型的视频区总注视次数,均是无字幕组最高、概要字幕组居中、全字幕组最低;两种知识类型的字幕区总注视次数,则均是全字幕组最高、概要字幕组居中、无字幕组最低,如图 4.32 和图 4.33 所示。

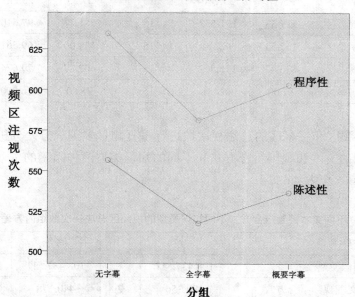

图 4.32　不同文本视频组合方式不同知识类型的视频区总注视次数均值图

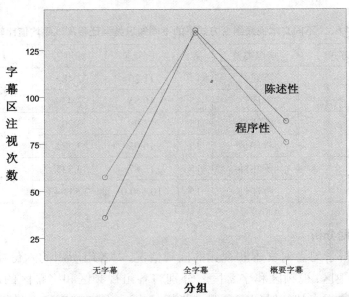

图 4.33　不同文本视频组合方式不同知识类型的字幕区总注视次数均值图

表 4.64　各组视频区和字幕区的总注视次数

实验分组 平均值（个）		陈述性知识视频			程序性知识视频		
		标准差	N	平均值（个）	标准差	N	平均值（个）
无字幕组	视频区	556.60	184.102	15	634.73	114.434	15
	字幕区	35.87	37.286	15	57.33	23.889	15
全字幕组	视频区	517.53	191.552	15	581.27	97.610	15
	字幕区	135.53	98.214	15	134.00	69.561	15
概要字幕组	视频区	536.47	175.562	15	602.87	79.674	15
	字幕区	87.00	66.481	15	75.80	16.900	15

　　对各组的视频区和字幕区的总注视次数进行重复测量多因素方差分析（GLM 重复度量），以了解不同的文本和视频组合方式和不同的知识类型两种因素的主效应和交互作用情况，结果见表 4.65 至表 4.68。

表 4.65　不同文本视频组合方式不同知识类型的视频区总注视次数组内方差分析表

变异来源	平方和	自由	均方	F	显著性
知识类型	108 437.511	1	108 437.511	5.386	0.025
知识类型 * 文本视频组合方式	880.356	2	440.178	0.022	0.978
误差	845 578.133	42	20 132.813		

表 4.66　不同文本视频组合方式不同知识类型的视频区总注视次数组间方差分析

变异来源	平方和	自由	均方	F	显著性
文本视频组合方式	32 273.422	2	16 136.711	0.692	0.506
误差	979 720.533	42	23 326.679		

表 4.65 和表 4.66 表明,对于视频区的总注视次数,知识类型的主效应显著($F=5.386$, $p=0.025<0.05$),文本视频组合方式的主效应不显著($F=0.692$, $p=0.506>0.05$),二者的交互作用不显著($F=0.022$, $p=0.978>0.05$)。

表 4.67 和表 4.68 表明,对于字幕区的总注视次数,文本视频组合方式的主效应极其显著($F=15.826$, $p=0.000<0.01$),知识类型的主效应不显著($F=0.058$, $p=0.812>0.05$),二者的交互作用不显著($F=0.638$, $p=0.534>0.05$)。

表 4.67　不同文本视频组合方式不同知识类型的字幕区总注视次数组内方差分析表

变异来源	平方和	自由	均方	F	显著性
知识类型	190.678	1	190.678	0.058	0.812
知识类型 * 文本视频组合方式	4 223.889	2	2 111.944	0.638	0.534
误差	139 100.933	42	3 311.927		

表 4.68　不同文本视频组合方式不同知识类型的字幕区总注视次数组间方差分析

变异来源	平方和	自由	均方	F	显著性
文本视频组合方式	118 324.022	2	59 162.011	15.826	0.000
误差	157 012.267	42	3 738.387		

分别对陈述性知识视频和程序性知识视频三组的视频区和字幕区总注视次数进行 Oneway 方差分析,确定不同知识类型下的不同文本和视频组合方式对学习者视频区和字幕区总注视次数的影响是否显著。结果发现:视频区总注视次数,陈述性知识视频三组之间的差异不显著($F=0.169$, $p=0.845>0.05$),程序性知识视频三组之间的差异也不显著($F=1.124$, $p=0.335>0.05$);字幕区总注视次数,陈述性知识视频三组之间的差异极其显著($F=7.232$, $p=0.002<0.01$),程序性知识视频三组之间的差异也极其显著($F=12.651$, $p=0.000<0.01$)。我们对差异显著的字幕区总注视次数进行事后多重比较,进一步了解三组之间的差异情况,如表 4.69 和表 4.70。

从表 4.69 中可以看出,陈述性知识视频的字幕区总注视次数:无字幕组和全字幕组之间差异极其显著($p=0.000<0.01$);无字幕组与概要字幕组之间差异不显著($p=0.058>0.05$);概要字幕组与全字幕组之间的差异不显著($p=0.071>0.05$)。

表 4.69　陈述性知识视频的三组字幕区总注视次数平均值事后多重比较（LSD）

（I）分组	（J）分组	均值差（I-J）	标准误	显著性	95% 置信区间	
					下限	上限
无字幕组	全字幕组	−99.667*	26.209	0.000	−152.56	−46.77
	概要字幕组	−51.133	26.209	0.058	−104.03	1.76
全字幕组	无字幕组	99.667*	26.209	0.000	46.77	152.56
	概要字幕组	48.533	26.209	0.071	−4.36	101.43
概要字幕组	无字幕组	51.133	26.209	0.058	−1.76	104.03
	全字幕组	−48.533	26.209	0.071	−101.43	4.36

* 均值差的显著性水平为 0.05。

从表 4.70 中可以看出，程序性知识视频的字幕区总注视次数：无字幕组和全字幕组之间差异极其显著（$p=0.000<0.01$）；无字幕组与概要字幕组之间差异不显著（$p=0.252>0.05$）；概要字幕组与全字幕组之间的差异极其显著（$p=0.001<0.01$）。

表 4.70　程序性知识视频的三组字幕区总注视次数平均值事后多重比较（LSD）

（I）分组	（J）分组	均值差（I-J）	标准误	显著性	95% 置信区间	
					下限	上限
无字幕组	全字幕组	−76.667*	15.909	0.000	−108.77	−44.56
	概要字幕组	−18.467	15.909	0.252	−50.57	13.64
全字幕组	无字幕组	76.667*	15.909	0.000	44.56	108.77
	概要字幕组	58.200*	15.909	0.001	26.09	90.31
概要字幕组	无字幕组	18.467	15.909	0.252	−13.64	50.57
	全字幕组	−58.200*	15.909	0.001	−90.31	−26.09

* 均值差的显著性水平为 0.05。

分别对无字幕组、全字幕组和概要字幕组的陈述性知识视频和程序性知识视频的视频区和字幕区总注视次数进行配对样本 t 检验，以确定不同文本和视频组合方式下的不同知识类型对学习者视频区和字幕区总注视次数影响是否显著。结果发现：三种不同的文本视频组合方式下的两种知识类型之间的视频区总注视次数差异均不显著（$p=0.156>0.05$，$p=0.229>0.05$，$p=0.228>0.05$），字幕区总注视次数差异均不显著（$p=0.085>0.05$，$p=0.962>0.05$，$p=0.446>0.05$）。

（2）字幕区和视频区总注视次数比分析

使用字幕区总注视次数／视频区总注视次数，计算字幕区和视频区的总注视次数比，得出的结果越大表明学习者对字幕区的总注视次数相对越多，反之则越少，进一步了解学习者学习不同文本视频组合方式和不同知识类型的视频时，在字幕区和视频区的注意力分配情况。

如表 4.71 中所示，陈述性和程序性知识视频的字幕区和视频区的总注视次数比均是全字幕组最高,概要字幕组居中,无字幕组最低,如图 4.34 所示。这表明随着字幕区中文本量的增加,字幕区的相对总注视次数呈上升趋势,而视频区的相对总注视次数则下降,字幕区中的文本分散了学习者对视频区的注意力。

表 4.71　各组字幕区和视频区的总注视次数比

实验分组	陈述性知识视频			程序性知识视频		
	平均值（%）	标准差	N	平均值（%）	标准差	N
无字幕组	9.42	0.143 73	15	9.14	0.035 89	15
全字幕组	30.16	0.220 78	15	23.61	0.127 42	15
概要字幕组	18.98	0.175 11	15	12.84	0.035 41	15

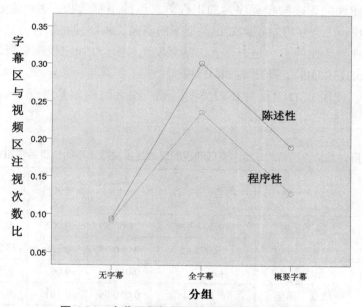

图 4.34　字幕区和视频区总注视次数比均值图

　　对各组的字幕区和视频区的总注视次数比进行重复测量多因素方差分析（GLM 重复度量）,进一步了解不同的文本和视频的组合方式和不同的知识类型两种因素的主效应和交互作用情况,结果见表 4.72 和表 4.73。

表 4.72　字幕区和视频区总注视次数比组内方差分析表

变异来源	平方和	自由	均方	F	显著性
知识类型	0.042	1	0.042	1.919	0.173
知识类型 * 文本视频组合方式	0.018	2	0.009	0.422	0.659

变异来源	平方和	自由	均方	F	显著性
误差	0.921	42	0.022		

表 4.73　字幕区和视频区总注视次数比组间方差分析

变异来源	平方和	自由	均方	F	显著性
文本视频组合方式	0.474	2	0.237	13.404	0.000
误差	0.743	42	0.018		

　　表 4.72 和表 4.73 表明,对于字幕区和视频区的总注视次数比,文本视频组合方式的主效应极其显著($F=13.404$,$p=0.000<0.01$),知识类型的主效应不显著($F=1.919$,$p=0.173>0.05$),二者的交互作用不显著($F=0.422$,$p=0.659>0.05$)。

　　分别对陈述性知识视频和程序性知识视频三组的字幕区和视频区总注视次数比进行 Oneway 方差分析,进一步考察不同知识类型下的不同文本和视频组合方式对学习者字幕区和视频区总注视次数比的影响是否显著。结果发现:陈述性知识视频三组之间的差异显著($F=4.845$,$p=0.013<0.05$),程序性知识视频三组之间的差异极其显著($F=13.535$,$p=0.000<0.01$)。使用 LSD 对两种知识类型视频三组之间的差异进行事后多重比较,结果如表 4.74 和表 4.75。

表 4.74　陈述性知识视频的三组字幕区和视频区总注视次数比平均值事后多重比较(LSD)

(I)分组	(J)分组	均值差(I-J)	标准误	显著性	95% 置信区间	
					下限	上限
无字幕组	全字幕组	-0.207 39*	0.066 69	0.003	-0.342 0	-0.072 8
	概要字幕组	-0.095 65	0.066 69	0.159	-0.230 2	0.038 9
全字幕组	无字幕组	0.207 39*	0.066 69	0.003	0.072 8	0.342 0
	概要字幕组	0.111 74	0.066 69	0.101	-0.022 8	0.246 3
概要字幕组	无字幕组	0.095 65	0.066 69	0.159	-0.038 9	0.230 2
	全字幕组	-0.111 74	0.066 69	0.101	-0.246 3	0.022 8

*　均值差的显著性水平为 0.05。

　　从表 4.74 中可以看出,陈述性知识视频的字幕区和视频区的总注视次数比:无字幕组和全字幕组之间差异极其显著($p=0.003<0.01$);无字幕组与概要字幕组之间差异不显著($p=0.159>0.05$);概要字幕组与全字幕组之间的差异不显著($p=0.101>0.05$)。

　　从表 4.75 中可以看出,程序性知识视频的字幕区和视频区的总注视次数比:无字幕组和全字幕组之间差异极其显著($p=0.000<0.01$);概要字幕组与全字幕组之间的差异极其显著($p=0.001<0.01$);无字幕组与概要字幕组之间差异不显著($p=0.208>0.05$)。

表 4.75　程序性知识视频的三组字幕区和视频区总注视次数比平均值事后多重比较（LSD）

（I）分组	（J）分组	均值差（I-J）	标准误	显著性	95% 置信区间	
					下限	上限
无字幕组	全字幕组	−0.144 65*	0.028 89	0.000	−0.203 0	−0.086 4
	概要字幕组	−0.036 96	0.028 89	0.208	−0.095 3	0.021 3
全字幕组	无字幕组	0.144 65*	0.028 89	0.000	0.086 4	0.203 0
	概要字幕组	0.107 69*	0.028 89	0.001	0.049 4	0.166 0
概要字幕组	无字幕组	0.036 96	0.028 89	0.208	−0.021 3	0.095 3
	全字幕组	−0.107 69*	0.028 89	0.001	−0.166 0	−0.049 4

* 均值差的显著性水平为 0.05。

　　分别对无字幕组、全字幕组和概要字幕组的陈述性知识视频和程序性知识视频的字幕区和视频区总注视次数比进行配对样本 t 检验，进一步考察不同文本和视频组合方式下的不同知识类型对学习者视频区和字幕区总注视次数比的影响是否显著。结果发现：三种不同的文本视频组合方式下的两种知识类型之间的字幕区和视频区总注视次数比差异均不显著（$p=0.947>0.05$, $p=0.392>0.05$, $p=0.145>0.05$）。

　　2. 平均注视点持续时间分析

　　如表 4.76 中所示：两种知识类型的视频区平均注视点持续时间，均是无字幕组最高、概要字幕组居中、全字幕组最低；两种知识类型的字幕区平均注视点持续时间，也均是无字幕组最高、概要字幕组居中、全字幕组最低，如图 4.35 和图 4.36 所示。

表 4.76　各组视频区和字幕区的平均注视点持续时间

实验分组平均值（s）		陈述性知识视频			程序性知识视频		
		标准差	N	平均值（s）	标准差	N	平均值（s）
无字幕组	视频区	0.431	0.158 6	15	0.357	0.118 7	15
	字幕区	0.316 0	0.140 91	15	0.386 0	0.188 22	15
全字幕组	视频区	0.317	0.085 8	15	0.321	0.082 4	15
	字幕区	0.238 7	0.086 18	15	0.2487	0.050 55	15
概要字幕组	视频区	0.358	0.105 0	15	0.340	0.083 2	15
	字幕区	0.263 3	0.071 08	15	0.312 7	0.088 36	15

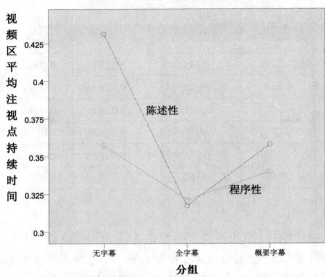

图 4.35　视频区平均注视点持续时间均值图

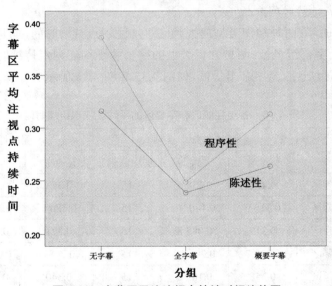

图 4.36　字幕区平均注视点持续时间均值图

　　对各组的视频区和字幕区的平均注视点持续时间进行重复测量多因素方差分析（GLM 重复度量），进一步了解不同的文本和视频的组合方式和不同的知识类型两种因素的主效应和交互作用情况，结果见表 4.77 至表 4.80。

　　表 4.77 和表 4.78 表明，视频区的平均注视点持续时间，文本视频组合方式（$F=2.754$，$p=0.075>0.05$）和知识类型（$F=2.352$，$p=0.133>0.05$）的主效应均不显著，二者的交互作用也不显著（$F=1.473$，$p=0.241>0.05$）。

表 4.77　视频区平均注视点持续时间组内方差分析表

变异来源	平方和	自由	均方	F	显著性
知识类型	0.019	1	0.019	2.352	0.133
知识类型 * 文本视频组合方式	0.024	2	0.012	1.473	0.241
误差	0.346	42	0.008		

表 4.78　视频区平均注视点持续时间组间方差分析

变异来源	平方和	自由	均方	F	显著性
文本视频组合方式	0.086	2	0.043	2.754	0.075
误差	0.653	42	0.016		

表 4.79 和表 4.80 表明，字幕区平均注视点持续时间，文本视频组合方式主效应极其显著（$F=6.028$，$p=0.005<0.01$），知识类型的主效应不显著（$F=3.617$，$p=0.064>0.05$），二者的交互作用也不显著（$F=0.603$，$p=0.552>0.05$）。

表 4.79　字幕区平均注视点持续时间组内方差分析表

变异来源	平方和	自由	均方	F	显著性
知识类型	0.042	1	0.042	3.617	0.064
知识类型 * 文本视频组合方式	0.014	2	0.007	0.603	0.552
误差	0.486	42	0.012		

表 4.80　字幕区平均注视点持续时间组间方差分析

变异来源	平方和	自由	均方	F	显著性
文本视频组合方式	0.175	2	0.087	6.028	0.005
误差	0.608	42	0.014		

分别对陈述性知识视频和程序性知识视频三组的视频区和字幕区的平均注视点持续时间进行 Oneway 方差分析，进一步考察不同知识类型下的不同文本和视频组合方式对学习者视频区和字幕区平均注视点持续时间影响是否显著。结果发现：视频区平均注视点持续时间，陈述性知识视频三组之间的差异显著（$F=3.449$，$p=0.041<0.05$），程序性知识视频三组之间的差异不显著（$F=0.525$，$p=0.595>0.05$）；字幕区平均注视点持续时间，陈述性知识视频三组之间的差异不显著（$F=2.172$，$p=0.127<0.05$），程序性知识视频三组之间的差异显著（$F=4.461$，$p=0.015<0.05$）。使用 LSD 进行事后多重比较，结果如表 4.81 和表 4.82。

从表 4.81 中可以看出，陈述性知识类型视频的视频区平均注视点持续时间：无字幕组和全字幕组之间差异显著（$p=0.013<0.05$）；概要字幕组与全字幕组之间的差异不显著（$p=0.361>0.05$）；无字幕组与概要字幕组之间差异不显著（$p=0.103>0.05$）。陈述性知识类型视频的字幕区平均注视点持续时间：无字幕组和全字幕组之间差异显著（$p=0.048<0.05$）；概要字幕组与全字幕组之间的差异不显著（$p=0.519>0.05$）；无字幕组与概要字幕组之间差异不显著（$p=0.172>0.05$）。

表 4.81　陈述性知识视频的视频区和字幕区平均注视点持续时间平均值事后多重比较（LSD）

兴趣区	（I）分组	（J）分组	均值差（I-J）	标准误	显著性
视频区	无字幕组	全字幕组	0.114 0	0.044 0	0.013
		概要字幕组	0.073 3	0.044 0	0.103
	全字幕组	无字幕组	−0.114 0	0.044 0	0.013
		概要字幕组	−0.040 7	0.044 0	0.361
	概要字幕组	无字幕组	−0.073 3	0.044 0	0.103
		全字幕组	0.040 7	0.044 0	0.361
字幕区	无字幕组	全字幕组	0.077 33	0.037 91	0.048
		概要字幕组	0.052 67	0.037 91	0.172
	全字幕组	无字幕组	−0.077 33	0.037 91	0.048
		概要字幕组	−0.024 67	0.037 91	0.519
	概要字幕组	无字幕组	−0.052 67	0.037 91	0.172
		全字幕组	0.024 67	0.037 91	0.519

从表 4.82 中可以看出，程序性知识类型视频的视频区平均注视点持续时间：三组之间两两比较的差异均不显著（$p=0.311>0.05$，$p=0.624>0.05$，$p=0.598>0.05$）。程序性知识类型视频的字幕区平均注视点持续时间：无字幕组和全字幕组之间差异极其显著（$p=0.004<0.01$）；概要字幕组与全字幕组之间的差异不显著（$p=0.163>0.05$）；无字幕组与概要字幕组之间差异不显著（$p=0.112>0.05$）。

表 4.82　程序性知识视频的视频区和字幕区平均注视点持续时间平均值事后多重比较（LSD）

兴趣区	（I）分组	（J）分组	均值差（I-J）	标准误	显著性
视频区	无字幕组	全字幕组	0.036 00	0.035 14	0.311
		概要字幕组	0.017 33	0.035 14	0.624
	全字幕组	无字幕组	−0.036 00	0.035 14	0.311
		概要字幕组	−0.018 67	0.035 14	0.598
	概要字幕组	无字幕组	−0.017 33	0.035 14	0.624
		全字幕组	0.018 67	0.035 14	0.598

续表

兴趣区	（I）分组	（J）分组	均值差（I-J）	标准误	显著性
字幕区	无字幕组	全字幕组	0.137 33	0.045 11	0.004
		概要字幕组	0.073 33	0.045 11	0.112
	全字幕组	无字幕组	−0.137 33	0.045 11	0.004
		概要字幕组	−0.064 00	0.045 11	0.163
	概要字幕组	无字幕组	−0.073 33	0.045 11	0.112
		全字幕组	0.064 00	0.045 11	0.163

分别对无字幕组、全字幕组和概要字幕组的陈述性知识视频和程序性知识视频的视频区和字幕区平均注视点持续时间进行配对样本 t 检验，进一步分析不同文本和视频组合方式下的不同知识类型对学习者视频区和字幕区平均注视点持续时间影响是否显著。结果发现：三种不同的文本视频组合方式下的两种知识类型之间的视频区平均注视点持续时间差异均不显著（$p=0.108>0.05$，$p=0.842>0.05$，$p=0.588>0.05$），字幕区平均注视点持续时间差异均不显著（$p=0.226>0.05$，$p=0.651>0.05$，$p=0.160>0.05$）。

3. 总注视时间分析

（1）视频区和字幕区总注视时间分析

如表 4.83 中所示：两种知识类型的视频区总注视时间，均是无字幕组最高、概要字幕组居中、全字幕组最低；两种知识类型的字幕区总注视时间，则均是全字幕组最高、概要字幕组居中、无字幕组最低，如图 4.37 和图 4.38 所示。

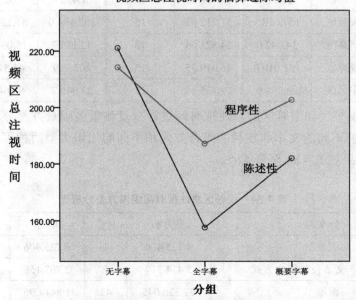

图 4.37　不同文本视频组合方式不同知识类型的视频区总注视时间均值图

字幕区总注视时间的估算边际均值

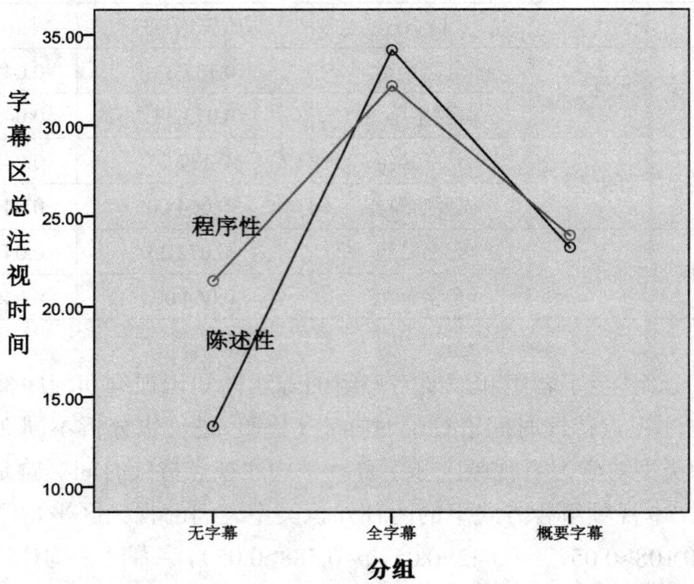

图 4.38 不同文本视频组合方式不同知识类型的字幕区总注视时间均值图

表 4.83 各组视频区和字幕区的总注视时间

实验分组 平均值（s）		陈述性知识视频			程序性知识视频		
		标准差	N	平均值（s）	标准差	N	平均值（s）
无字幕组	视频区	221.078 7	55.693 77	15	214.230 0	28.066 54	15
	字幕区	13.378 7	15.938 68	15	21.432 0	9.675 14	15
全字幕组	视频区	157.618 7	51.212 62	15	187.184 0	51.126 07	15
	字幕区	34.142 0	24.821 04	15	32.154 7	15.036 95	15
概要字幕组	视频区	182.010 0	46.419 35	15	202.769	41.814 0	15
	字幕区	23.268 0	19.735 60	15	23.940 7	8.664 67	15

对各组的视频区和字幕区的总注视时间进行重复测量多因素方差分析（GLM 重复度量），进一步了解不同的文本和视频的组合方式和不同的知识类型两种因素的主效应和交互作用情况，结果见表 4.84 至表 4.87。

表 4.84 视频区总注视时间组内方差分析表

变异来源	平方和	自由	均方	F	显著性
知识类型	4 725.406	1	4 725.406	2.567	0.117
知识类型 * 文本视频组合方式	5 414.317	2	2 707.158	1.470	0.241
误差	77 326.045	42	1 841.096		

表 4.85　视频区总注视时间组间方差分析

变异来源	平方和	自由	均方	F	显著性
文本视频组合方式	30 856.709	2	15 428.354	6.166	0.004
误差	105 084.151	42	2 502.004		

表 4.84 和表 4.85 表明，视频区的总注视时间，文本视频组合方式的主效应（F=6.166，p=0.004<0.01）极其显著，知识类型（F=2.567，p=0.117>0.05）的主效应不显著，二者的交互作用也不显著（F=1.470，p=0.241>0.05）。

表 4.86 和表 4.87 表明，字幕区的总注视时间，文本视频组合方式的主效应（F=6.136，p=0.005<0.01）极其显著，知识类型（F=0.465，p=0.499>0.05）的主效应不显著，二者的交互作用也不显著（F=0.832，p=0.442>0.05）。

表 4.86　字幕区总注视时间组内方差分析表

变异来源	平方和	自由	均方	F	显著性
知识类型	113.524	1	113.524	0.465	0.499
知识类型 * 文本视频组合方式	405.912	2	202.956	0.832	0.442
误差	10 247.653	42	243.992		

表 4.87　字幕区总注视时间组间方差分析

变异来源	平方和	自由	均方	F	显著性
文本视频组合方式	3 773.576	2	1 886.788	6.136	0.005
误差	12 914.153	42	307.480		

分别对陈述性知识视频和程序性知识视频三组的视频区和字幕区总注视时间进行 Oneway 方差分析，进一步考察不同知识类型下的不同文本和视频组合方式对学习者视频区和字幕区总注视时间的影响是否显著。结果发现：视频区总注视时间，陈述性知识视频三组之间的差异极其显著（F=5.583，p=0.006<0.01），程序性知识视频三组之间的差异不显著（F=1.610，p=0.212>0.05）；字幕区总注视时间，陈述性知识视频三组之间的差异显著（F=3.853，p=0.029<0.05），程序性知识视频三组之间的差异显著（F=3.586，p=0.037<0.05）。使用 LSD 对总注视时间进行事后多重比较，进一步了解两种知识类型视频三组之间的差异情况，如表 4.88 和表 4.89。

从表 4.88 中可以看出，陈述性知识视频的视频区总注视时间：无字幕组和全字幕组之间差异极其显著（p=0.002<0.01）；无字幕组与概要字幕组之间的差异显著（p=0.043<0.05）；全字幕组与概要字幕组之间差异不显著（p=0.200>0.05）。陈述性知识视频的字幕区的总注视时间：无字幕组和全字幕组之间差异极其显著（p=0.008<0.01）；无字幕组与概要字幕组之间的差异不显著（p=0.193>0.05）；全字幕组与概要字幕组之间差异不显著（p=0.154>0.05）。

表 4.88　陈述性知识视频的视频区和字幕区总注视时间平均值事后多重比较（LSD）

兴趣区	（I）分组	（J）分组	均值差（I-J）	标准误	显著性
视频区	无字幕组	全字幕组	63.460 00	18.713 38	0.002
		概要字幕组	39.068 67	18.713 38	0.043
	全字幕组	无字幕组	-63.460 00	18.713 38	0.002
		概要字幕组	-24.391 33	18.713 38	0.200
	概要字幕组	无字幕组	-39.068 67	18.713 38	0.043
		全字幕组	24.391 33	18.713 38	0.200
字幕区	无字幕组	全字幕组	-20.763 33	7.482 19	0.008
		概要字幕组	-9.889 33	7.482 19	0.193
	全字幕组	无字幕组	20.763 33	7.482 19	0.008
		概要字幕组	10.874 00	7.482 19	0.154
	概要字幕组	无字幕组	9.889 33	7.482 19	0.193
		全字幕组	-10.874 00	7.482 19	0.154

从表 4.89 中可以看出，程序性知识视频的视频区的总注视时间：三组之间差异均不显著（$p=0.081>0.05$，$p=0.453>0.05$，$p=0.309>0.05$）。程序性知识视频的字幕区的总注视时间：无字幕组和全字幕组之间差异显著（$p=0.014<0.05$）；无字幕组与概要字幕组之间的差异不显著（$p=0.552>0.05$）；全字幕组与概要字幕组之间差异不显著（$p=0.057>0.05$）。

表 4.89　程序性知识视频的视频区和字幕区总注视时间平均值事后多重比较（LSD）

兴趣区	（I）分组	（J）分组	均值差（I-J）	标准误	显著性
视频区	无字幕组	全字幕组	27.046 0	15.129 1	0.081
		概要字幕组	11.460 7	15.129 1	0.453
	全字幕组	无字幕组	-27.046 0	15.129 1	0.081
		概要字幕组	-15.585 3	15.129 1	0.309
	概要字幕组	无字幕组	-11.460 7	15.129 1	0.453
		全字幕组	15.585 3	15.129 1	0.309
字幕区	无字幕组	全字幕组	-10.722 67	4.188 85	0.014
		概要字幕组	-2.508 67	4.188 85	0.552
	全字幕组	无字幕组	10.722 67	4.188 85	0.014
		概要字幕组	8.214 00	4.188 85	0.057
	概要字幕组	无字幕组	2.508 67	4.188 85	0.552
		全字幕组	-8.214 00	4.188 85	0.057

分别对无字幕组、全字幕组和概要字幕组的陈述性知识视频和程序性知识视频的视频区和字幕区总注视时间进行配对样本 t 检验,进一步考察不同文本和视频组合方式下的不同知识类型对学习者视频区和字幕区总注视时间的影响是否显著。结果发现:三种不同的文本视频组合方式下的两种知识类型之间的视频区总注视时间差异均不显著($p=0.573>0.05$,$p=0.118>0.05$,$p=0.235>0.05$),字幕区的总注视时间差异也均不显著($p=0.138>0.05$,$p=0.785>0.05$,$p=0.884>0.05$)。

(2)字幕区和视频区总注视时间比

使用字幕区总注视时间 / 视频区总注视时间,计算字幕区和视频区的总注视时间比,得出的结果越大表明学习者对字幕区的总注视时间相对越多,反之则越少。进一步了解学习者学习不同文本视频组合方式和不同知识类型的视频时,在字幕区和视频区的认知资源的分配情况。

如表 4.90 中所示,陈述性和程序性知识视频的字幕区和视频区的总注视时间比均是全字幕组最高,概要字幕组居中,无字幕组最低,如图 4.39 所示。这表明随着字幕区中文本量的增加,字幕区的相对总注视时间呈上升趋势,而视频区的相对总注视时间则下降,字幕区中的文本分散了学习者对视频区的注意力,文本量越多获得学习者的视觉认知资源就越多,这与字幕区和视频区的总注视次数比的趋势是一致的。

表 4.90　各组字幕区和视频区的总注视时间比

实验分组	陈述性知识视频			程序性知识视频		
	平均值(%)	标准差	N	平均值(%)	标准差	N
无字幕组	8.92	0.160 04	15	9.85	0.040 26	15
全字幕组	26.07	0.216 30	15	18.31	0.088 05	15
概要字幕组	13.51	0.102 55	15	11.75	0.033 93	15

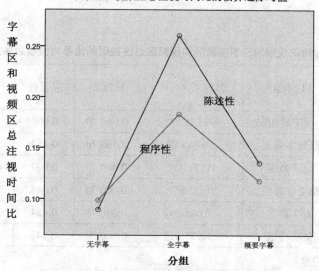

图 4.39　字幕区和视频区总注视时间比均值图

对各组的字幕区和视频区的总注视时间比进行重复测量多因素方差分析(GLM 重复度量),进一步了解不同的文本和视频的组合方式和不同的知识类型两种因素的主效应和交互作用情况,结果见表 4.91 和表 4.92。

表 4.91　字幕区和视频区总注视时间比组内方差分析表

变异来源	平方和	自由	均方	F	显著性
知识类型	0.018	1	0.018	1.142	0.291
知识类型*文本视频组合方式	0.030	2	0.015	0.921	0.406
误差	0.678	42	0.016		

表 4.92　字幕区和视频区总注视时间比组间方差分析

变异来源	平方和	自由	均方	F	显著性
文本视频组合方式	0.266	2	0.133	8.871	0.001
误差	0.630	42	0.015		

表 4.91 和表 4.92 表明,对于字幕区和视频区的总注视时间比,文本视频组合方式的主效应极其显著($F=8.871$,$p=0.001<0.01$),知识类型的主效应不显著($F=1.142$,$p=0.291>0.05$),二者的交互作用也不显著($F=0.921$,$p=0.406>0.05$)。

分别对陈述性知识视频和程序性知识视频三组的字幕区和视频区总注视时间比进行 Oneway 方差分析,进一步考察不同知识类型下的不同文本和视频组合方式对学习者字幕区和视频区总注视时间比的影响是否显著。结果发现:陈述性知识视频三组之间的差异显著($F=4.282$,$p=0.020<0.05$),程序性知识视频三组之间的差异极其显著($F=8.423$,$p=0.001<0.01$)。使用 LSD 对两种知识类型视频三组之间的差异进行事后多重比较,结果如表 4.93 和表 4.94。

表 4.93　陈述性知识视频的三组字幕区和视频区总注视时间比平均值事后多重比较(LSD)

(I)分组	(J)分组	均值差(I-J)	标准误	显著性	95% 置信区间	
					下限	上限
无字幕组	全字幕组	−0.171 57*	0.060 70	0.007	−0.294 1	−0.049 1
	概要字幕组	−0.045 89	0.060 70	0.454	−0.168 4	0.076 6
全字幕组	无字幕组	0.171 57*	0.060 70	0.007	0.049 1	0.294 1
	概要字幕组	0.125 67*	0.060 70	0.045	0.003 2	0.248 2
概要字幕组	无字幕组	0.045 89	0.060 70	0.454	−0.076 6	0.168 4
	全字幕组	−0.125 67*	0.060 70	0.045	−0.248 2	−0.003 2

*　均值差的显著性水平为 0.05。

表 4.94　程序性知识视频的三组字幕区和视频区总注视时间比平均值事后多重比较（LSD）

（I）分组	（J）分组	均值差（I-J）	标准误	显著性	95% 置信区间	
					下限	上限
无字幕组	全字幕组	−0.084 61*	0.021 63	0.000	−0.128 3	−0.041 0
	概要字幕组	−0.019 03	0.021 63	0.384	−0.062 7	0.024 6
全字幕组	无字幕组	0.084 61*	0.021 63	0.000	0.041 0	0.128 3
	概要字幕组	0.065 58*	0.021 63	0.004	0.021 9	0.109 2
概要字幕组	无字幕组	0.019 03	0.021 63	0.384	−0.024 6	0.062 7
	全字幕组	−0.065 58*	0.021 63	0.004	−0.109 2	−0.021 9

* 均值差的显著性水平为 0.05。

从表 4.93 中可以看出，陈述性知识视频的字幕区和视频区的总注视时间比：无字幕组和全字幕组之间差异极其显著（$p=0.007<0.01$）；无字幕组与概要字幕组之间差异不显著（$p=0.454>0.05$）；全字幕组与概要字幕组之间的差异显著（$p=0.045<0.05$）。

从表 4.94 中可以看出，程序性知识视频的字幕区和视频区的总注视时间比：无字幕组和全字幕组之间差异极其显著（$p=0.000<0.01$）；无字幕组与概要字幕组之间差异不显著（$p=0.384>0.05$）；全字幕组与概要字幕组之间的差异极其显著（$p=0.004<0.001$）。

分别对无字幕组、全字幕组和概要字幕组的陈述性知识视频和程序性知识视频的字幕区和视频区总注视时间比进行配对样本 t 检验，进一步考察不同文本和视频组合方式下的不同知识类型对视频区和字幕区总注视时间比的影响是否显著。结果发现：三种不同的文本视频组合方式下的两种知识类型之间的字幕区和视频区总注视时间比差异均不显著（$p=0.833>0.05$，$p=0.241>0.05$，$p=0.472>0.05$）。

4. 注视热点

陈述性知识视频的三种不同文本视频组合方式的注视热点情况如图 4.40 至图 4.42 所示。

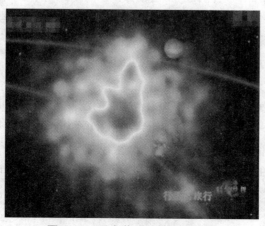

图 4.40　无字幕陈述性知识视频

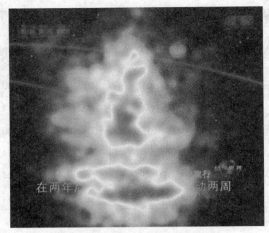

图 4.41　全字幕陈述性知识视频

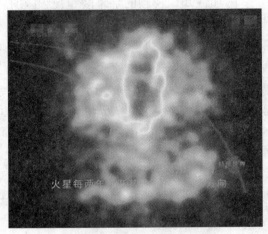

图 4.42　概要字幕陈述性知识视频

　　陈述性知识类型下不同的文本视频组合方式的学习者的注视热点存在明显的不同。图 4.40 表明,无字幕组的学习者的注视热点集中于视频区,以视频信息加工为主;图 4.41 表明,全字幕组的学习者的注视热点分布于字幕区和视频区,甚至字幕区吸引了学习者更多的注意力;图 4.42 表明,概要字幕组的学习者的注视热点仍主要集中于视频区,字幕区同样也吸引了学习者的注意力,学习者以视频信息加工为主,文字信息加工为辅进行知识内容的学习。

　　程序性知识视频的三种不同文本视频组合方式的注视热点情况如图 4.43 至图 4.45 所示。

　　程序性知识类型下不同的文本视频组合方式的学习者的注视热点也存在明显的不同。图 4.43 表明,无字幕组的学习者的注视热点集中于视频区,以视频信息加工为主;图 4.44 表明,全字幕组的学习者的视频区的注视热点减少,字幕区注视热点增加,字幕区分散了学习者对视频区的注意力;图 4.45 表明,概要字幕组的学习者的视频区注视热点最为集中,字幕区也适当地吸引了学习者的注意力,学习者以视频信息加工为主,文本信息加工为辅进行程序性知识的学习。

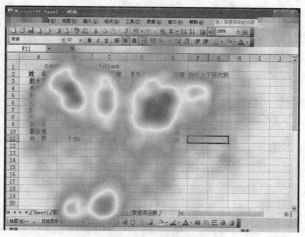

图 4.43　无字幕程序性知识视频

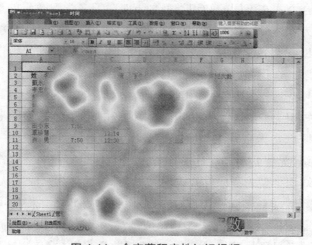

图 4.44　全字幕程序性知识视频

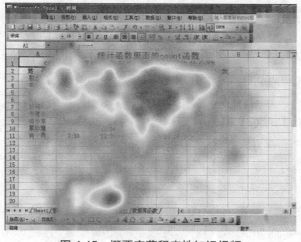

图 4.45　概要字幕程序性知识视频

五、结果讨论

（一）文本视频组合方式和知识类型对学习者学习效果的影响

保持测试成绩，知识类型和文本视频组合方式的主效应都不显著，二者的交互作用显著；迁移测试成绩，知识类型的主效应显著，文本视频组合方式的主效应不显著，二者的交互作用不显著。

1.文本视频组合方式对学习效果的影响

当视频表达的知识类型为陈述性知识时，学习者的保持测试成绩从全字幕组、概要字幕组至无字幕组依次降低。无字幕组和全字幕组之间差异显著，全字幕组的成绩显著高于无字幕组，无字幕组与概要字幕组以及全字幕组与概要字幕组之间的差异均不显著。当视频表达的知识类型为程序性知识时，学习者的保持测试成绩从概要字幕组、无字幕组至全字幕组依次降低。概要字幕组与全字幕组之间差异显著，概要字幕组的成绩显著高于全字幕组，无字幕组与全字幕组以及无字幕组与概要字幕组之间差异均不显著。上述结果表明，不同的文本与视频的组合方式在不同的知识类型之下对学习者学习数量的影响是不同的。当视频表达的知识类型为陈述性知识时，学习者更倾向于从视频中的字幕文本获取知识，与解说词一致的全字幕帮助学习者记住了最多的学习内容。与之相反的是，当知识类型为程序性知识时，过多的字幕对学习者的知识识记起到了干扰作用，全字幕组取得了最差的保持测试成绩，而当知识内容的概要文本与视频相组合时，学习者的学习数量最高。

当视频表达的知识类型为陈述性知识时，学习者的迁移测试成绩从概要字幕组、全字幕组至无字幕组依次降低。无字幕组与概要字幕组之间差异显著，概要字幕组的迁移测试成绩显著高于无字幕组，无字幕组与全字幕组以及全字幕组与概要字幕组之间的差异均不显著。当视频表达的知识类型为程序性知识时，学习者的迁移测试成绩从概要字幕组、无字幕组至全字幕组依次降低，但三组之间的差异并不显著。从实验结果中可以看出，两种知识类型视频均是概要字幕组的学习者的迁移测试成绩最高，这表明在学习到重点或难点知识时以精炼的文字为学习者呈现概要性的字幕，能够帮助学习者加深对知识处理的深度，提高学习者对知识运用的能力，获得更好的学习质量。而当文本和视频的组合方式分别为无字幕和全字幕时，两种不同的知识类型下，学习者取得了不同的迁移测试成绩。很显然，对于陈述性知识来讲，学习者更倾向于加工文本信息，相对于无字幕的视频，学习者通过全字幕的视频进行学习，取得了更好的学习质量。而对于程序性知识来讲，视频中过多的字幕对学习者的学习产生了干扰和阻碍，学习者更倾向于加工视频信息，文本量最多的全字幕组学习者的学习质量最差。

2.知识类型对学习效果的影响

不同的文本视频组合方式之下，学习者学习不同知识类型视频的保持测试成绩的差异情况也是不同的。学习者学习无字幕和概要字幕的两个视频时，程序性知识组的保持测试成绩略好于陈述性知识组，但二者之间差异不显著。而当文本视频组合方式为全字幕时，陈述性知识组的保持测试成绩高于程序性知识组，且二者的差异极其显著。这表明当文本视频的组合方式为全字幕时，知识类型对学习数量的影响显著，且视频中字幕文本量的多少对学习者学习两类知识时所起的作用是相反的,视频中文本量越多对陈述性知识的识记越有利,而对程序性知识的识记越不利。

不同的文本视频组合方式之下,学习者学习不同知识类型视频的迁移测试成绩的差异情况基本一致。无字幕组、全字幕组和概要字幕组的迁移测试成绩均是陈述性知识组高于程序性知识组,其中无字幕和全字幕的两组差异不显著,概要字幕的两组差异显著。这表明,当文本视频的组合方式为概要字幕时,知识类型对学习质量的影响显著,其余两种组合方式时,知识类型对学习质量的影响不显著。

(二)文本视频组合方式和知识类型对学习者眼动指标的影响

视频区总注视次数,知识类型的主效应显著,文本视频组合方式的主效应不显著,二者的交互作用也不显著;字幕区总注视次数和字幕区与视频区总注视次数比,均是文本视频组合方式的主效应极其显著,知识类型的主效应不显著,二者的交互作用不显著。

视频区平均注视点持续时间,文本视频组合方式和知识类型的主效应均不显著,二者的交互作用也不显著;字幕区平均注视点持续时间,文本视频组合方式主效应极其显著,知识类型的主效应不显著,二者的交互作用也不显著。

视频区总注视时间、字幕区总注视时间以及字幕区和视频区的总注视时间比,均是文本视频组合方式的主效应极其显著,知识类型的主效应不显著,二者的交互作用也不显著。

1. 文本视频组合方式对学习者眼动指标的影响

两种知识类型的视频区总注视次数均是从无字幕组、概要字幕组至全字幕组依次降低,且两种知识类型的视频区总注视次数三组间的差异也均不显著。两种知识类型的字幕区总注视次数均是从全字幕组、概要字幕组至无字幕组依次降低,且都差异显著。其中陈述性知识视频的字幕区注视次数,无字幕组与全字幕组之间差异极其显著,无字幕组与概要字幕组以及全字幕组与概要字幕组之间的差异不显著;程序性知识视频的字幕区注视次数,无字幕组与全字幕组之间差异极其显著,全字幕组与概要字幕组之间差异也极其显著,无字幕组与概要字幕组之间差异不显著。实验结果表明,随着视频中字幕的文本量的增加,字幕区的总注视次数呈上升趋势,而视频区的总注视次数则呈下降趋势。对字幕区和视频区的总注视次数比的分析也进一步证实了字幕文本在引导学习者注意力的同时也分散了学习者对视频区的注意力。

两种知识类型的视频区和字幕区平均注视点持续时间均是从无字幕组、概要字幕组至全字幕组依次降低。陈述性知识视频的视频区和字幕区平均注视点持续时间均是无字幕组与全字幕组之间差异显著,无字幕组显著高于全字幕组,其余两组差异都不显著。程序性知识视频的视频区平均注视点持续时间三组之间差异不显著。程序性知识视频的字幕区平均注视点持续时间,无字幕组与全字幕组之间差异显著,无字幕组显著高于全字幕组,其余两组差异也都不显著。从实验结果可以看出,随着视频中文本量的不断增加,学习者的注意力需要在视频和文本之间不断切换,因此无论是视频区还是字幕区的平均注视点持续时间都在降低,尤其是文本量最少的无字幕组和文本量最多的全字幕组之间的差距最为显著。

两种知识类型的视频区和字幕区的总注视时间的变化趋势与总注视次数的变化趋势是

一致的,视频区的总注视时间从无字幕组、概要字幕组至全字幕组依次降低,字幕区的总注视时间从全字幕组、概要字幕组至无字幕组依次降低。陈述性知识视频的视频区总注视时间,无字幕组和全字幕组之间差异极其显著,无字幕组和概要字幕组之间差异显著,全字幕组与概要字幕组之间差异不显著。程序性知识视频的视频区总注视时间三组之间差异均不显著。陈述性知识视频的字幕区总注视时间,无字幕组和全字幕组之间差异极其显著,无字幕组与概要字幕组以及全字幕组与概要字幕组之间差异不显著。程序性知识视频的字幕区总注视时间,无字幕组和全字幕组之间差异极其显著,无字幕组与概要字幕组以及全字幕组与概要字幕组之间差异不显著。视频区和字幕区总注视时间的差异情况证实了视频中的字幕文本有效吸引了学习者的注意力,提高了学习者对文本信息的加工时间,同时也降低了学习者对视频信息的加工时间,字幕区和视频区的总注视时间比的分析进一步也证实了这一点。

  2. 知识类型对学习者眼动指标的影响

  配对样本 t 检验结果表明,无字幕组、全字幕组和概要字幕组的两种知识类型视频的视频区总注视次数、字幕区总注视次数、字幕区和视频区总注视次数比、视频区平均注视点持续时间、字幕区平均注视点持续时间、视频区总注视时间、字幕区总注视时间以及字幕区和视频区总注视时间比之间的差异均不显著。这表明,学习者使用视频进行学习时,知识类型对其视觉认知过程影响不显著,学习者的眼动指标主要受文本和视频的不同组合方式所影响。

  (三)学习效果和眼动指标的联系

  学习者学习两种知识类型的三组不同文本视频组合方式的视频的眼动指标的变化趋势是一致的,而学习效果的变化趋势则不同。

  陈述性知识视频,三组学习者学习的数量与字幕区的眼动指标正向相关,即视频中字幕的文本量越多,学习者对字幕区的总注视次数越多,总的注视时间越长,其保持测试成绩越高。学习的质量与眼动指标之间的关系略有不同,学习者的视觉注意力在字幕区与视频区分配更为均衡的概要字幕组学习者的迁移测试成绩最高,字幕区的总注视时间和总注视次数最多的全字幕组居中,而字幕区的总注视时间和总注视次数最少的无字幕组最低。这表明当学习者视觉注意力在视频和字幕之间均衡分配时,学习者综合利用视频和文字的信息呈现方式进行认知加工时,能够帮助学习者加深对知识的理解,提高对知识的应用能力,从而取得更好的学习质量。而当全字幕视频和无字幕视频进行比较时,显然字幕区的眼动指标与学习者的学习质量正向相关,视频中的字幕帮助学习者加深了对知识的理解和应用。

  程序性知识视频,学习者的学习数量和质量均是概要字幕组最高、无字幕组居中、全字幕组最低。概要字幕组的视频区和字幕区的总注视时间和总注视次数都居中,学习者的视觉注意力分配的更为均衡,这种视频和字幕恰当结合的方式帮助学习者取得了更多的学习数量和更好的学习质量。而当无字幕视频与全字幕视频进行比较时,视频区的眼动指标与学习者的学习效果正向相关,即学习者视频区的总注视次数越多、总注视时间越长,学习者的学习数量和学习质量越高,视频中的过多的字幕阻碍了学习者对知识的识记、理解和应用。

第五节　案例4:文本线索设计语法规则研究

根据 Sweller(1998)的认知负荷理论[①],通过对多媒体学习材料中的文本内容添加学习线索能够帮助学习者有层次的建构文本内容的心理表征,并且根据文本内容的相对重要性合理分配认知资源,从而降低阻碍学习者学习的外在认知负荷,促进利于学习者学习的相关认知负荷,提高学习者基于文本内容学习的效果[②]。文本线索在多媒体学习材料上能发挥以下几个作用:(1)划分知识结构;(2)引导学习者将注意力集中到学习材料中的关键内容;(3)在组织和整合信息的进程中扮演引导角色。

根据教学目的为学习者提供文本内容学习的线索和暗示,例如在学习者学习之前呈现要完成的学习任务,或对文本内容中的重点和难点内容添加特殊的标记,是多媒体学习材料中常用的两种手段。根据学习材料中的学习线索是否直接添加在文本内容上,可以将其划分为内在线索和外在线索。内在线索直接添加于文本内容之上,例如为了彰显学习内容的主题、结构、重点和难点,而对某些文本加注一些特殊的标记(加粗、变色、下划线、倾斜、阴影等),如图 4.46 所示;外在线索则不直接添加于文本内容之上,而是在文本内容学习之前根据教学目的为学习者布置相关的学习任务,可以是文本形式也可是语音形式[③],如图 4.47 所示。

在多媒体课件的文本内容中,常常使用对文字进行**加粗**、变色、<u>加下划线</u>、*倾斜*、添加阴影等方法强调某些内容,这是文本内容自身的*内在线索*。

图 4.46　多媒体学习材料中文本内容内在线索样例

★**学习目标:**
1. 明确学习材料中的主题和基本结构;
2. 重点理解学习材料中总结性语句的含义;
3. 记忆和理解学习材料中的数字信息。

图 4.47　多媒体学习材料中文本内容外在线索样例

相对于教育技术领域对多媒体学习材料中文本线索效应研究的匮乏,心理学领域做了大量的相关研究。但就其研究内容来看,大多集中于文本内容的内在线索上,心理学领域称之为"文章标记"(Text Signals),对文章标记的概念、分类,以及影响文章标记的主客体因素开展了相关研究。多媒体学习研究之父梅耶(Mayer)认为文章标记是不用特别强调或界定

---

① Sweller J, Merrienboer J J G V, Paas F G W C. Cognitive Architecture and Instructional Design[J]. Educational Psychology Review, 1998, 10(3):251-296.

② 刘儒德,徐娟. 外在暗示线索对学习者在多媒体学习中自我调节学习过程的影响 [J]. 应用心理学,2009,(2):131-138.

③ 游泽清. 多媒体画面艺术基础 [M]. 北京:高等教育出版社,2003:146-147.

而出现于文章中的、能给文章的重要内容或结构提供线索的词、短语、句子①,并通过三个实验证实了对多媒体材料中的重要内容加以标记突出强调,其学习效果好于未标记的材料,以此为依据提出了"标记原则"(Signaling Principle)。②国内研究者何先友和莫雷认为文章标记是在文章的不同位置出现的、本身不给文章带来任何新内容但能引起读者注意并强调文章结构或某一具体内容的词、短语或特殊符号。③Loman 的研究将学习者分为高阅读能力和低阅读能力两种类型,研究学习者的阅读能力对文章标记效应的影响,结果发现,标记能够显著地促进概念性信息的回忆,但没有发现对总回忆量的促进作用。④而 Jenny 的研究则按照被试的阅读能力分为高水平、中等水平和低水平三个组,考查文章标记对他们理解文章的促进效应,发现标记对各种水平的读者都有促进效应,但阅读水平越低,促进效应越为明显。

上述这些研究主要以文章标记为研究内容,属于对文本内容内在线索效应的研究,缺乏对文本内容外在线索效应的研究,且这些研究大多以提高文章阅读效果为目的,缺乏直接针对多媒体学习材料中文本线索设计的应用探索。并且从研究方法上来看,心理学领域传统的文章标记效应研究往往以学习者的阅读效果为标准,测量的结果发生于认知过程结束之后,不能充分反映学习者的实时加工过程。⑤本实验拟通过眼动实验方法,探究不同类型的文本线索对学习者基于文本内容学习的视觉认知过程和学习效果的影响,从学习者认知规律的角度对多媒体学习材料中文本线索的设计给出建议。

一、目的与假设

实验目的:探究多媒体学习材料中文本内容的内在线索、外在线索、"内在 + 外在"线索对学习者的视觉认知过程和学习效果的影响,从而总结出文本线索的设计规则。

实验假设:根据实验目的,本实验的基本假设有:(1)多媒体画面中文本内容的不同线索形式对学习者的学习效果影响显著;(2)多媒体画面中文本内容的不同线索形式对学习者的眼动指标影响显著;(3)学习者在多媒体情境下学习的学习效果和眼动指标正向相关。

二、方法与过程

(一)实验设计

本实验采用 3(文本线索)×1 单因素被试间的实验设计。

1. 自变量

文本线索。被试间变量,分为三个水平,内在线索、外在线索、"内在 + 外在"线索。

2. 因变量

眼动指标。具体包括总注视次数、注视点平均持续时间、总注视时间和注视热点。

学习效果。包括学习者的保持测试成绩、迁移测试成绩、总成绩、线索区测试成绩和非

① Mayer R E, Dyck J L, Cook L K. Techniques that help readers build mental models from scientific text: Definitions pretraining and signaling.[J]. Journal of Educational Psychology, 1984, 76(6):1089-1105.

② Mayer R E. The Cambridge handbook of multimedia learning[M].Cambridge:Cambridge University Press,2005:23-24.

③ 何先友 , 莫雷 . 国外文章标记效应研究综述 [J]. 心理学动态 ,2000,(3):36-42.

④ Loman N L, Mayer R E. Signaling techniques that increase the understandability of expository prose.[J]. Journal of Educational Psychology, 1983, 75(3):402-412.

⑤ Hyönä J. The use of eye movements in the study of multimedia learning[J]. Learning & Instruction, 2010, 20(2):172-176.

线索区测试成绩。线索区测试成绩和非线索区测试成绩的解释如下：

线索区测试成绩：与添加线索的文本内容高度相关的题项的成绩之和，反应文本线索对学习者线索区文本学习效果的直接影响。

非线索区测试成绩：与添加线索的文本内容不相关的题项的成绩之和，反应文本线索对学习者非线索区文本学习效果的影响。

3. 无关变量

被试的先前知识水平。对所有被试进行先前知识测试，并将先前知识水平较高的被试剔除，以免对学习效果的测试产生影响。

（二）实验材料

1. 被试基本信息问卷

用于获取被试的性别、年龄、专业等基本信息。

2. 先前知识测试题

用于测量被试的先前知识，包括与学习材料中知识相关的 3 道单选题。

3. 学习材料三份

三份学习材料中均仅包含一个文本内容页面，主题均为"塑料袋的科学迷思"（选自2008 年北京高考语文阅读理解题），文本内容一致，包括"使用塑料袋带来的问题""塑料袋的降解""寻求塑料袋的替代品"三部分内容。其中材料一添加了内在线索，对文中的标题、主题结构、总结性语句和数字信息的文本同时进行了加粗和添加下划线；材料二添加外在线索，在学习材料呈现之前向学习者明确学习目标、布置学习任务，让学习者明确通过学习材料中文本的学习要掌握学习材料的基本结构，重点记忆理解文中的数字和总结性语句。材料三添加了"内在＋外在"线索，既添加了与材料一完全一致的内在线索，又添加了材料二完全一致的外在线索。

4. 学习效果测试材料

三组被试都使用同一套测试题测量学习效果。效果测试材料共包括 11 道测试题，其中保持测试 7 道，迁移测试 4 道，保持测试题目中有 3 道与添加线索的文本内容高度相关，迁移测试中 2 道与添加线索的文本内容高度相关。例如，保持测试中的题目"请回忆文章中所提到的主题有哪些？"，迁移测试中的题目"在可降解的塑料袋发明之前，解决塑料袋污染环境问题最有效的方式是什么？为什么？"，这两个问题均出自文中添加线索部分的文本内容。

（三）被试

从天津师范大学教育科学学院的本科生中随机抽取 48 名，其中男生 10 名，女生 38 名。对被试的先前知识进行测试，确保所有被试具有同样的知识基础，并采用随机分组方式分配到三个实验组当中。

（四）实验仪器

眼动仪一台：配置同案例 1。

工作站一台：配置同案例 1。

（五）实验过程

48 名被试被随机分配到三个实验组当中。每个被试学习一套实验材料,学习的同时由眼动仪记录眼动指标,学习完成后进行学习效果测试。具体过程如下:

（1）被试填写基本信息问卷、测试先前知识;

（2）主试引导被试进入眼动实验室,坐在距离眼动仪 60cm 的椅子上,并向被试说明本实验为非侵入性的,学习成绩与考试无关,使被试放松心情;

（3）进行眼动定标,定标完成后呈现实验指导语。被试开始学习对应的学习材料,在学习结束之后按空格键结束学习;

（4）被试完成学习效果测试题目。

三、数据分析

（一）学习效果分析

1. 保持测试成绩、迁移测试成绩和总成绩分析

对被试的学习效果进行统计,11 个题目共 22 分,答对一个要点计 1 分,答错计 0 分,分别记录每个被试的保持测试成绩、迁移测试成绩和总成绩。使用 SPSS 17.0 对学习成绩进行统计分析。内在线索组、外在线索组和"内在 + 外在"线索组的保持测试成绩、迁移测试成绩和总成绩的平均值和标准差如表 4.95 所示。

表 4.95　不同实验组的测试成绩

实验分组	保持测试成绩			迁移测试成绩			总成绩		
	平均值（分）	标准差	N	平均值（分）	标准差	N	平均值（分）	标准差	N
内在线索	5.812 5	2.136 00	16	4.000 0	2.607 68	16	9.812 5	3.410 16	16
外在线索	5.062 5	1.913 77	16	2.937 5	1.611 16	16	8.000 0	2.190 89	16
"内在 + 外在"线索	8.375 0	2.247 22	16	3.687 5	2.414 37	16	12.062 5	3.767 74	16

如表 4.95 所示,学习者学习不同线索的学习材料时,保持测试成绩、迁移测试成绩和总成绩均有不同。保持测试成绩,"内在 + 外在"线索组最高,内在线索组居中,外在线索组最低;迁移测试成绩,内在线索组最高,"内在 + 外在"线索组居中,外在线索组最低;总成绩,"内在 + 外在"线索组最高,内在线索组居中,外在线索组最低。

对三组的保持测试成绩、迁移测试成绩和总成绩进行了 Oneway 方差分析,进一步考察不同的文本线索的条件之下三组之间各项成绩是否具有显著性差异。结果发现:保持测试成绩,三组间差异达到极显著水平（$F=10.909$, $p=0.000<0.01$）;迁移测试成绩,三组间差异不显著（$F=0.940$, $p=0.398>0.05$）;总成绩,三组间差异达到极显著水平（$F=6.492$, $p=0.003<0.01$）。

使用 LSD 对各项成绩的平均值进行事后多重比较,结果如表 4.96 所示。比较结果显示:保持测试成绩,"内在 + 外在"线索组与内在线索组、外在线索组之间具有极其显著的差异（$p=0.001<0.01$, $p=0.000<0.01$）,内在线索组与外在线索组之间差异不显著

（p=0.319>0.05）；迁移测试成绩，各组间两两比较的差异都不显著；总成绩，"内在＋外在"线索组与外在线索组之间具有极其显著的差异（p=0.001<0.01），"内在＋外在"线索组与内在线索组之间差异不显著（p=0.052>0.05），内在线索组与外在线索组之间差异也不显著（p=0.116>0.05）。

表 4.96　不同实验组各项成绩的 LSD 均值多重比较

因变量	（I）分组	（J）分组	均值差（I-J）	标准误	显著性
保持测试成绩	内在线索	外在线索	0.750 00	0.743 72	0.319
		"内在＋外在"线索	−2.562 50*	0.743 72	0.001
	外在线索	内在线索	−0.750 00	0.743 72	0.319
		"内在＋外在"线索	−3.312 50*	0.743 72	0.000
	"内在＋外在"线索	内在线索	2.562 50*	0.743 72	0.001
		外在线索	3.312 50*	0.743 72	0.000
迁移测试成绩	内在线索	外在线索	1.062 50	0.796 48	0.189
		"内在＋外在"线索	0.312 50	0.796 48	0.697
	外在线索	内在线索	−1.062 50	0.796 48	0.189
		"内在＋外在"线索	−0.750 00	0.796 48	0.351
	"内在＋外在"线索	内在线索	−0.312 50	0.796 48	0.697
		外在线索	0.750 00	0.796 48	0.351
总成绩	内在线索	外在线索	1.812 50	1.129 62	0.116
		"内在＋外在"线索	−2.250 00	1.129 62	0.052
	外在线索	内在线索	−1.812 50	1.129 62	0.116
		"内在＋外在"线索	−4.062 50*	1.129 62	0.001
	"内在＋外在"线索	内在线索	2.250 00	1.129 62	0.052
		外在线索	4.062 50*	1.129 62	0.001

* 均值差的显著性水平为 0.05。

2. 线索区和非线索区成绩分析

对测试题当中 5 道与添加线索的文本内容高度相关的成绩计为线索区成绩，其余的计为非线索区成绩，对各组的线索区成绩和非线索区成绩进行统计分析，进一步探索文本线索对学习者学习效果的影响。线索区成绩和非线索区成绩的平均值和标准差如表 4.97 所示。

表 4.97　不同实验组的线索区和非线索区成绩

实验分组	线索区成绩			非线索区成绩		
	平均值（分）	标准差	N	平均值（分）	标准差	N
内在线索	5.187 5	2.971 39	16	4.625 0	1.360 15	16
外在线索	3.375 0	1.707 83	16	4.625 0	1.591 64	16
"内在 + 外在"线索	7.562 5	2.988 17	16	4.500 0	1.441 53	16

如表 4.97 所示，学习者学习不同线索的学习材料时，线索区成绩、非线索区成绩均有不同。其中线索区成绩，"内在 + 外在"线索组最高，内在线索组居中，外在线索组最低；而非线索区成绩，内在线索组和外在线索组略高于"内在 + 外在"线索组，但差距不大。

对三组的线索区成绩和非线索区成绩进行了 Oneway 方差分析，进一步考察不同的文本线索下三组的线索区成绩和非线索区成绩是否具有显著性差异。结果发现：线索区成绩三组间差异达到极显著水平（$F=10.239$，$p=0.000<0.01$）；非线索区成绩三组间差异不显著（$F=0.038$，$p=0.962>0.05$）。

使用 LSD 对线索区和非线索区成绩平均值进行事后多重比较发现（见表 4.98）：线索区成绩，"内在 + 外在"线索组与内在线索组之间具有显著的差异（$p=0.014<0.05$），"内在 + 外在"线索组与外在线索组之间具有极其显著的差异（$p=0.000<0.01$），内在线索组与外在线索组之间差异不显著（$p=0.057>0.05$）；非线索区成绩，各组间两两比较的差异都不显著。

表 4.98　不同实验组线索区和非线索区成绩的 LSD 均值多重比较

因变量	（I）分组	（J）分组	均值差（I-J）	标准误	显著性
线索区成绩	内在线索	外在线索	1.812 50	0.928 15	0.057
		"内在 + 外在"线索	−2.375 00*	0.928 15	0.014
	外在线索	内在线索	-1.812 50	0.928 15	0.057
		"内在 + 外在"线索	−4.187 50*	0.928 15	0.000
	"内在 + 外在"线索	内在线索	2.375 00*	0.928 15	0.014
		外在线索	4.187 50*	0.928 15	0.000
非线索区成绩	内在线索	外在线索	0.000 00	0.520 42	1.000
		"内在 + 外在"线索	0.125 00	0.520 42	0.811
	外在线索	内在线索	0.000 00	0.520 42	1.000
		"内在 + 外在"线索	0.125 00	0.520 42	0.811
	"内在 + 外在"线索	内在线索	-0.125 00	0.520 42	0.811
		外在线索	-0.125 00	0.520 42	0.811

*　均值差的显著性水平为 0.05。

（二）眼动指标分析

1. 总注视次数、总注视时间、平均注视点持续时间分析

对被试使用不同文本线索的多媒体学习材料进行学习时的眼动指标（总注视次数、平均注视点持续时间、总注视时间）进行统计分析，各眼动指标的平均值和标准差如表 4.99 所示。

如表 4.99 所示，学习者学习不同线索的学习材料时，其眼动指标总注视次数、总注视时间、平均注视点持续时间均有不同。其中总注视次数："内在 + 外在"线索组最高，内在线索组居中，外在线索组最低；平均注视点持续时间：内在线索组最高，"内在 + 外在"线索组居中，外在线索组最低；总注视时间："内在 + 外在"线索组最高，内在线索组居中，外在线索组最低。

表 4.99　不同实验组的眼动指标

实验分组	总注视次数（个）			平均注视点持续时间（s）			总注视时间（s）		
	平均值	标准差	N	平均值	标准差	N	平均值	标准差	N
内在线索	350.75	129.005	16	0.244 9	0.061 67	16	89.993 8	53.310 35	16
外在线索	299.69	89.136	16	0.227 4	0.030 65	16	68.131 3	21.042 02	16
"内在 + 外在"线索	407.50	161.20	16	0.240 0	0.058 25	16	99.037 5	47.813 11	16

对三组的总注视次数、平均注视点持续时间和总注视时间进行 Oneway 方差分析，进一步考察不同的文本线索的条件之下三组之间的各项眼动指标是否具有显著性差异。结果发现：总注视次数三组间差异达到显著水平（$F=4.760$，$p=0.044<0.05$）；平均注视点持续时间三组间差异不显著（$F=0.482$，$p=0.621>0.05$）；总注视时间三组间差异达到显著水平（$F=4.176$，$p=0.047<0.05$）。

使用 LSD 对各项眼动指标进行事后多重比较发现（见表 4.100）：总注视次数，"内在 + 外在"线索组与外在线索组之间具有显著的差异（$p=0.023<0.05$），内在线索组与外在线索组之间差异不显著（$p=0.272>0.05$），"内在 + 外在"线索组与内在线索组之间差异不显著（$p=0.223>0.05$）；平均注视点持续时间，各组间两两比较的差异都不显著；总注视时间，"内在 + 外在"线索组与外在线索组之间具有显著的差异（$p=0.048<0.05$），内在线索组与外在线索组之间差异不显著（$p=0.158>0.05$），"内在 + 外在"线索组与内在线索组之间差异不显著（$p=0.556>0.05$）。

表 4.100　不同实验组各项眼动指标的 LSD 均值多重比较

因变量	(I)分组	(J)分组	均值差(I-J)	标准误	显著性
总注视次数	内在线索	外在线索	51.063	45.906	0.272
		"内在+外在"线索	-56.750	45.906	0.223
	外在线索	内在线索	-51.063	45.906	0.272
		"内在+外在"线索	-107.813*	45.906	0.023
	"内在+外在"线索	内在线索	56.750	45.906	0.223
		外在线索	107.813*	45.906	0.023
平均注视点持续时间	内在线索	外在线索	0.017 52	0.018 41	0.347
		"内在+外在"线索	0.004 92	0.018 41	0.791
	外在线索	内在线索	-0.017 52	0.018 41	0.347
		"内在+外在"线索	-0.012 60	0.018 41	0.497
	"内在+外在"线索	内在线索	-0.004 92	0.018 41	0.791
		外在线索	0.012 60	0.018 41	0.497
总注视时间	内在线索	外在线索	21.862 50	15.235 45	0.158
		"内在+外在"线索	-9.043 75	15.235 45	0.556
	外在线索	内在线索	-21.862 50	15.235 45	0.158
		"内在+外在"线索	-30.906 25*	15.235 45	0.048
	"内在+外在"线索	内在线索	9.043 75	15.235 45	0.556
		外在线索	30.906 25*	15.235 45	0.048

*　均值差的显著性水平为 0.05。

2. 线索区和非线索区的各项眼动指标分析

对各组的线索区和非线索区眼动指标进行统计分析,进一步探索文本线索对学习者视觉认知过程的影响。三组线索区和非线索区眼动指标的平均值和标准差如表 4.101 和表 4.102 所示。

表 4.101　不同实验组的线索区眼动指标

实验分组	总注视次数			平均注视点持续时间			总注视时间		
	平均值(个)	标准差	N	平均值(S)	标准差	N	平均值(S)	标准差	N
内在线索	110.13	45.112	16	0.234 0	0.058 31	16	27.011 2	16.798 8	16
外在线索	80.94	23.868	16	0.207 3	0.034 04	16	16.944 4	5.996 7	16
"内在+外在"线索	131.81	71.848	16	0.225 7	0.060 67	16	30.670 0	20.303 5	16

表 4.102　不同实验组的非线索区眼动指标

实验分组	总注视次数			平均注视点持续时间			总注视时间		
	平均值（个）	标准差	N	平均值（s）	标准差	N	平均值（s）	标准差	N
内在线索	240.63	88.412	16	0.2500	0.063 54	16	62.983	37.236 4	16
外在线索	218.7	71.370	16	0.235 3	0.032 93	16	51.187	16.422 1	16
"内在 + 外在"线索	275.69	94.343	16	0.245 7	0059 22	16	68.367	29.391 1	16

如表 4.101 和表 4.102 所示,学习者学习不同线索的学习材料时,线索区和非线索区的眼动指标均有不同。线索区:总注视次数和总注视时间,"内在 + 外在"线索组平均值最高,内在线索组平均值居中,外在线索组平均值最低;平均注视点持续时间,内在线索组平均值最高,"内在 + 外在"线索组平均值居中,外在线索组平均值最低。非线索区:各项眼动指标的变化趋势与线索区一致,但三组之间的各眼动指标差别不大。

对三组的线索区和非线索区眼动指标进行了 Oneway 方差分析,进一步考察不同的学习线索的条件之下三组之间各眼动指标是否具有显著性差异。结果发现:线索区,总注视次数($F=4.028$, $p=0.025<0.05$)和总注视时间($F=4.028$, $p=0.045<0.05$)三组之间都具有显著差异,而平均注视点持续时间三组之间差异不显著($F=1.091$, $p=0.345>0.05$)。非线索区,总注视次数($F=1.816$, $p=0.174>0.05$)、平均注视点持续时间($F=0.315$, $p=0.731>0.05$)、总注视时间($F=1.471$, $p=0.241>0.05$)三组之间差异均不显著。

使用 LSD 对差异显著的线索区各项眼动指标平均值进行事后多重比较发现(见表4.103):总注视次数,"内在 + 外在"线索组与外在线索组之间具有极其显著的差异($p=0.007<0.01$),"内在 + 外在"线索组与内在线索组之间差异不显著($p=0.234>0.05$),内在线索组与外在线索组之间差异不显著($p=0.112>0.05$);平均注视点持续时间,各组间两两比较的差异均不显著;总注视时间:"内在 + 外在"线索组与外在线索组之间具有显著的差异($p=0.017<0.05$),"内在 + 外在"线索组与内在线索组之间差异不显著($p=0.511>0.05$),内在线索组与外在线索组之间差异不显著($p=0.075>0.05$)。

表 4.103　不同实验组线索区各项眼动指标的 LSD 均值多重比较

因变量	（I）group	（J）group	均值差（I-J）	标准误	显著性
总注视次数	内在线索	外在线索	29.188	17.989	0.112
		"内在 + 外在"线索	-21.688	17.989	0.234
	外在线索	内在线索	-29.188	17.989	0.112
		"内在 + 外在"线索	-50.875*	17.989	0.007
	"内在 + 外在"线索	内在线索	21.688	17.989	0.234
		外在线索	50.875*	17.989	0.007

因变量	（I）group	（J）group	均值差（I-J）	标准误	显著性
平均注视点持续时间	内在线索	外在线索	0.026 76	0.018 53	0.156
		"内在＋外在"线索	0.008 39	0.018 53	0.653
	外在线索	内在线索	-0.026 76	0.018 53	0.156
		"内在＋外在"线索	-0.018 36	0.018 53	0.327
	"内在＋外在"线索	内在线索	-0.008 39	0.018 53	0.653
		外在线索	0.018 36	0.018 53	0.327
总注视时间	内在线索	外在线索	10.066 88	5.516 62	0.075
		"内在＋外在"线索	-3.658 75	5.516 62	0.511
	外在线索	内在线索	-10.066 88	5.516 62	0.075
		"内在＋外在"线索	-13.725 63*	5.516 62	0.017
	"内在＋外在"线索	内在线索	3.658 75	5.516 62	0.511
		外在线索	13.725 63*	5.516 62	0.017

* 均值差的显著性水平为 0.05。

3. 注视热点

三个实验组的注视热点如下：

从图 4.48 至图 4.50 中可以看出，"内在＋外在"线索组的注视热点最为集中，且主要集中于添加线索的区域，而内在线索组和外在线索组的注视热点较分散。这表明学习者在学习"内在＋外在"线索组的学习材料时注意力最为集中，而在学习内在线索组和外在线索组的学习材料时，注意力则相对比较分散。

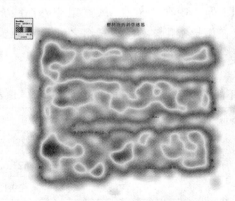

图 4.48   内在线索组注视热点

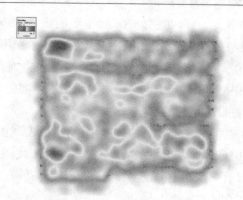

图 4.49　外在线索组注视热点

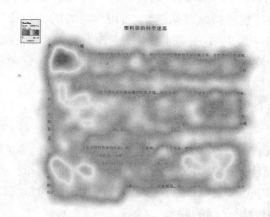

图 4.50　"内在 + 外在"线索组注视热点

四、结果讨论

（一）文本线索对学习者学习成绩的影响

实验结果表明,不同的文本线索之下,学习者的学习成绩表现出明显的不同。

保持测试成绩从"内在 + 外在"线索组、内在线索组至外在线索组依次降低,"内在 + 外在"线索组显著优于内在线索组和外在线索组,内在线索组和外在线索组之间的差异不显著。这表明文本线索对学习者的保持测试成绩具有显著的影响,学习者通过"内在 + 外在"线索的学习材料进行学习记住了更多的知识内容,学习数量更多。

迁移测试成绩从内在线索组、"内在 + 外在"线索组至外在线索组依次略微降低,三组间差异不显著。这表明文本线索对学习者的迁移测试成绩影响不大,学习者对知识的理解和应用能力即学习的质量基本不受其影响。

总成绩从"内在 + 外在"线索组、内在线索组至外在线索组依次降低,"内在 + 外在"线索组显著优于外在线索组,"内在 + 外在"线索组与内在线索组之间差异不显著,内在线索组与外在线索组之间差异也不显著。这表明文本线索对学习者总的学习效果具有显著的影响,学习者通过"内在 + 外在"线索的学习材料进行学习获得了更好的学习效果。

线索区和非线索区成绩的对比分析表明,不同的文本线索对线索区成绩具有显著的影响,而对非线索区成绩影响不大。"内在 + 外在"线索组的线索区成绩显著优于内在线索组和外在线索组,内在线索组与外在线索组之间的线索区成绩差别不显著。这表明文本线索对与线索相关的文本内容的学习具有显著的影响,学习者通过"内在 + 外在"线索的学习材料进行学习取得了更好的线索区成绩,对非线索相关的文本内容的学习影响不显著。

(二)文本线索对学习者眼动指标的影响

实验结果表明,不同的文本线索之下,学习者的眼动指标表现出明显的不同。

总注视次数和总注视时间从"内在 + 外在"线索组、内在线索组至外在线索组依次降低,"内在 + 外在"线索组显著多于外在线索组,内在线索组与外在线索组之间以及"内在 + 外在"线索组与内在线索组之间差异都不显著。

平均注视点持续时间从内在线索组、"内在 + 外在"线索组至外在线索组依次降低,但三组之间差异不显著。而注视点持续时间越长,占用学习者的认知资源就越多,学习者的认知负荷就越重。因此实验结果表明不同的文本线索没有对学习者造成额外的认知负荷,只是有效地引导了学习者的注意力,帮助学习者合理地分配了认知资源,使学习者在有限的时间内将认知加工资源更多的集中于与线索相关的文本内容之上。

对线索区和非线索区的眼动指标分析结果进一步证实了这一点,线索区的眼动指标三组之间差异显著,"内在 + 外在"线索组的总注视次数和总注视时间最多,平均注视点持续时间差别不显著,而非线索区的各项眼动指标则没有太大差别。

三组的眼动指标的统计分析表明文本线索对学习者的眼动指标具有显著的影响,学习者使用"内在 + 外在"线索的学习材料进行学习时总注视次数和总注视时间均最高。

(三)眼动指标与学习效果之间的联系

学习者的学习效果中保持测试成绩和总成绩"内在 + 外在"线索组最高、内在线索组居中、外在线索组最低;学习者的眼动指标中总注视次数和总注视时间同样也是"内在 + 外在"线索组最高、内在线索组居中、外在线索组最低。图 4.51 和图 4.52 显示了各组学习效果和眼动指标的均值图,各图中的变化趋势基本一致,这表明学习者的眼动指标和学习效果正向相关,即总注视次数和总注视时间越多、学习者的保持测试成绩和总成绩就越好。

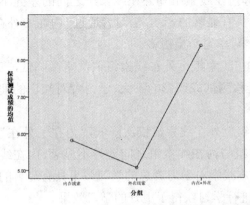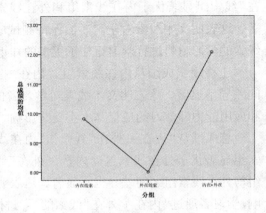

图 4.51　三组保持测试成绩均值图(左)和总成绩均值图(右)

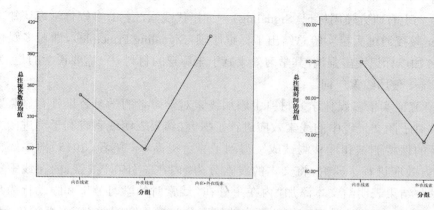

图 4.52　三组总注视次数均值图（左）和总注视时间均值图（右）

第六节　案例 5：教学视频线索设计的语法规则研究

随着网络技术的不断发展以及教育信息化的不断推进，"精品视频公开课""爱课程"、MOOC、微课等新型数字化教学资源不断涌现，影响力不断扩大，逐渐成为新媒体时代学习者首选的多媒体学习材料。[1] 在数字化教学资源的建设与优化过程中，首先考虑的是教学主题和内容，其次便是教学内容的媒体呈现方式。视频因其形象直观、学习体验好、制作方便等特性，成为这些新型数字化教学资源最主要的媒体呈现形式。[2] 有研究者发现，尽管大多数课程平台提供了评估测试、在线讨论等交互活动，但学习者往往会忽视这些，学习者更主要关注的仍是视频学习内容。[3] 除视频本身表达的知识内容之外，其呈现和组织方式会对学习者的认知过程和学习效果产生影响。[4] 根据澳大利亚著名的心理学家 Sweller 提出的认知负荷理论[5]，通过对教学视频中的线索进行优化设计，能够帮助学习者有层次地建构视频学习内容的心理表征，并且根据视频学习内容的相对重要性合理分配自身的认知资源，从而降低阻碍学习的外在认知负荷，促进利于学习的相关认知负荷，提高学习者基于教学视频学习的效果。[6] 本研究通过眼动实验方法，探究线索呈现方式对学习者基于教学视频学习的视觉认知过程和学习效果的影响，进而从学习者认知规律的角度对教学视频中线索呈现方式的设计给出建议。

线索（cue）是指多媒体学习中采用非教学内容信息（比如：颜色、文字、箭头）等方式来吸引学习者的注意力，引导学习者选择、组织和整合信息，以促进学习效果提升的一种多媒

① 王健，郝银华，卢吉龙.教学视频呈现方式对自主学习效果的实验研究 [J]. 电化教育研究,2014,(3):93-105.

② 李青，刘娜. MOOC 中教学视频的设计及制作方法——基于 Coursera 及 edX 平台课程的实证研究 [J]. 现代教育技术,2016,(7):64-70.

③ Haber J. xMOOC vs. cMOOC[EB.OL].[2013-04-13].http://degreeof-freedom.org/xmooc-vs-cmooc/.

④ 王雪，王志军，候岸泽.网络教学视频字幕设计的眼动实验研究 [J]. 现代教育技术,2016,(2):45-51.

⑤ Sweller J, Merrienboer J J G V, Paas F G W C. Cognitive Architecture and Instructional Design[J]. Educational Psychology Review, 1998, 10(3):251-296.

⑥ 刘儒德，徐娟.外在暗示线索对学习者在多媒体学习中自我调节学习过程的影响 [J]. 应用心理学,2009,(2):131-138.

体教学设计方式。① 也有研究使用标记（Signaling）一词指代线索，例如，多媒体学习认知理论的创始人 Mayer 教授通过大量实验总结出了标记原则（Signaling Principle），即对多媒体材料中的重要内容加以标记突出强调，其学习效果好于未标记的材料。② 需要说明的是，为了便于理解，本文统一使用线索一词。

　　国内外许多研究证实了多媒体学习材料中添加线索对学习者的学习效果具有显著影响。Jamet（2014）对于图文呈现中的线索效应进行了探究，结果表明线索有利于促进图文整合加工，学习者的保持测试和迁移测试成绩得到了显著提高。③ 笔者（2015）对多媒体课件中文本的线索效应进行了研究，将文本的线索分为"内在 + 外在"线索、内在线索和外在线索三种类型，结果表明给文本添加"内在 + 外在"线索时的学习效果和眼动行为最优。④ Fischer 和 Schwan（2010）的研究将动画中的线索分为操作空间线索（闪烁颜色）和时间缩放（速度变化），结果表明高速呈现的动画有利于个体对机械原理的理解和加工。⑤但是，也有一些研究发现多媒体学习材料中添加线索对学习者的学习效果并没有显著影响，例如，Crooks 等（2012）将动态箭头作为线索试图促进学习者对图文信息的整合，结果却发现线索对学习者的各项学习成绩都没有显著的影响⑥；周洁（2012）使用眼动实验方法对动画中的学习线索进行了探究，结果发现动画中添加线索并不能提高学习者的保持测验和迁移测验成绩，但是可以将学习者的视觉注意力吸引到动画中添加线索的关键信息点。⑦

　　综上，已有的相关研究关注到了图文、文本、动画中的线索，尚缺乏对教学视频中线索呈现方式的探究，并且多数研究对于学习效果的测量发生于认知过程结束之后，不能充分反映学习者的实时加工过程。教学视频具有多种信息同时呈现（图片、文字、声音、动画、影像等）、动态性、复杂性、转瞬即逝等特点，学习者不仅要加工当前信息，同时还要记忆并整合之前播放过的信息，容易使学习者产生相当大的认知负担。⑧ 因此，在教学视频中，如何通过线索有意识地引导学习者的注意力与信息加工整合则显得更加重要。⑨ 与此同时，多媒体学习材料中的线索是否一定会显著促进学习者的学习仍存在不一致的研究结论，线索该如何设计才能发挥其有效性仍需深入研究。

────────────────

　　① 　Koning B B D, Tabbers H K, Rikers R M J P, et al. Attention guidance in learning from a complex animation: Seeing is understanding?[J]. Learning & Instruction, 2010, 20（2）:111-122.

　　② 　Mayer R E. The Cambridge handbook of multimedia learning[M]. Cambridge: Cambridge University Press, 2005:23-24.

　　③ 　Jamet E. An eye-tracking study of cueing effects in multimedia learning[J]. Computers in Human Behavior, 2014, 32（1）:47-53.

　　④ 　王雪，王志军，付婷婷，李晓楠. 多媒体课件中文本内容线索设计规则的眼动实验研究 [J]. 中国电化教育 ,2015,（5）:99-117.

　　⑤ 　Fischer S, Schwan S. Comprehending animations: Effects of spatial cueing versus temporal scaling[J]. Learning & Instruction, 2010, 20（6）:465-475.

　　⑥ 　Crooks S M, Cheon J, Inan F, et al. Modality and cueing in multimedia learning: Examining cognitive and perceptual explanations for the modality effect[J]. Computers in Human Behavior, 2012, 28（3）:1063-1071.

　　⑦ 　周洁 . 视觉空间线索对动画学习的影响 : 来自眼动的证据 [D]. 华中师范大学 ,2014:63-64.

　　⑧ 　Tim N. Höffler, Leutner D. Instructional animation versus static pictures: A meta-analysis[J]. Learning & Instruction, 2007, 17（6）:722-738.

　　⑨ 　王福兴，段朝辉，周宗奎，陈珺 . 邻近效应对多媒体学习中图文整合的影响 : 线索的作用 [J]. 心理学报 ,2015,（2）:224-233.

一、目的与假设

实验目的：探究教学微视频中，不同学习线索（无线索、视觉线索、言语线索、混合线索）呈现方式对学习效果的影响，从而总结出教学微视频中引导性提示信息——"学习线索"的呈现设计方案。

实验假设：（1）在教学微视频中，学习线索的呈现能提高学习者的学习效果；（2）学习线索的不同呈现方式设计对学习效果有不同影响。

二、方法与过程

（一）实验设计

采用 4（线索形式）×1 单因素被试间的实验设计。

1. 自变量

教学微视频中学习线索的 4 种呈现形式：无线索、视觉线索、言语线索、混合线索。

2. 因变量

被试的眼动指标（线索区和非线索区的总注视次数、总注视时间、平均注视点持续时间、注视热点图）和学习效果（保持测试成绩、迁移测试成绩和总成绩）。对于各因变量的解释如表 4.104 所示。

表 4.104　各因变量的解释 [1][2]

因变量	解释
总注视次数	一个或一组兴趣区内所有的注视点个数，反映学习者对学习材料的注意程度
总注视时间	一个或一组兴趣区内所有注视点的持续时间之和，反映学习者对学习材料的加工程度
平均注视点持续时间	学习者的视线停留在注视点上的平均时间，反映学习者对学习材料的认知负荷和加工程度
注视热点图	由眼动仪按照所有被试注视点密集情况的不同用不同的颜色进行标注形成，红色表示注视热点最为集中，其次是黄色，最后过渡为绿色
保持测试成绩	对学习材料中知识记忆的测量，反映学习数量
迁移测试成绩	对学习材料中知识理解和应用的测量，反映学习质量
总成绩	上述两项测量结果之和，反映总的学习效果

3. 无关变量

被试的先前知识水平。对所有被试进行先前知识测试，并将先前知识水平较高的被试剔除，以免对学习效果的测试产生影响。

（二）实验材料

1. 被试基本信息及先前知识测试问卷

获取被试的性别、年龄等基本信息，测试被试对视频学习材料中所讲述知识的了解程

---

① 闫国利，熊建萍，臧传丽，余莉莉，崔磊，白学军. 阅读研究中的主要眼动指标评述 [J]. 心理科学进展,2013,(4):589-605.

② （美）迈耶著. 牛勇，丘香译. 多媒体学习 [M]. 北京：商务印书馆,2006:1-22.

度,并根据测试结果剔除先前知识水平高的被试。

2.视频学习材料

本研究采用的视频学习材料来源于国家开放大学的五分钟课程"冰川的故事"。原始视频时长为 11 分 18 秒,配有解说和字幕。根据研究需要选取其中的 5 分 27 秒作为实验用视频,主要讲述了玉龙雪山的特点、冰川的形成原理、雪线的定义和特点。

通过对已有的文献进行梳理发现,有关线索呈现方式的分类,不同的研究者有不同的分类方式。Mautone(2001)根据线索应用的场合进行分类,将线索的呈现方式划分为标题、列举、功能词和排版等;[1] 王福兴(2013)从线索的物理和时空两大属性出发,将其划分为物理线索(由物理属性变化产生,如对比、颜色、高亮等)和时空线索(由时间和空间位置的变化产生,如速度变化、动态箭头和缩放等;[2]Mayer(2005)则根据线索的信息编码形式在《剑桥多媒体学习手册》一书中将线索划分为言语线索和视觉线索两种类型,言语线索可以通过列举大纲、标题和强调重要信息等方式呈现,视觉线索可以通过箭头、聚光灯、变色和手势等方式呈现。[3] 由于教学视频中的线索呈现首先要考虑的是其信息编码形式,其次是其应用的场合和物理时空属性,因此本研究以 Mayer 的线索划分方式为基础,将视频的线索呈现方式进一步细化为四种:无线索、言语线索、视觉线索和混合线索。无线索视频中不添加任何线索提示信息;言语线索视频中以文字提示重点信息的方式呈现线索;视觉线索视频中以变色、线条、闪烁等方式呈现线索;混合线索视频中言语线索和视觉线索同时混合出现。需要说明的是,四份视频学习材料只有线索呈现方式不同,其余媒体要素均相同,共计添加了 16 处线索,线索呈现方式样例如图 4.53 所示。

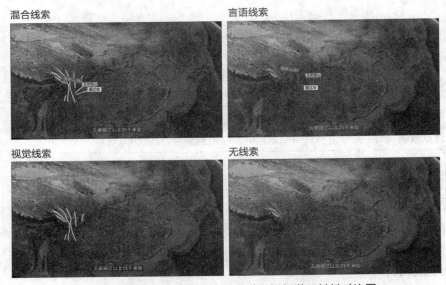

图 4.53　四种线索呈现方式的教学微视频学习材料对比图

---

① Mautone P D, Mayer R E. Signaling as a cognitive guide in multimedia learning.[J]. Journal of Educational Psychology, 2001, 93(2):377-389.

② 王福兴,段朝辉,周宗奎.线索在多媒体学习中的作用 [J]. 心理科学进展,2013,(8):1430-1440.

③ 王福兴,段朝辉,周宗奎.线索在多媒体学习中的作用 [J]. 心理科学进展,2013,(8):1430-1440.

3. 学习效果测试材料

学习效果测试包括保持测试和迁移测试。根据视频学习材料讲授的知识内容，请地理学专业的研究生编制了 20 道题目，请 10 名被试进行预实验，去除难度高、耗时长的题目，最后保留 16 道题目（保持测试 12 题，迁移测试 4 题）。为消除试题顺序对被试学习效果的干扰，试题内容保持一致，试题顺序进行调整，形成两套学习效果测试材料。

（三）被试

本实验通过微信广告招募，随机选取天津师范大学 150 名学生当做实验被试，要求视力正常、视听能力正常，被试均表示自愿同意参加实验。实验后赠予礼物作为报酬。利用先前知识测试问卷筛除对实验用教学微视频了解程度高的同学，确保所有被试知识基础一致，随机平均分成 4 个实验组。眼动实验被试的采样率均高于 60%，可用作实验分析，最终有效被试 140 人，每组 35 人。

（四）实验仪器

眼动仪一台：配置同案例 1。

工作站一台：配置同案例 1。

（五）实验过程

每个被试根据分组学习指定的视频实验材料，由眼动仪记录眼动指标，学习完成后进行学习效果测试，过程如下：

（1）被试填写个人信息并进行先前知识基础测试；

（2）将实验过程和注意事项告知被试，确认被试已经掌握实验流程，帮助被试放松心情；

（3）主试引导被试进入眼动实验室，调整座椅距离与高度，进行眼动定标；

（4）呈现实验指导语，被试开始学习对应的视频材料，视频播放完毕后自动退出实验程序；

（5）被试进行学习效果测试。

三、数据分析

（一）学习效果分析

对被试的学习效果测试成绩进行统计：保持测试 12 题，共 50 分，迁移测试 4 题，共 20 分。各组的保持测试成绩、迁移测试成绩和总成绩的平均值和标准差见表 4.105。

表 4.105　不同实验组的各项测试成绩（ $M \pm SD$ ）

分组	保持测试成绩	迁移测试成绩	总成绩
无线索组	28.20±9.50	11.23±3.16	39.43±10.49
视觉线索组	34.83±10.15	12.26±3.13	47.09±10.96
言语线索组	33.60±8.61	11.91±3.67	45.51±9.62
混合线索组	36.00±8.09	11.69±3.66	47.69±9.81

如表 4.105 所示,学习者学习不同线索呈现方式的教学视频时,各项成绩均有不同。保持测试成绩和总成绩:混合线索组最高,视觉线索组次之,言语线索组再次,无线索组最差;迁移测试成绩:视觉线索组最高,言语线索组次之,混合线索组再次,无线索组仍然最差。

对四组的保持测试成绩、迁移测试成绩和总成绩分别进行 Oneway 方差分析,以考察不同线索呈现方式条件之下四组的各项成绩是否具有显著性差异。结果发现:保持测试成绩和总成绩四组之间差异都达到极其显著水平($F=5.001$,$p=0.003<0.01$;$F=4.773$,$p=0.003<0.01$);迁移测试成绩四组之间差异不显著($F=0.558$,$p=0.644>0.05$)。

使用 LSD 对差异显著的保持测试成绩和总成绩进行事后多重比较分析发现(如表 4.106 所示):保持测试成绩,无线索组与视觉线索组、混合线索组之间差异极其显著

表 4.106　LSD 事后多重分析数据表

因变量	(I)分组	(J)分组	显著性
保持测试成绩	无线索组	视觉线索组	0.003
		言语线索组	0.014
		混合线索组	0.000
	视觉线索组	无线索组	0.003
		言语线索组	0.574
		混合线索组	0.592
	言语线索组	无线索组	0.014
		视觉线索组	0.574
		混合线索组	0.273
	混合线索组	无线索组	0.000
		视觉线索组	0.592
		言语线索组	0.273
总成绩	无线索组	视觉线索组	0.002
		言语线索组	0.014
		混合线索组	0.001
	视觉线索组	无线索组	0.002
		言语线索组	0.522
		混合线索组	0.807
	言语线索组	无线索组	0.014
		视觉线索组	0.522
		混合线索组	0.376
	混合线索组	无线索组	0.001
		视觉线索组	0.807
		言语线索组	0.376

（$p=0.003<0.01$，$p=0.000<0.01$），无线索组与言语线索组之间差异显著（$p=0.014<0.05$），视觉线索组与言语线索组、混合线索组之间差异不显著（$p=0.574>0.05$，$p=0.592>0.05$），混合线索组与言语线索组之间差异不显著（$p=0.273>0.05$）；总成绩，无线索组与视觉线索组、混合线索组之间差异极其显著（$p=0.002<0.01$，$p=0.001<0.01$），无线索组与言语线索组之间差异显著（$p=0.014<0.05$），视觉线索组与言语线索组之间差异不显著（$p=0.522>0.05$），混合线索组与视觉线索组、言语线索组之间差异不显著（$p=0.807>0.05$，$p=0.376>0.05$）。

（二）眼动指标分析

为了直接探究教学视频中线索呈现方式对学习者视觉认知过程的影响，将实验用四份视频分别划分成两个兴趣区：线索区和非线索区。需要说明的是，线索区的眼动数据由16个线索区的数据汇总而成。分别将各组线索区和非线索区的总注视次数、总注视时间和平均注视点持续时间三项眼动指标导出，见表4.107。

表 4.107　各组线索区和非线索区的眼动指标（$M \pm SD$）

实验分组	兴趣区	总注视次数	平均注视点持续时间	总注视时间
无线索组	线索区	94.14±35.11	0.257 8±0.07	24.31±11.14
	非线索区	753.49±189.91	0.255 8±0.07	192.35±56.05
视觉线索组	线索区	140.89±42.65	0.263 0±0.07	37.42±15.68
	非线索区	708.66±131.43	0.246 1±0.05	174.00±44.26
言语线索组	线索区	157.40±51.06	0.232 8±0.08	38.31±18.12
	非线索区	641.26±174.68	0.235 8±0.08	156.58±67.16
混合线索组	线索区	165.11±33.28	0.245 2±0.06	40.25±12.34
	非线索区	706.26±118.07	0.2485±0.06	173.04±39.20

如表4.107所示，学习者学习不同线索呈现方式的教学视频时，线索区和非线索区的各项眼动指标均有不同。线索区：总注视次数和总注视时间按照混合线索组、言语线索组、视觉线索组和无线索组的顺序依次降低，平均注视点持续时间则按照视觉线索组、无线索组、混合线索组和言语线索组的顺序依次降低；非线索区：总注视次数和总注视时间按照无线索组、视觉线索组、混合线索组和言语线索组的顺序依次降低，平均注视点持续时间则按照无线索组、混合线索组、视觉线索组和言语线索组的顺序依次降低。

对四组的线索区和非线索区的各项眼动指标分别进行 Oneway 方差分析，结果发现：线索区，总注视次数和总注视时间四组之间差异都达到极其显著水平（$F=20.938$，$p=0.000<0.01$；$F=8.704$，$p=0.000<0.01$），平均注视点持续时间四组之间差异不显著（$F=1.253$，$p=0.293>0.05$）；非线索区，总注视次数和总注视时间四组之间差异显著（$F=3.055$，$p=0.031<0.05$；$F=2.683$，$p=0.049<0.05$），平均注视点持续时间四组之间差异不显著（$F=0.526$，$p=0.665>0.05$）。

使用 LSD 对差异显著的线索区和非线索区的总注视次数和总注视时间进行事后多重比较分析发现（如表4.108和表4.109所示）：线索区总注视次数，无线索组与视觉线索组、言语

表 4.108　线索区眼动指标 LSD 事后多重分析数据表

因变量	（I）分组	（J）分组	显著性
线索区总注视次数	无线索组	视觉线索组	0.000
		言语线索组	0.000
		混合线索组	0.000
	视觉线索组	无线索组	0.000
		言语线索组	0.095
		混合线索组	0.015
	言语线索组	无线索组	0.000
		视觉线索组	0.095
		混合线索组	0.434
	混合线索组	无线索组	0.000
		视觉线索组	0.015
		言语线索组	0.434
总注视时间	无线索组	视觉线索组	0.000
		言语线索组	0.000
		混合线索组	0.000
	视觉线索组	无线索组	0.000
		言语线索组	0.800
		混合线索组	0.418
	言语线索组	无线索组	0.000
		视觉线索组	0.800
		混合线索组	0.578
	混合线索组	无线索组	0.000
		视觉线索组	0.418
		言语线索组	0.578

线索组、混合线索组之间差异都极其显著（$p=0.000<0.01$，$p=0.000<0.01$，$p=0.000<0.01$），视觉线索与言语线索之间差异不显著（$p=0.095>0.05$），视觉线索组与混合线索组差异显著（$p=0.015<0.05$），混合线索组与言语线索组之间差异不显著（$p=0.434>0.05$）；线索区总注视时间，无线索组与视觉线索组、言语线索组、混合线索组之间差异都极其显著（$p=0.000<0.01$，$p=0.000<0.01$，$p=0.000<0.01$），视觉线索组与言语线索组、混合线索组之间差异不显著（$p=0.800>0.05$，$p=0.418>0.05$），言语线索组和混合线索组之间差异也不显著（$p=0.578>0.05$）；非线索区总注视次数，无线索组与言语线索组之间差异显著（$p=0.003<0.01$），无线索组与视觉线索组、混合线索组之间差异不显著（$p=0.232>0.05$，$p=0.209>0.05$），视觉线索组与言语

表 4.109 非线索区眼动指标 LSD 事后多重分析数据表

因变量	（I）分组	（J）分组	显著性
非线索区总注视次数	无线索组	视觉线索组	0.232
		言语线索组	0.003
		混合线索组	0.209
	视觉线索组	无线索组	0.232
		言语线索组	0.074
		混合线索组	0.949
	言语线索组	无线索组	0.003
		视觉线索组	0.074
		混合线索组	0.084
	混合线索组	无线索组	0.209
		视觉线索组	0.949
		言语线索组	0.084
非线索区总注视时间	无线索组	视觉线索组	0.148
		言语线索组	0.005
		混合线索组	0.128
	视觉线索组	无线索组	0.148
		言语线索组	0.170
		混合线索组	0.939
	言语线索组	无线索组	0.005
		视觉线索组	0.170
		混合线索组	0.194
	混合线索组	无线索组	0.128
		视觉线索组	0.939
		言语线索组	0.194

线索组、混合线索组之间差异不显著（$p=0.074>0.05$，$p=0.949>0.05$），言语线索组与混合线索组之间差异不显著（$p=0.084>0.05$）；非线索区总注视时间，无线索组与言语线索组之间差异显著（$p=0.005<0.01$），无线索组与视觉线索组、混合线索组之间差异不显著（$p=0.148>0.05$，$p=0.128>0.05$），视觉线索组与言语线索组、混合线索组之间差异不显著（$p=0.170>0.05$，$p=0.939>0.05$），言语线索组与混合线索组之间差异不显著（$p=0.194>0.05$）。

（三）注视热点图

学习者在利用不同线索呈现方式的教学微视频进行学习时，注视热点存在明显的差异。四个实验组的注视热点分布如图 4.54 所示。

图 4.54 表明,混合线索组和言语线索组的注视热点主要集中在线索区,以线索信息加工为主;视觉线索组的注视热点则主要集中在线索区和视频的字幕区域,线索和字幕信息加工平分秋色;无线索组的注视热点则集中在视频的字幕区域,以字幕信息加工为主,其余的注视点遍布页面,较为分散。需要说明的是,四份视频学习材料都添加了字幕,字幕对被试眼动行为的影响可以忽略不计,但是由于视频中线索呈现方式的不同,造成学习者对于字幕信息加工程度也产生了不同。[①]

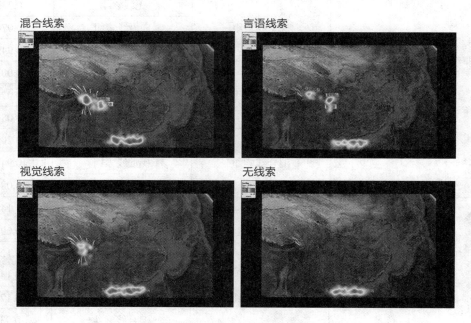

图 4.54　四组视频学习材料的注视热点图

四、结果讨论

(一)教学视频中线索呈现方式对学习效果的影响

无线索组与其他三个线索组相比,保持测试成绩、迁移测试成绩以及总成绩均为最低的一组,且保持测试成绩和总成绩都显著低于其他三组,迁移测试成绩低于其他三组,但没有达到统计学意义上的显著水平。这充分表明,教学视频中添加线索能够有效地帮助学习者取得更好的学习数量、学习质量和总学习效果。

不同的线索呈现方式对学习者各项测试成绩的影响是不同的。从实验结果中可以看出,保持测试成绩和总成绩均为混合线索组最好、视觉线索组居中、言语线索组最差,但组间差异的两两比较没有达到统计学意义上的显著水平,迁移测试成绩则是视觉线索组最好、言语线索组居中、混合线索组最差,组间差异也不显著。这说明,教学视频中都添加线索时,线索不同的呈现方式对学习者的各项学习效果具有一定的影响,混合线索能够帮助学习者取得更好的学习数量和总学习效果,视觉线索则能帮助学习者取得最好的学习数量。

① 王雪,王志军,李晓楠.文本的艺术形式对数字化学习影响的研究[J].电化教育研究,2016,(10):97-103.

(二)教学视频中线索呈现方式对眼动指标的影响

无线索组与其他三个线索组相比,线索区的总注视次数和总注视时间均为最低的一组,并且这两项眼动指标的组间差异两两比较的结果都是差异极其显著,非线索区的总注视次数和总注视时间则相反,是四组中最高的一组,并且无线索组与言语线索组之间差异显著。无线索组在线索区和非线索区总注视时间和总注视次数的差异情况充分证实了教学视频中的线索有效吸引了学习者的视觉注意力,提高了学习者对线索信息的加工时间,而教学视频中不添加线索时,学习者的视觉注意力则比较分散,不能将信息加工集中在线索区域。

不同的线索呈现方式对学习者的总注视时间和总注视次数的影响也是不同的。从实验结果中可以看出,线索区的总注视时间和总注视次数均为混合线索组最优、言语线索组居中、视觉线索组最差,非线索区的总注视时间和总注视次数均为视觉线索组最优、混合线索组居中、言语线索组最差,组间差异两两比较没有达到统计学意义上的显著水平。这说明,教学视频中都添加线索时,线索不同的呈现方式对学习者的眼动指标具有一定的影响,言语与视觉的混合线索呈现形式能够有效将学习者的视觉注意力引导到线索区域,获得最多的注视时间和注视次数,同时也降低了学习者对非线索区的信息加工时间,相比较之下视觉线索在引导学习者视觉注意力方面则相对较差,图4.54的注视热点图也证实了此分析。

四个实验分组的线索区和非线索区的平均注视点持续时间组间差异都不显著,这与视频这种学习材料的特性有关,视频是动态的、转瞬即逝的,学习者在一个注视点上的停留时间不可能太长。

(三)学习效果与眼动数据之间的关联

根据实验结果,学习者的学习数量和总学习效果按照混合线索组、视觉线索组、言语线索组、无线索组的顺序依次降低,线索区的总注视次数和总注视时间按照混合线索组、言语线索组、视觉线索组和无线索组的顺序依次降低,非线索区的总注视次数和总注视时间按照无线索组、视觉线索组、混合线索组和言语线索组的顺序依次降低。

图4.55和图4.56显示了各组的保持测试成绩、总成绩、线索区和非线索区的总注视次数和总注视时间,可以看出除了言语线索组之外,各组的学习效果与线索区的眼动指标正向相关,与非线索区的眼动指标反向相关,即线索区的总注视次数和总注视时间越多、学习者的学习数量和总学习效果就越好,而非线索区的总注视次数和总注视时间越多、学习者的学习数量和总学习效果就越差。

视觉线索组线索区的总注视次数和总注视时间都低于言语线索组,非线索区的这两项眼动指标都高于言语线索组,但保持测试成绩和总成绩却高于言语线索组,这两组之间的眼动指标和学习效果与上述的关联分析有所不同。这或许表明,相对于文本呈现形式的言语线索,视觉线索更具有优势。根据佩维奥(Paivio)的双重编码理论,[①] 学习者的言语系统负责处理和加工言语信息,从而产生言语反应,并且将其以字符为基本单位进行编码储存在文字记忆区,表象系统则负责加工非言语信息,形成事物的心理表象,并将其以心像为基本单位存储在图像记忆区。当学习者使用具有言语和表象两种表征形式的学习材料进行学习

---

① 　Clack, Paivio. Dual coding theory and education [J]. Educational Psychology Review,1991,(3) :149-210.

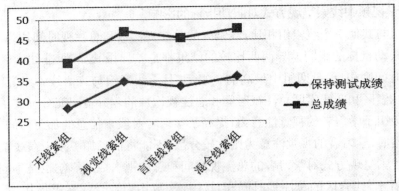

图 4.55　四组的保持测试成绩和总成绩变化趋势图

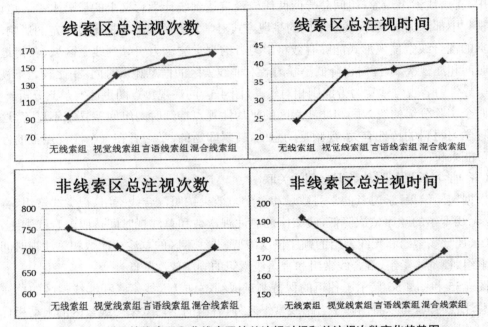

图 4.56　四组的线索区和非线索区的总注视时间和总注视次数变化趋势图

时,有助于帮助学习者在言语系统与表象系统之间相互连结形成深度加工,从而提高学习者的学习效率和学习效果。教学视频中添加言语线索时,言语线索和字幕文本都要依赖于言语系统进行加工,没有充分利用表象系统,反而会造成一定的认知负荷。教学视频中添加视觉线索时,视觉线索与视频中的字幕文本充分利用了学习者的表象和言语系统,有利于两个系统之间的相互激活和互为补充,提高学习效率和效果,因此视觉线索组比言语线索组取得了更多的学习数量和更好的学习质量。

第七节　案例 6：不同学习者年龄下交互类型设计语法规则研究

如前文所述，多媒体画面是多种信息呈现形式的且具有交互功能的画面，通过交互功能将多媒体学习材料中的若干单个多媒体画面（句子）组接起来形成相互联系的画面群（句群）。学习者通过交互功能从当前画面切换到新的画面，完成人与学习材料之间的互动，并从交互反馈中习得和理解知识、检验学习成果，从而完成一个连贯的学习任务。因此，交互功能本质上属于多媒体画面的组接功能。交互输出结果的呈现以及交互输入操作的触发都是由含有交互功能的多媒体画面来实现的。多媒体画面的交互形式，不但决定于输入、输出这两种画面的各种组接形式，还决定于不同的多媒体画面呈现终端交互信息输入技术方式自身的特点。

近年来，随着移动计算技术和无线网络技术的不断发展、移动设备性能的提升、价格的降低以及网络资源、软件工具和各类应用的不断丰富，智能手机和平板电脑已经成为人们（尤其是青年）日常生活中不可或缺的一部分。与此同时，移动技术在教育领域的应用也已经促成一种新的学习形态，即移动学习。在这种新的学习形态之下，多媒体画面的呈现终端类型也日渐丰富，既包括传统的计算机屏幕或投影设备，也包括手机、平板电脑等各类移动设备。

不同的呈现设备的特点决定了不同的交互输入方式，特别是当学习者使用移动设备进行学习时，触摸屏技术决定了学习者在大多情况下使用触摸交互方式，这种融合了学习者的视觉和触觉两个感觉通道的交互方式为学习者提供了更为丰富的认知情境。在这样的认知情境之下，触摸式交互使得学习者能够获得直接动手的学习体验。与传统的计算机相比，触摸式交互提供了一种新的与设备进行交互的途径（Rogers 2005）。美国学者 Cooley（2004）提出了触感视觉（Tactile Vision）的概念，认为触感视觉（Tactile Vision）是一种使用触摸式设备的感觉体验，是一种视觉和触觉的复合形式，是被触觉激活了的视觉。那么，当学习者使用触摸屏进行学习时，学习者获取学习内容的感觉通道就不局限于视觉，而是融入了触觉的触感视觉（Tactile Vision）。尽管表面上看起来学习者通过手在与触摸屏进行交互，实际上交互发生在设备（触摸屏）、眼睛和手之间，学习者通过手、眼睛之间的无缝配合，获得了更为完整的交互体验。而学习者在使用由传统计算机运行的多媒体学习材料进行学习时，交互功能主要借助于鼠标或键盘这类中介设备来实现，学习者通过操作鼠标、键盘实现交互，手并没有直接参与交互，而是借助于中介设备，学习者获取视觉信息的感觉通道还是仅通过眼睛，没有通过手和眼睛的配合形成触感视觉（Tactile Vision）。[1]

梅耶（Mayer）教授的多媒体学习认知理论认为，在多媒体情境下学习者通过耳朵和眼睛的听觉和视觉通道获取语词和图片信息，进入工作记忆系统，相互连结形成言语模型和图

① Lee H M, Kang M G. Touch+Screen: Transboundary of the Representation and Controls, and the Change of "Looking Mode"[J]. Media Gender & Culture, 2011:81-114.

像模型。多媒体学习认知理论创建于20世纪90年代,从其所处的时代背景来看,当时移动设备和触摸屏技术还没有普及开来,多媒体计算机正处于蓬勃发展阶段。学习者通过传统的计算机进行多媒体学习时,获取信息的感觉通道主要是视觉通道和听觉通道,因此形成了多媒体学习的认知模型。

在移动学习蓬勃发展的今天,学习者在多媒体情境下的学习方式又发生了变化,移动设备成为主要的多媒体学习材料的呈现设备,学习者通过触摸屏完成交互。除了视觉通道和听觉通道之外,触觉通道也不容忽视地成为学习者获取信息的通道之一。正如上文中所说,视觉和触觉的结合形成触感视觉(Tactile Vision),能够使学习者获得直接动手的学习体验。本研究在触感视觉(Tactile Vision)的基础上对多媒体学习认知模型进一步扩充,提出适用于触摸式设备的多媒体学习认知模型,如图4.57所示。

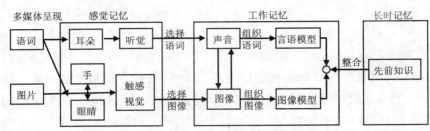

图4.57　适用于触摸式设备的多媒体学习认知模型

与早期的多媒体学习认知模型的区别就在于:适用于触摸式设备的多媒体学习认知模型将触觉通道考虑在内,认为在信息的选择阶段,学习者通过视觉和触觉形成的触感视觉(Tactile Vision)通道和听觉通道注意到学习材料中呈现的语词和图像信息,这一过程同样发生于感觉记忆阶段。信息的组织和整合与早期的多媒体学习认知模型一致。

综上所述,学习者使用触摸式设备比使用计算机进行学习时多了一个触觉通道,获得了触感视觉,那么这种增强了的视觉是否能给学习者带来更好的学习效果?对于哪类的学习者更为有效?本研究拟通过实验研究方法,探究不同呈现设备下的不同交互方式对不同年龄的学习者学习效果的影响。

一、目的与假设

实验目的:在触感视觉(Tactile Vision)和适用于触摸式设备的多媒体学习的认知模型的基础之上,探究自然交互(触摸交互)与传统交互(鼠标交互)两种不同的交互方式对不同年龄的学习者学习效果的影响。

实验假设:根据实验目的,本实验的基本假设有:(1)不同的交互方式对学习者的学习效果影响显著;(2)年龄对学习者的学习效果影响显著;(3)不同的交互方式和学习者的年龄之间存在交互影响作用。

二、方法与过程

(一)实验设计

实验采用2(交互方式)×2(学习者年龄)两因素被试间的实验设计。

1. 自变量

交互方式。分为两个水平,触摸交互、鼠标交互。

学习者的年龄。分为两个水平,大一年级的大学生(平均年龄为 19 周岁)、初一年级的中学生(平均年龄为 13 周岁)。

2. 因变量

因变量为学习者的学习效果。具体包括识别测试成绩、保持测试成绩、迁移测试成绩和总成绩。识别测试的目标是评估学习者识别心脏的组成结构和位置的能力。总成绩为识别测试成绩、保持测试成绩、迁移测试成绩的总和。

3. 无关变量

被试的先前知识水平。对所有被试进行先前知识测试,并将先前知识水平较高的被试剔除,以免对学习效果的测试产生影响。

(二)被试

大学生:从天津师范大学的本科生中随机抽取 48 名同学参加实验,其中男生 15 名,女生 33 名。将 48 名大学生随机分为两组,分别为 PC 组和 Pad 组。

中学生:从天津市第十九中学的初一学生中抽取学习成绩相当的两个自然班,每班 24 人,共 48 人,其中男生 31 名,女生 17 名。其中一班学生为 PC 组,另外一班学生为 Pad 组。

(三)实验仪器

多媒体计算机 48 台:其中 24 台由中学生使用,处理器为酷睿二代 3.0GHz,内存 4GB,显示器为 48 厘米(19 英寸)液晶显示器,分辨率为 1280×1024;另外 24 台由大学生使用,处理器为 Ci5-2400,内存 4GB,显示器为 56 厘米(22 寸)液晶显示器,分辨率为 1440×900。48 台计算机的操作系统均为 Windows XP,并且安装了供学习者学习的多媒体学习软件和必备的支持软件。

三星平板电脑 24 台:由 24 名大学生和 24 名中学生轮流使用,处理器为 Exynos 4210,屏幕尺寸为 26.7 厘米(10.5 英寸),屏幕分辨率为 2560×1600,操作系统为 Android 4.4,各台平板电脑上也安装了供学习者学习的多媒体学习软件和必备的应用软件。

(四)实验材料

(1)被试基本信息问卷:用于获取被试的性别、年龄、专业等基本信息。

(2)先前知识测试题:用于测量被试的先前知识,包括与学习材料中知识相关的 4 道题。

(3)学习材料:本实验的学习材料是在 Dwyer and Lamberski(1977)设计的关于人体心脏的学习材料原型的基础上进一步设计并开发的。该实验材料的原始版本是英文,大约 1800 字,具体包括三个部分:心脏的结构、血液循环和血压系统。[①] 在原始版本的基础上,本实验将其译为中文,字数 2415 字,并设计了与文字内容相对应的图片 1 幅,动画 2 个。为方便学习者建构关于心脏的完整的知识体系,将其划分成三个部分:心脏结构、血液循环和心动周期。

---

① Dwyer F M, Lamberski R J. The human heart: Parts of the heart, circulation of blood and cycle of blood pressure[J]. Lehman: Lecture handouts, Department of Learning and Performance Systems, Pennsylvania State University, 1977.

　　课件由 Adobe Flash CS6 开发,并分别发布为可在 PC 和 Pad 上运行的两个版本的多媒体课件。两个版本的课件内容完全一致,由学习者自定学习步调的 19 个多媒体画面组成,每个画面上包括课件的导航菜单部分,文本部分以及交互式的图片或动画。两个版本课件的区别在于展示心脏结构、血液循环和心动周期的交互式图片和动画的交互方式不一样。PC 版课件使用的是鼠标交互,即鼠标滑过相关的热区时出现相应的文字信息或单击鼠标时播放相应的交互式动画,如图 4.58 所示;Pad 版课件使用的是触摸交互,即手指点击相关的热区时出现相应的文字信息或播放相应的交互式动画,如图 4.59 所示。

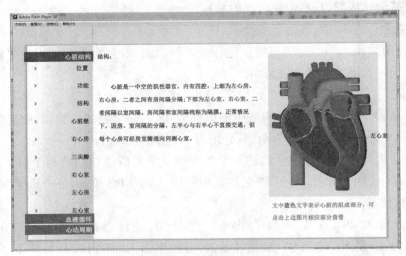

图 4.58　PC 版课件截图

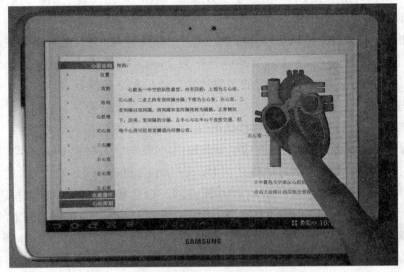

图 4.59　Pad 版课件截图

　　(4)学习效果测试材料:Dwyer(1978)设计了一套与人体心脏学习材料配套的效果测试题,包括三部分共 40 道测试题,其中识别测试 13 道,事实性知识测试题目 14 道,概念性知识测试题目 13 道。[①] 本研究在这套效果测试题的基础之上进一步改进，保留识别测试中的 10 道题目，将事实性知识测试题目和概念性知识测试题目保留 22 道，并进一步划分为保持测试（12 道）和迁移测试（10 道），共计 32 道测试题。

识别测试的目标是评估学习者识别心脏的组成结构和位置的能力。学习者需要在每道题目的四个选项中找到对应序号心脏结构的正确名称。题目中出现的每一个心脏的结构都出自于实验所用人体心脏学习材料中的学习内容。通过此项测试能够掌握学习者利用视觉线索区分心脏各个组成部分的结构和名称的能力。识别测试题样例：

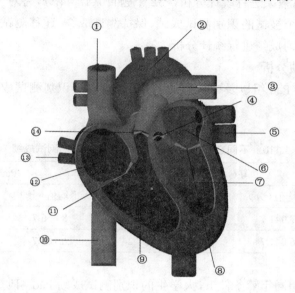

上图中序号①代表的是（　　）

A. 上腔静脉　　　　B. 肺静脉　　　　C. 主动脉　　　　D. 下腔静脉　　　E. 隔膜

保持测试的目标是测试学习者的学习数量。本实验的保持测试题目均出自于人体心脏学习材料中文本内容所讲述的知识点，重点考察学习者对文本内容的识记数量。保持测试题样例：

哪个部分的心肌最厚（　　）

A. 左心房　　　　B. 左心室　　　　C. 右心房　　　　D. 右心室　　　　E. 心肌层

迁移测试的目标是测试学习者的学习质量。本实验的迁移测试题目不直接出自于学习材料，而是根据所讲述的人体心脏的知识内容，解决一个多媒体课件中没有出现的实际问题。这需要学习者将原本不关联的知识点融汇贯通成一个知识体系，重点考察学习者对知识的理解和运用能力。迁移测试题样例：

右心室的血压高于肺动脉的血压，那么三尖瓣处于哪个状态？（　　　）

A. 关闭着的　　　　B. 打开着的　　　C. 开始关闭　　　D. 受限于来自于右心房的压力

（五）实验过程

大学生的两组被试分别使用计算机和平板电脑进行自主学习，地点为天津师范大学明

---

① Dwyer, F. M. Strategies for improving visual learning[J]. State College: Learning Services, 1978.

理楼 D 区的多媒体教室,学习过后完成学习效果测试题。学习时间和效果测试时间由学习者自主分配,但必须在 40 分钟之内完成。

中学生的两组被试的实验流程与大学生基本一致,但考虑到中学生与大学生自主学习能力的差异,学习和效果测试的总时间延长为 50 分钟,实验地点为天津市第十九中学的计算机教室。

三、数据分析

对四组被试的学习效果进行统计分析,32 个题目共计 44 分,答对一个要点计 1 分,答错计 0 分,分别记录每个被试的识别测试成绩、保持测试成绩、迁移测试成绩和总成绩。使用 SPSS 17.0 对各项学习成绩进行统计分析。

(一)识别测试成绩分析

大学生的 PC 组和 Pad 组以及中学生的 PC 组和 Pad 组识别测试成绩的平均值和标准差如表 4.110 所示。

表 4.110　不同交互方式不同年龄学习者的识别测试成绩

实验分组	PC 组			Pad 组		
	平均值(分)	标准差	N	平均值(分)	标准差	N
大学生	7.041 7	2.510 49	24	8.666 7	1.239 45	24
中学生	6.041 7	2.527 74	24	6.166 7	1.167 18	24

如表 4.110 所示,相同年龄条件下,大学生的识别测试成绩 Pad 组明显高于 PC 组,中学生的识别测试成绩 Pad 组略高于 PC 组。相同交互方式条件下,PC 组大学生成绩要略高于中学生,Pad 组大学生成绩则明显高于中学生。这或许表明:(1)交互方式对大学生的识别测试成绩影响要更大一些,触摸式交互明显优于鼠标交互;(2)大学生的识别测试成绩高于中学生,大学生的学习能力要优于中学生。

对不同交互方式、不同年龄学习者的识别测试成绩进行多因素方差分析(GLM 单变量),了解交互方式和年龄两种因素的主效应和交互作用情况。如表 4.111 所示,交互方式($F=4.714$,$p=0.032<0.05$)和年龄($F=18.858$,$p=0.000<0.05$)主效应显著,但二者之间的交互作用不显著($F=3.464$,$p=0.066>0.05$)。各组的识别测试成绩平均值如图 4.60 所示。

表 4.111　不同交互方式不同年龄学习者识别测试成绩组间方差分析

变异来源	平方和	df	均方	F	显著性
交互方式	18.375	1	18.375	4.714	0.032
年龄	73.500	1	73.500	18.858	0.000
交互方式 * 年龄	13.500	1	13.500	3.464	0.066
误差	358.583	92	3.898		

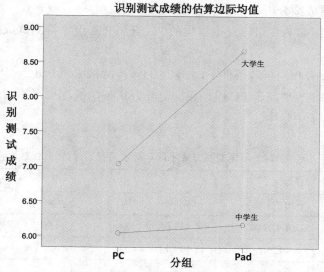

图 4.60 不同交互方式不同年龄学习者的识别测试成绩均值图

分别对不同年级学生的 Pad 组和 PC 组的识别测试成绩进行独立样本 t 检验，分析交互方式对识别测试成绩的影响是否显著。如表 4.112 所示，大学生的识别成绩 Pad 组要显著高于 PC 组（$p=0.008<0.05$），中学生的识别成绩两组之间差异不显著（$p=0.827>0.05$）。

表 4.112 不同年级的 Pad 组和 PC 组的识别测试成绩比较

年龄	交互方式	N	平均值	标准差	t	显著性
大学生	PC 组	24	7.041 7	2.510 49	-2.843	0.008
	Pad 组	24	8.666 7	1.239 45		
中学生	PC 组	24	6.041 7	2.527 74	-0.220	0.827
	Pad 组	24	6.166 7	1.167 18		

分别对不同交互方式的大学生组和中学生组的识别测试成绩进行独立样本 t 检验，考察学习者年龄对识别测试成绩的影响是否显著。如表 4.113 所示，使用 PC 进行学习的大学生与中学生组识别成绩差异不显著（$p=0.176>0.05$），使用 Pad 进行学习的两组学生之间成绩差异极其显著（$p=0.000<0.01$）。

表 4.113 不同交互方式的大学生组和中学生组的识别测试成绩比较

年龄	交互方式	N	平均值	标准差	t	显著性
PC 组	大学生	24	7.041 7	2.510 49	1.375	0.176
	中学生	24	6.041 7	2.527 74		
Pad 组	大学生	24	8.666 7	1.239 45	7.194	0.000
	中学生	24	6.166 7	1.167 18		

(二)保持测试成绩分析

大学生的 PC 组和 Pad 组以及中学生的 PC 组和 Pad 组保持测试成绩的平均值和标准差如表 4.114 所示。

如表 4.114 所示,相同年龄条件下,大学生的保持测试成绩 Pad 组高于 PC 组,中学生的保持测试成绩 Pad 组也要高于 PC 组。相同交互方式条件下,PC 组和 Pad 组大学生保持测试成绩都要明显高于中学生。

表 4.114　不同交互方式不同年龄学习者的保持测试成绩

实验分组	PC			Pad		
	平均值(分)	标准差	N	平均值(分)	标准差	N
大学生	14.416 7	4.853 66	24	18.166 7	3.102 13	24
中学生	8.125 0	4.599 74	24	9.708 3	4.216 73	24

对不同交互方式、不同年龄学习者的保持测试成绩进行多因素方差分析(GLM 单变量),以了解影响保持测试成绩的两种因素的主效应和交互作用情况。如表 4.115 所示,交互方式($F=9.466$, $p=0.003<0.01$)和年龄($F=72.401$, $p=0.000<0.01$)的主效应都极其显著,但二者之间的交互作用不显著($F=1.562, p=0.215>0.05$)。各组的保持测试成绩平均值如图 4.61 所示。

表 4.115　不同交互方式不同年龄学习者的保持测试成绩组间方差分析

变异来源	平方和	df	均方	F	显著性
交互方式	170.667	1	170.667	9.466	0.003
年龄	1 305.375	1	1 305.375	72.401	0.000
交互方式 * 年龄	28.167	1	28.167	1.562	0.215
误差	1 658.750	92	18.030		

分别对不同年级学生的 Pad 组和 PC 组的保持测试成绩进行独立样本 t 检验,分析交互方式对保持测试成绩的影响是否显著。如表 4.116 所示,大学生的保持测试成绩 Pad 组要显著高于 PC 组($p=0.028<0.05$),中学生的保持测试成绩两组之间差异不显著($p=0.220>0.05$)。

表 4.116　不同年级的 Pad 组和 PC 组的保持测试成绩比较

年龄	交互方式	N	平均值	标准差	t	显著性
大学生	PC 组	24	14.416 7	4.853 66	-3.189	0.028
	Pad 组	24	18.166 7	3.102 13		
中学生	PC 组	24	8.125 0	4.599 74	-1.243	0.220
	Pad 组	24	9.708 3	4.216 73		

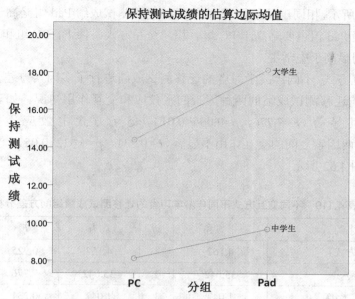

图 4.61　不同交互方式不同年龄学习者的保持测试成绩均值图

　　分别对不同交互方式大学生组和中学生组的保持测试成绩进行独立样本 t 检验，分析学习者年龄对保持测试成绩的影响是否显著。如表 4.117 所示，使用 PC 进行学习的大学生与中学生组保持测试成绩差异极其显著（$p=0.000<0.01$），使用 Pad 进行学习的两组学生之间保持测试成绩差异也极其显著（$p=0.000<0.01$）。

表 4.117　不同交互方式的大学生组和中学生组的保持测试成绩比较

年龄	交互方式	N	平均值	标准差	t	显著性
PC 组	大学生	24	14.416 7	4.853 66	4.609	0.000
	中学生	24	8.125 0	4.599 74		
Pad 组	大学生	24	18.166 7	3.102 13	7.916	0.000
	中学生	24	9.708 3	4.216 73		

（三）迁移测试成绩分析

　　大学生的 PC 组和 Pad 组以及中学生的 PC 组和 Pad 组迁移测试成绩的平均值和标准差如表 4.118 所示。

表 4.118　不同交互方式不同年龄学习者的迁移测试成绩

实验分组	PC			Pad		
	平均值（分）	标准差	N	平均值（分）	标准差	N
大学生	4.750	1.823 76	24	5.375 0	2.102 02	24
中学生	3.750 0	2.445 05	24	3.958 3	2.074 26	24

如表 4.118 所示,相同年龄条件下,大学生的迁移测试成绩 Pad 组略高于 PC 组,中学生的迁移测试成绩 Pad 组也要略高于 PC 组。相同交互方式条件下,PC 组和 Pad 组大学生迁移测试成绩都明显高于中学生。

对不同交互方式、不同年龄学习者的迁移测试成绩进行了多因素方差分析(GLM 单变量),以了解影响迁移测试成绩的两种因素的主效应和交互作用情况。如表 4.119 所示,年龄主效应极其显著($F=7.776$,$p=0.006<0.01$),交互方式主效应不显著($F=0.925$,$p=0.339>0.05$),两因素之间的交互作用不显著($F=0.231$,$p=0.632>0.05$)。各组的迁移测试成绩平均值如图 4.62 所示。

表 4.119　不同交互方式不同年龄学习者的迁移测试成绩组间方差分析

变异来源	平方和	df	均方	F	显著性
交互方式	4.167	1	4.167	0.925	0.339
年龄	35.042	1	35.042	7.776	0.006
交互方式 * 年龄	1.042	1	1.042	0.231	0.632
误差	414.583	92	4.506		

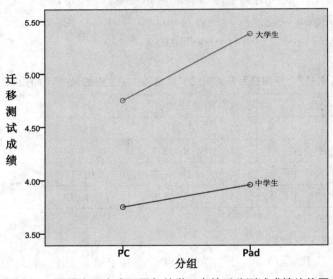

图 4.62　不同交互方式不同年龄学习者的迁移测试成绩均值图

分别对不同年级学生的 Pad 组和 PC 组的迁移测试成绩进行独立样本 t 检验,分析交互方式对迁移测试成绩的影响是否显著。如表 4.120 所示,大学生的迁移测试成绩 Pad 组与 PC 组差异不显著($p=0.277>0.05$),中学生的迁移测试成绩两组之间差异也不显著($p=0.752>0.05$)。

表 4.120　不同年级的 Pad 组和 PC 组的迁移测试成绩比较

年龄	交互方式	N	平均值	标准差	t	显著性
大学生	PC 组	24	4.750	1.823 76	−1.100	0.277
	Pad 组	24	5.375 0	2.102 02		
中学生	PC 组	24	3.750 0	2.445 05	−0.318	0.752
	Pad 组	24	3.9583	2.074 26		

　　分别对不同交互方式的大学生组和中学生组的迁移测试成绩进行独立样本 t 检验,考察学习者年龄对迁移测试成绩的影响是否显著。如表 4.121 所示,使用 PC 进行学习的大学生与中学生组迁移测试成绩差异不显著($p=0.115>0.05$),使用 Pad 进行学习的两组学生之间迁移测试成绩差异显著($p=0.023<0.05$)。

表 4.121　不同交互方式的大学生组和中学生组的迁移测试成绩比较

年龄	交互方式	N	平均值	标准差	t	显著性
PC 组	大学生	24	4.750	1.823 76	1.606	0.115
	中学生	24	3.750 0	2.445 05		
Pad 组	大学生	24	5.375 0	2.10202	2.350	0.023
	中学生	24	3.958 3	2.074 26		

(四)总成绩分析

　　大学生的 PC 组和 Pad 组以及中学生的 PC 组和 Pad 组总成绩的平均值和标准差如表 4.122 所示。

表 4.122　不同交互方式不同年龄学习者的总成绩

实验分组	PC			Pad		
	平均值（分）	标准差	N	平均值（分）	标准差	N
大学生	26.208 3	8.177 27	24	32.208 3	5.107 36	24
中学生	17.916 7	7.140 92	24	19.833 3	5.745 82	24

　　如表 4.122 所示,相同年龄条件下,大学生的总成绩 Pad 组明显高于 PC 组,中学生的总成绩 Pad 组也要略高于 PC 组。相同交互方式条件下,PC 组和 Pad 组大学生的总成绩都明显高于中学生。

　　对不同交互方式、不同年龄学习者的总成绩进行了多因素方差分析（GLM 单变量）,以了解影响总成绩的两种因素的主效应和交互作用情况。如表 4.123 所示,交互方式（$F=8.500$, $p=0.004<0.05$）和年龄（$F=57.926$, $p=0.000<0.05$）的主效应都显著,两因素之间的交互作用不显著（$F=2.261$, $p=0.136>0.05$）。各组的总成绩平均值如图 4.63 所示。

表 4.123　不同交互方式不同年龄学习者总成绩组间方差分析

变异来源	平方和	df	均方	F	显著性
交互方式	376.042	1	376.042	8.500	0.004
年龄	2 562.667	1	2 562.667	57.926	0.000
交互方式 * 年龄	100.042	1	100.042	2.261	0.136
误差	4 070.083	92	44.240		

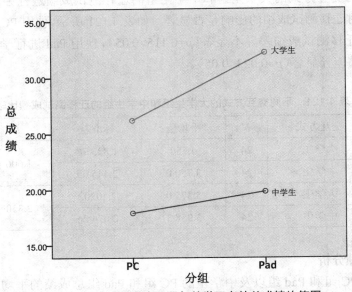

图 4.63　不同交互方式不同年龄学习者的总成绩均值图

分别对不同年级学生的 Pad 组和 PC 组的总成绩进行独立样本 t 检验,以分析交互方式对总成绩的影响是否显著。如表 4.124 所示,大学生的总成绩 Pad 组与 PC 组差异极其显著($p=0.004<0.01$),中学生的总成绩两组之间差异不显著($p=0.311>0.05$)。

表 4.124　不同年级的 Pad 组和 PC 组的总成绩比较

年龄	交互方式	N	平均值	标准差	t	显著性
大学生	PC 组	24	26.208 3	8.177 27	-3.049	0.004
	Pad 组	24	32.208 3	5.107 36		
中学生	PC 组	24	17.916 7	7.140 92	-1.024	0.311
	Pad 组	24	19.833 3	5.745 82		

分别对不同交互方式的大学生组和中学生组的总成绩进行独立样本 t 检验,以考察学习者年龄对总成绩的影响是否显著。如表 4.125 所示,使用 PC 进行学习的大学生组与中学生组总成绩差异极其显著($p=0.001<0.01$),使用 Pad 进行学习的两组学生的总成绩差异也

极其显著（$p=0.000<0.01$）。

表 4.125　不同交互方式的大学生组和中学生组的总成绩比较

年龄	交互方式	N	平均值	标准差	t	显著性
PC 组	大学生	24	26.208 3	8.177 27	3.742	0.001
	中学生	24	17.916 7	7.140 92		
Pad 组	大学生	24	32.208 3	5.107 36	7.886	0.000
	中学生	24	19.833 3	5.745 82		

四、结果讨论

识别测试成绩、保持测试成绩和总成绩，交互方式主效应显著，年龄主效应显著，两因素之间的交互作用不显著。

迁移测试成绩，年龄主效应显著，交互方式主效应不显著，两因素之间的交互作用也不显著。

（一）交互方式对学习效果的影响

实验数据表明，不同的交互方式对大学生的学习效果具有显著的影响，对中学生的学习效果影响不显著。

大学生：如图 4.64 所示，识别测试成绩、保持测试成绩和总成绩，Pad 组显著高于 PC 组。迁移测试成绩，Pad 组与 PC 组差异不显著。这表明交互方式对大学生的辨别物体结构的能力和学习的数量具有显著的影响，对大学生的学习质量影响不大。触摸交互帮助学习者通过触觉通道和视觉通道获取教学信息，这种两通道结合生成的触感视觉（Tactile Vision）要显著优于单一视觉，大学生因此记住了更多的教学内容、更好地掌握了物体的结构，也取得了更好的总的学习效果，这与 Lee（2014）的研究结论一致。

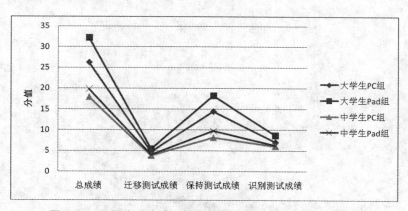

图 4.64　不同交互方式不同年龄学习者的各项成绩对比情况

中学生：如图 4.64 所示，尽管 Pad 组的识别测试成绩、保持测试成绩、迁移测试成绩和总成绩都要略高于 PC 组，但差异均不显著。这表明交互方式对中学生的学习效果影响不显著。触摸交互与鼠标交互相比,在中学生的辨别物体结构的能力、学习数量、学习质量和总的学习效果上都没有显著的优势。

同样的实验材料和交互方式在大学生和中学生中产生了不同的实验结果,这或许表明,触摸交互对学习能力更强一些的大学生的学习数量和识别物体结构的能力具有显著影响,而当学习者的年龄降低时,学习能力也随之降低,在低学习能力条件下,触摸交互对学习数量和识别物体结构的能力将不发生显著促进作用。

(二)学习者年龄对学习效果的影响

实验数据表明,学习者年龄对 PC 组和 Pad 组的学习效果具有显著的影响。

PC 组:如图 4.64 所示,保持测试成绩和总成绩,大学生显著高于中学生。识别测试成绩和迁移测试成绩,大学生高于中学生,但差异不显著。这表明在鼠标交互方式下,大学生识别物体结构的能力和学习的质量并没有显著优于中学生,但学习的数量和总的学习效果要显著优于中学生。

Pad 组:如图 4.64 所示,识别测试成绩、保持测试成绩、迁移测试成绩和总成绩,这四项成绩大学生均显著高于中学生。这表明在触摸交互方式之下,大学生的识别物体结构的能力、学习的数量、学习的质量和总的学习效果都要显著优于中学生。

上述分析表明,在不同的交互方式之下,大学生与中学生学习效果的差异情况也是有区别的,使用触摸交互的大学生的识别物体结构的能力、学习的数量和学习的质量均要优于中学生,而使用鼠标交互的大学生仅有学习的数量要优于中学生。很显然,触摸交互帮助学习者形成的触感视觉(Tactile Vision)对大学生学习效果的影响要更大一些,而对中学生的影响则要弱一些。

第五章　多媒体画面中媒体要素设计
语法规则讨论与结论

本研究在多媒体画面中媒体要素设计模型的基础上，综合采用传统的认知行为反应实验和现代的眼动实验、实验室实验和教学实验相结合的研究模式，通过六个案例分别探讨了多媒体画面中媒体要素的自身属性设计、与媒体的组合方式设计、线索设计和交互方式设计，并综合考虑了呈现设备、知识类型、学习材料的难易程度以及学习者的年龄等因素对媒体要素设计规则的影响。

第一节　不同呈现设备下文本的字体与字号设计的
语法规则

多媒体画面中的文本具有形和义两个特征。①

义是文本表达的含义，即文本传递的知识信息。文本传递信息的准确性是图形和图像无法比拟的。例如，一张地图如果没有文本表明道路名、河流名或城市名等，而只剩下图形，将会变成一张令人费解的图纸。同样，讲解仪器工作原理的图形，如果不使用文本标注按钮、开关或是仪表盘的功能，同样也会让人看不懂。文本传递信息的准确性这一优势能够有效弥补图片的不足，起到画龙点睛的作用。

形是文本的外在表现形式，即文本的基本属性，以及由基本属性和与其他媒体相互配合形成的综合视觉效果。例如，多媒体课件的标题文本"中国山水画"，通过字体、字号、位置、颜色、与背景图片的相互配合，使学习者感觉到图、文、色与课件的主题融为一体的气氛，这是由文字的"形"体现出来的。

根据双重编码理论和多媒体学习的认知理论，多媒体画面中文本的"义"即文本传递的知识信息的加工过程如下：选择，感觉记忆阶段学习者的眼睛注意到多媒体画面中的文本；组织，工作记忆阶段学习者对已选择的语词之间建立联系形成言语模型；整合，长时记忆阶段学习者将言语模型与长时记忆中的先前知识进行联结和整合。多媒体画面中文本的"形"即文本的外在表现形式，例如文本的大小、字体、颜色等，会作为学习者对文本这种知觉对象的知觉信息影响学习者对文本所表达的含义的加工。文本的"形"和"义"虽彼此独立，但却共同参与学习者对文本的认知加工过程，进而影响学习者的学习效果，如图 5.1 所示。

---

① 游泽清. 多媒体画面艺术设计 [M]. 北京：清华大学出版社 ,2009:119-121.

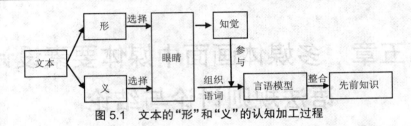

图5.1　文本的"形"和"义"的认知加工过程

本研究探讨了文本的"形"如何影响学习者的学习过程和学习效果,比较了文本不同的字体、字号与呈现设备,文本的艺术性综合风格与学习材料的难易程度对学习者视觉认知过程和学习效果的交互影响。

一、分析

(1)文本的字号对学习者的学习效果有一定影响。两种呈现设备之下,均是适中的文本字号(18号和24号)能帮助学习者取得更高的保持测试成绩、迁移测试成绩和总成绩,而当字号过小(12号)或过大(36号)时学习者的各项成绩则相对较差。这与水仁德(2008)和李萍(2008)的相关研究结论基本一致。当文本学习材料由计算机呈现时,适中的字号更容易加深学习者对知识信息的加工程度,提高学习者对知识的理解和应用水平,获得更好的学习质量和总的学习效果,而字号对学习者的学习数量则影响不大。当文本学习材料由iPad呈现时,尽管字号适中时的学习数量和学习质量相对最高,但与过小或过大字号的差异并不大,没有达到统计学意义上的显著水平。iPad给学习者带来的更为自然和灵活的学习体验弱化了文本的字号对学习效果的影响。

(2)文本的字号对学习者的眼动指标有一定影响。两种呈现设备下,文本的字号越小,学习者的平均注视点持续时间就越长,这说明学习者辨认小字号的文本的时间更长,认知负荷更大,证实了白学军(2011)的研究结论[1]。两种呈现设备下,学习者学习字号适中的文本时总注视时间相对较低,学习者的认知加工速度较快,学习效率相对较高。而学习者学习过小(12号)或过大(28、36号)字号的文本时总注视时间相对较高,学习者对过小或过大的文本的认知加工速度较慢,不适当的文本字号占用了学习者更多的认知资源,有力地证实了(Legge, Pelli, Rubin, &Schleske, 1985; Legge, Rubin, & Luebker, 1987)的研究结论[2][3]。从与学习效果的联系来看,适中字号(18号和24号)的文本占用的视觉认知资源相对较低,学习效率更高,学习效果也最好,是学习效率与学习效果的最优组合。

(3)文本的字体对学习者的学习效果和眼动指标影响不显著。实验结果表明,多媒体画面中最常用的三种字体楷体、黑体和宋体对学习者的学习数量、学习质量影响都不显著,与李萍(2008)的研究结论一致。三种不同字体对学习者的总注视时间、总注视次数和平均注视点持续时间的影响也不显著。表明学习者对三种字体的学习材料进行学习时的注意力

① 白学军,曹玉肖,顾俊娟,郭志英,闫国利.窗口大小、呈现速度和字号对引导式文本阅读的影响[J].心理科学,2011,(2):278-283.

② Legge G E, Pelli D G, Rubin G S, et al. Psychophysics of reading: I. Normal vision[J]. Vision Research, 1985, 25(2):239.

③ Legge G E, Rubin G S, Luebker A. Psychophysics of reading: V. The role of contrast in normal vision.[J]. Vision Research, 1987, 27(7):1165-77.

分配、认知负荷以及学习速度都基本一致,与马小娟(2012)的研究结论类似。

（4）呈现设备对学习者的学习效果和眼动指标影响都不显著。本实验中两种设备的差别主要体现在屏幕的尺寸、分辨率以及学习者与设备之间的距离上。学习者与计算机屏幕之间的距离相对固定,学习者与 iPad 之间的距离学习者则由学习者自控。相同的字体和字号下,两种呈现设备的差别并没有对学习者的学习效果和视觉认知过程产生显著的影响。

二、设计规则

规则 1.1 在本研究选定的两种呈现设备（计算机屏幕和 iPad）条件之下,多媒体画面中的文本应选择适中的字号,18 号和 24 号的文本对学习者的学习最有利,在节约学习者视觉认知资源的同时,能够帮助学习者取得更好的学习效果和更高的学习效率,同时,应避免使用 12 号以下过小的文本或 36 号以上过大的文本,以免给学习者造成过多的认知负荷、耗费过多的视觉认知资源,从而阻碍学习者的学习。

规则 1.2 在本研究选定的两种呈现设备（计算机屏幕和 iPad）条件之下,多媒体画面中文本三种不同的字体（宋体、楷体和黑体）对学习者的视觉认知过程和学习效果影响都不大,设计者可以根据教学内容的主题、多媒体画面的综合风格等选择合适的字体。

规则 1.3 在本研究选定的文本字体（宋体、楷体和黑体）和字号（12 号、18 号、24 号、28 号、36 号）的条件之下,两种不同的呈现设备（计算机屏幕和 iPad）对学习者基于文本内容的学习的视觉认知过程和学习效果影响不显著,设计者可以根据开发技术、现有条件和应用场合选择适合的呈现设备。

第二节　不同知识难度下文本的艺术性设计语法规则

如前文所述,多媒体画面中的媒体要素通过字体、字号、颜色、间距、位置、版式等文本的基本属性的变化、布置、组合和搭配能够衍变出新的视觉效果,呈现出一种文本的综合风格,在学习者的知觉过程中生成"新质"或"格式塔质",这是一种从显性刺激生成隐性刺激的过程。如果这种综合风格具有艺术性,符合学习者的审美需求,便会产生和谐的视觉效果,否则会成为多媒体画面中的败笔。多媒体画面的艺术性表现形式能够激起学习者的兴趣和爱好,使学习活动成为一种体验和创造的过程,使学习变成一种享受。德国教育家赫尔巴特认为"兴趣是学习的基础"。具体来说"兴趣和情感一方面对学习者的活动产生着驱动作用,通过激发学习者的热情、好奇心、惊异感、美感和偏好等推动学习者的感知记忆、推理操作和解决问题的活动过程。另一方面,兴趣能激发学习者的想象力,发挥学习者的创造性思维。只有在情绪高涨的推动下,才能借助想象思维的力量,克服感性材料的局限,描述出复杂现象的内在联系。它把客观对象主观化,把主体性渗透到客观性之中,使人和知识之间的关系更加密切、融为一体,达到一种意会的意境,从而提高学习的质量。"[①] 由此可见,兴趣在教学活动中发挥着极其重要的作用,多媒体画面的艺术性表现形式能够激发学习者的学习兴趣,从而帮助学习者取得更好的学习效果,如图 5.2 所示。本研究的实验结论证实了多媒体画

---

① 王清,戎媛媛.论网络课件的艺术性 [J]. 远程教育杂志,2005,(3):18-19+76.

面中交互文本和内容文本的艺术性设计有利于吸引学习者的视觉注意力、提高学习者的兴趣、促进学习者学习效果的提升。

图 5.2   艺术性对学习效果的促进作用

一、分析

（1）交互文本的艺术性设计对学习者的眼动指标影响显著。学习者首次注视到艺术性交互文本的时间明显更短,总注视次数和总注视时间也显著更长。与无艺术性交互文本相比,艺术性交互文本不仅不会增加学习者的认知负荷,而且能更加有效地引导学习者的视觉注意力,引导学习者的学习路径,绝大多数学习者首先点击具有艺术性表现形式的交互文本开始多媒体课件的学习。

（2）内容文本的艺术性设计能帮助学习者取得更好的学习效果,这种优势在内容文本的难度较高时体现的更明显。学习者学习难度较低的内容文本时,尽管艺术性组的各项成绩要略高于无艺术性组,但内容文本的艺术性对学习者的学习数量和学习质量的影响都不显著;而学习者学习难度较高的内容文本时,艺术性的表现形式明显能够促进学习者的学习,学习者的学习数量和学习质量都要显著优于无艺术性设计的内容文本。

（3）内容文本的艺术性表现形式能吸引学习者更多的视觉注意力。当内容文本的难度较低时,艺术性的表现形式显著吸引学习者更多的视觉注意力,获得了更多的总注视次数和总注视时间;而当内容文本的难度较高时,艺术性的表现形式仍能吸引学习者更多的视觉注意力,获得更多的总注视次数和总注视时间,但与无艺术表现形式的差异不显著。

（4）眼动指标与学习效果之间的关联性受内容文本的难度影响。当内容文本的难度较高时,学习者的眼动指标与学习效果正向相关,学习者学习具有艺术性表现形式的难度高的内容文本时注视次数更多、注视时间也更长,总的学习效果也显著优于无艺术性设计的内容文本。而当内容文本的难度较低时,学习者的眼动指标与学习效果则关联不大。学习者学习具有艺术性表现形式的难度低的内容文本时,注视次数显著更多、注视时间也显著更长,但总学习效果的优势不显著。

二、设计规则

规则 2.1 在保证多媒体画面中的交互文本和内容文本易读性的基础上,通过文本字体、字号、颜色、位置等基本属性的相互配合,以及与其他类型媒体要素的组合搭配,使内容文本和交互文本具有符合教学内容主题的艺术性的表现形式,满足学习者的审美需求。交互文本的艺术性设计实现帮助学习者快速定位交互文本的位置、吸引学习者更多的视觉注意力,引导学习者完成多媒体画面的交互功能。内容文本的艺术性设计能够有效吸引学习者的注意力,为学习者营造良好的学习环境,并且当内容文本的难度较高时,艺术性的表现形式能帮助学习者取得更高的学习数量和更好的学习质量。

第三节 不同知识类型下教学视频的字幕设计的语法规则

心理学领域的相关研究主要围绕单媒体（如文本）与多媒体（如图片＋文本）、单通道（如视觉通道）与多通道（如视觉＋听觉通道），对文本、图片、声音和动画不同的媒体组合呈现方式对学习者学习效果的影响进行了探究，并且取得了一系列的研究成果。但从已有的研究中也可以看出，视频与文本组合方式的研究仍比较欠缺。而近几年来视频已经成为各类开放性课程资源的最主要的知识内容的表征形式。探讨文本与视频两种媒体的组合搭配规则，对于如何更好地设计视频、在实际教学中应用视频大有裨益。同时，已有的一些相互矛盾的研究结论也表明，学习材料的特性与媒体的组合方式存在交互作用。梅耶的多媒体认知原则和通道原则，都是以打气筒和制动系统的工作原理、闪电的形成过程等原理性知识为学习材料，当变更学习材料时，实验结论可能会不一致。例如，Carlson（2003）的研究表明，文本＋图片并不是在所有情况下都比文本呈现的学习效果要好，当学习材料较为复杂时，需要学习者比较联系多种信息元素时，文本＋图片组合方式能够取得更好的学习效果，而当学习材料较为简单时，学习者可以依次处理信息，文本的呈现方式也能取得较好的学习成绩，与文本＋图片的组合方式学习效果差异不大。

现代认知心理学家安德森（J. R. Anderson, 1985）将知识划分为陈述性知识和程序性知识。陈述性知识是指关于事实"是什么"的知识，主要说明事物、情况是怎样的，是对事实、规则、定义、原理等的描述；程序性知识则是关于怎样完成某项活动的知识，比如怎样进行推理、决策或解决某项问题等。[①] 陈述性知识的学习可以分为三个环节：第一环节，新信息进入短时记忆，并激活长时记忆中的相关知识；第二环节，新知识与长时记忆中的旧知识建立各种联系，形成新的意义的建构；第三环节，对所学的知识进行组织、形成组块，进行意义的提取和运用。陈述性知识的学习强调的是对知识的编码。程序性知识的学习也可分为三个环节：第一环节，与陈述性知识的学习相同；第二环节，通过应用变式练习，使规则的陈述性形式向程序性形式转化，即静态的规则开始向活动或行为的技能转化；第三阶段，规则支配人的行为，技能开始达到相对自动化。程序性知识学习的关键不仅仅停留在对概念和规则的理解，而是要在这个基础上进行实际操作。[②] 陈述性知识和程序性知识的学习过程存在着很大的不同，因此在多媒体画面的设计中，对不同的知识类型应当使用不同的媒体呈现方式，不同的知识类型也应使用不同的文本和视频组合方式。

本研究比较了不同的知识类型（陈述性知识、程序性知识）与不同的文本视频组合方式（无字幕视频、全字幕视频和概要字幕视频）对学习者的视觉认知过程和学习效果的影响，实验中所选用的视频资料均是有声视频。

一、分析

（1）文本与视频不同的组合方式对学习者的学习效果影响显著。当视频表达的知识类型为陈述性知识时，为视频中的解说配上完整的字幕能帮助学习者获得多的学习数量，为视

---

① 韦洪涛．学习心理学 [M]．北京：化学工业出版社，2011:47-48.

② 杨玉东．陈述性知识与程序性知识的教学策略 [J]．天津师范大学学报（基础教育版），2010,(3):18-21.

频中的重点和难点部分添加概要性的字幕则能帮助学习者取得最好的学习质量,而当视频中不添加字幕时,学习者的学习效果最差。当视频表达的知识类型为程序性知识时,为视频中的解说配上完整的字幕,大量的文本给学习者的视觉通道造成负担,超过了学习者工作记忆的容量,形成过多的外在认知负荷,会对学习者的学习产生阻碍作用,学习者的学习数量和学习质量都最差。这与康诚和周爱保(2009)以及 Mayer 和 Jackson(2005)对于图片与文本和声音不同的组合方式的研究结论相类似 [1][2]。为视频中的重点和难点部分添加概要性的字幕,能够帮助学习者在选择信息时在视频和文本当中取得平衡,此时的文本起到了促进学习的作用,从而取得最好的学习效果。

(2)文本与视频不同的组合方式对学习者的视觉认知过程的影响显著。学习者学习两种知识类型的三组不同文本视频组合方式的视频的眼动指标的变化趋势是一致的。视频中字幕的文本量越多,学习者对字幕区的注视次数就越多,注视时间也越长,而对视频区的注视次数和注视时间则会随着文本量的增加而降低,视频中的字幕会分散学习者对视频的注意力。当视频中字幕不断增加,学习者的注视点需要在视频区和字幕区中不断切换,因此视频区和字幕区平均注视点持续时间会降低。

(3)知识类型对学习者的学习效果有一定影响。当文本视频的组合方式为全字幕视频时,陈述性知识组的学习数量显著高于程序性知识组,文本显然帮助学习者记住了更多的知识内容。当文本视频的组合方式为概要字幕视频时,陈述性知识组的迁移测试成绩显著高于程序性知识组。

(4)不同的知识类型下,眼动指标与学习效果之间的联系有差别。当学习者学习陈述性知识视频时,学习者更倾向于从字幕这种文本表征形式选择知识信息,学习者的学习数量与字幕区的眼动指标正向相关,学习质量则是概要字幕组最高,其余两组的学习质量与字幕区的眼动指标正向相关;当学习者学习程序性知识视频时,学习者更倾向于从视频这种动态图像的知识表征形式来选择知识信息,学习者的学习数量与质量均是概要字幕组最高,其余两组的眼动指标与视频区眼动指标正向相关。

二、设计规则

规则 3.1 对于陈述性知识来讲,应该为视频配上字幕,与解说词一致的完整字幕帮助学习者获得更多的学习数量,当讲解到重难点知识时才出现的概要性的字幕则会帮助学习者取得更好的学习质量。

规则 3.2 对于程序性知识来讲,应该为视频配上概要性的字幕,概要性字幕能够帮助学习者取得更多的学习数量和更好的学习质量,同时应该避免为视频添加完整的字幕,会对学习者的学习产生干扰作用。

通过实验结果总结出的文本和视频的组合搭配的设计规则在不同的知识类型下也是不同的,这也更有力的证明了多媒体情境下的学习会受到多种因素的综合交互影响,任何多媒

① 康诚,周爱保.信息呈现方式与学习者的个性特征对多媒体学习环境下学习效果的影响[J].心理发展与教育,2009,(1):83-91.

② Mayer R E, Jackson J. The case for coherence in scientific explanations: quantitative details can hurt qualitative understanding[J]. Journal of Experimental Psychology Applied, 2005, 11(1):13.

体画面中的设计规则都有其适用的范围和边界条件,研究者应该将相关研究置于完整的教学系统当中,以全面系统的视角开展相关研究。

第四节 文本线索设计的语法规则

心理学的相关研究表明,文本线索有助于引导学习者对文本内容所传递信息的选择、组织和整合,从而帮助学习者取得更好的学习效果。(1)在信息的选择阶段,学习者需要从大量的无关信息中区分、选择出与学习任务有关的信息才能完成相应的学习任务。文本线索能够吸引学习者的注意,例如,文本本身的加粗、倾斜、变色或添加下划线等能够直接通过视觉刺激,吸引学习者的注意力。(2)在信息的组织阶段,通过布置学习任务、或是对文本的主题加注特殊标记,这样的文本线索能够帮助学习者识别和获取文本内容的整体组织结构,从而帮助学习者形成清晰文本内容的结构表征。(3)在信息的整合阶段,由于文本线索能够帮助学习者根据文本内容与学习任务的相关性合理的分配有限的认知资源,从而减小了外在认知负荷,促进相关认知负荷,降低对工作记忆容量的需求,使得学习者可以用更多的认知资源与长时记忆中的先前知识进行整合。

本研究比较了内在线索、外在线索和"内在 + 外在"线索三种文本线索对学习者视觉认知过程和学习效果的影响,旨在提出多媒体画面中媒体要素最佳的线索设计规则。

一、分析

不同的文本线索对学习者的学习效果影响显著。与内在线索和外在线索相比,学习者学习"内在 + 外在"线索的文本时明显记住了更多的知识内容,取得了更多的学习数量。学习者的迁移测试成绩上虽没有达到统计学上的显著差异,但仍是内在线索组和"内在 + 外在"线索组要好于外在线索组。文本线索对学习者学习效果的影响主要体现于对线索区文本内容学习成绩的影响上,对非线索区的影响不显著,没有产生文本线索对非线索区文本学习的抑制效应。[1]

不同的文本线索对学习者的眼动指标影响显著。"内在 + 外在"线索组的总注视时间最长、总注视次数最多,内在线索组次之,外在线索组最差。"内在 + 外在"线索组和内在线索组通过对学习者视觉上的直接刺激,与外在线索相比吸引了学习者更多的注意力,与王蓉、阎国利和白学军(2004)的研究结论一致。[2]文本线索对学习者眼动指标的影响主要体现于对线索区眼动指标的影响上,对非线索区的影响不显著。

眼动指标和学习效果正向相关,眼动行为越优、学习效果就越好。眼动指标的分析从学习者视觉认知过程的角度更深层次的证实和解释了学习者良好学习效果产生的过程和条件。

二、设计规则

规则 4.1 上述的结论可以为今后的多媒体画面中文本线索的设计提供参考。由于"内在 + 外在"线索从学习者的视觉认知和学习者的学习动机的角度起到了双重的引导作用,发挥了更明显的线索效应,是最佳的线索设计方案;内在线索对学习者的视觉认知起到了良

---

① 读者通过标记建构对文章主题内容的结构表征,并指导对文章主题信息的回忆,这种加工会抑制从属信息的回忆,称之为"抑制效应"(李红燕,2003)。

② 王蓉,阎国利,白学军.文章标记对阅读信息保持的影响及其作用机制的研究[J].心理与行为研究.2004,(3):549-554.

好的引导作用,是次选的线索设计方案;而外在线索仅从学习者的学习动机角度为学习者的学习提供引导,效果则相对最弱。

第五节　教学视频线索设计的语法规则

有研究者发现,尽管大多数课程平台提供了评估测试、在线讨论等交互活动,但学习者往往会忽视这些,学习者更主要关注的仍是视频学习内容。除视频本身表达的知识内容之外,其呈现和组织方式会对学习者的认知过程和学习效果产生影响。根据澳大利亚著名的心理学家 Sweller(1988)提出的认知负荷理论,通过对教学视频中的线索进行优化设计,能够帮助学习者有层次地建构视频学习内容的心理表征,并且根据视频学习内容的相对重要性合理分配自身的认知资源,从而降低阻碍学习的外在认知负荷,促进利于学习的相关认知负荷,提高学习者基于教学视频学习的效果。已有的相关研究关注到了图文、文本、动画中的线索,尚缺乏对教学视频中线索呈现方式的探究,并且多数研究对于学习效果的测量发生于认知过程结束之后,不能充分反映学习者的实时加工过程。教学视频具有多种信息同时呈现(图片、文字、声音、动画、影像等)、动态性、复杂性、转瞬即逝等特点,学习者不仅要加工当前信息,同时还要记忆并整合之前播放过的信息,容易使学习者产生相当大的认知负担。因此,在教学视频中,如何通过线索有意识地引导学习者的注意力与信息加工整合则显得更加重要。本研究通过眼动实验方法,探究线索呈现方式对学习者基于教学视频学习的视觉认知过程和学习效果的影响,进而从学习者认知规律的角度对教学视频中线索呈现方式的设计给出建议。

一、分析

教学视频中的线索呈现方式对学习者的眼动行为和学习效果具有显著的影响,混合线索组的学习效果和眼动行为最优、视觉线索组的学习效果次之、言语线索组的学习效果再次,无线索组的学习效果和眼动行为最差。

除了言语线索组之外,其余各组的学习效果与线索区的眼动指标正向相关,与非线索区的眼动指标反向相关。

二、设计规则

规则 5.1 教学视频中应添加线索,与无线索组相比,混合线索、视觉线索和言语线索三种线索呈现形式都能有效将学习者的视觉注意力引导到线索区域,帮助学习者合理分配有限的认知加工资源,取得更多的学习数量和更好的总学习效果。

规则 5.2 在设计教学视频中的线索呈现形式时,"言语 + 视觉"的混合线索组学习效果和眼动行为最优,视觉线索组学习效果次之,言语线索组虽然吸引了学习者的视觉注意力,但学习效果最差。因此,"言语 + 视觉"的混合线索呈现形式是最佳的教学视频线索设计方案。

第六节　不同学习者年龄下交互类型设计的语法规则

多媒体画面是多种信息呈现形式的并且具有交互功能的画面,交互功能能将多个多媒体画面组接起来,形成相互联系的画面群,帮助学习者完成一个连贯的学习任务。交互按照其作用、形式和输入输出方式等可以划分为许多种类型,交互设计是多媒体画面设计的主要内容之一,不同的交互设计对多媒体画面中文本内容的理解同样会产生影响。在移动学习蓬勃发展的今天,学习者与学习资料的呈现设备之间的交互方式也发生了变化,从以鼠标、键盘为主的传统交互转变为以触摸交互为主的自然交互。与鼠标交互相比,触摸交互帮助学习者将视觉和触觉融为一体形成触感视觉(Tactile Vision)。目前国内外很少有研究对鼠标交互和触摸交互对学习者学习效果产生的影响开展研究。本研究在提出了适用于触摸式设备的多媒体学习的认知模型的基础上,比较了鼠标交互和触摸交互对不同年龄学习者的学习效果的影响。

一、分析

(1)交互方式和学习者的年龄对学习者学习效果影响的主效应都显著,但二者的交互作用不显著。

(2)不同的交互方式对大学生的识别物体结构能力和学习数量具有显著的影响,触摸交互方式明显优于鼠标交互方式。触摸交互帮助学习者通过触觉通道和视觉通道获取教学信息,这种两通道结合生成的触感视觉(Tactile Vision)要显著优于单一视觉,大学生因此记住了更多的教学内容、更好地掌握了物体的结构,这与Lee(2014)的研究结论一致。不同的交互方式对大学生的学习质量影响不显著。不同的交互方式对中学生的识别物体结构能力、学习的数量和质量影响都不显著。

(3)不同年龄的学习者的学习效果有显著差异,大学生的各项学习效果明显优于中学生,并且这种优势在触摸交互方式下尤为突出。

二、设计规则

融合了触觉和视觉的触感视觉(Tactile Vision)将教学内容和教学内容的呈现设备更紧密的结合在一起,帮助学习者获得了直接动手的学习体验。这种视觉通道与触觉通道结合的交互方式,对大学生的识别物体结构的能力和学习的数量具有显著的促进作用,对大学生的知识运用能力即学习的质量确没有明显的促进作用,对中学生识别物体结构的能力以及学习的数量和质量均没有明显的促进作用。实验结论表明,在设计多媒体画面的交互方式时:

规则6.1 对于大学生来讲,触摸交互方式效果更佳。

规则6.2 而对年龄低一些的中学生来说,触摸交互和鼠标交互方式效果区别不大,可自由选择。

与此同时,研究者不得不思考的问题是,提高信息化环境下的学习效果不能仅依靠某项新技术的应用,学习效果受到学习者年龄、学习能力等多种因素的综合影响。因此,任何"某种技术的应用将彻底改变教育"的理论都是站不住脚的,教育技术的相关研究必须转变"以技术为中心"的价值取向,树立"以学习者为中心"研究意识。

第六章　多媒体画面语言学研究未来发展展望

第一节　理论体系的再完善与语法规则的再验证

一、目前研究的若干不足之处

（1）由于时间、人力和物力等各方面条件的限制，本研究所选取的实验被试对象仅限于本地区在校的大学生和中学生 549 人，研究成果是否能在不同年龄层次、不同地区更大范围的使用，仍需进一步深入研究。

（2）多媒体画面中媒体要素的若干设计语法规则作为本研究的主要成果，其合理性和科学性仍需教学实践的进一步检验。

（3）本研究主要是为多媒体画面中媒体要素设计语法的开展提供了一个整体的研究框架，仍有许多内容有待于深入系统的研究。

以字体和字号实验为例，总结出的结论是在本研究中选定的呈现设备、字体和字号，且没有其他媒体类型配合的条件下成立的，因此具有一定的局限性。当呈现设备发生变化时，屏幕的尺寸会发生变化，或是直接出现于网络课程或手机教育应用中的文本，呈现文本的版面也会发生变化，研究结论有可能会不同。因此，今后的研究中还要通过多个实验，系统地总结出文本的字体、字号与呈现设备的屏幕尺寸、版面空间、视线距离等多因素的关系，形成相对完善的文本字号和字体的设计规则。

二、进一步深化和完善的具体途径

（1）充分考虑实验对象对研究结论的影响，选取更多地区、多年龄层次、不同认知风格等多类型的被试作为研究对象，提高研究结论的可推广性。

（2）通过系列实验室实验和教学实验，检验多媒体画面中媒体要素设计语法规则的适用性和有效性。

（3）不断修正多媒体画面的媒体要素设计模型，对本研究没有涉及到的内容继续开展研究，不断完善多媒体画面中媒体要素的设计规则，形成完整的规则体系。

（4）继续完善多媒体画面语言学理论体系，不断扩充新的研究内容、尝试适合的新的研究方法，与数字化教学资源的新发展要匹配，探究多媒体画面语言学优化新型数字化教学资源的方法与途径。

第二节　大数据视域下的多媒体画面语言学研究

现代信息化教学理念已经由"以技术应用为中心"转变为"以学习者为中心",人们也越来越关注学习者的学习行为,并将其作为信息化教育实施与评价的基本依据。目前国内外许多基于数字化教育资源的教学现状表明,学习者的学习时间投入偏低,学习效果偏差。甚至有专家认为:学习者的数字化学习没有真正发生,即使发生了也只是表面的学习,而没有深层次的学习。造成这种现状的原因之一是对学习者数字化学习行为关注的缺失,学习者基于数字化教学资源的学习行为应是其优化的重要依据。随着教育信息化的深度推进,电子书包等数字化学习资源的推广与普及,虚拟学习环境的创设与应用,学习者与学习资源、学习环境之间的互动频率不断增加,互动层次更加深入。设计开发符合多媒体画面语言规范、基于学习者认知规律的优质数字化教学资源,满足个性化自适应的学习需求,是教学资源开发的新要求。在大数据技术支持下,开展有效的学习状态推断、学习结果诊断,在此基础上优化和规范多媒体画面的设计,成为大数据环境下多媒体画面语言研究的重点。

一、大数据驱动下的多媒体画面语言学研究视角转向

特定视角意味着特定的"话语系统",即基本的范畴、命题、方法、原则构成的理论话语。[①] 多媒体画面语言研究视角的转向带动其研究话语系统的变化,研究视角从单一走向多元,基于历史与经验的研究转向基于大数据的研究,相应的方法论随着革新。

1. 从抽样研究走向全样本研究

大数据带来的重要思维变化之一就是关注所有数据,即全样本。[②] 大数据技术的发展使得对教育领域各种数据的收集、存储、分析、挖掘成为可能,对教育领域结构化、半结构化、非结构化数据进行记录存取、学习分析和知识挖掘,实现对教育教学状态的量化处理和有效预测。[③] 多媒体画面语言学研究的初期,在研究方法的选择上主要经历过两个阶段,第一阶段是主要采用哲学思辨、经验总结和概念演绎等定性研究方法的阶段,第二阶段主要借助于定量研究手段开展基于证据的证实研究。[④] 多媒体画面语言研究由初期的经验总结到小数据时代的随机抽样,是方法论上的进步。通过严谨科学的方法,利用最小数据获得最多信息,是在当时数据获取技术有限情况下的一种有效的实证研究方式,抽样的标准、方法及样本的代表性关系到研究过程的严谨性和研究结果的科学性。大数据时代的到来,获取全体数据成为可能,所传递的信息更加丰富全面,有利于挖掘事物内部规律及相关关系。大数据技术使得海量数据的处理成为可能,获取画面要素、学习者要素、学习环境要素等不同类型的全样本数据,进行深入系统的处理、分析和决策,为多媒体学习资源设计、智慧学习环境的创设、学习者自适应的个性化学习提供立体化的数据支持,促进多媒体画面语言研究进一步向纵深发展。

①　冯向东. 高等教育研究中的"范式"与"视角"辨析 [J]. 北京大学教育评论 ,2006,(7):100-108.
②　[英] 维克托·迈尔 - 舍恩伯格. 大数据时代 [M]. 杭州 : 浙江人民出版社 ,2003:28-29.
③　胡水星. 教师 TPACK 专业发展研究 : 基于教育大数据的视角 [J]. 教育研究 ,2016,(5):110-116.
④　王志军 , 王雪. 多媒体画面语言学理论体系的构建研究 [J]. 中国电化教育 ,2015,(7):42-48.

2. 从实验室研究走向自然情境下的教学研究

欧美教育技术领域以实验研究为代表的实证研究十分广泛,我国教育技术领域实验研究不够活跃。[①] 多媒体画面语言研究融合了认知心理学的理论和范式,在新近的研究中主要采用实验研究的方法,成为我国教育技术领域十分有特色的领域之一。在研究中主要采用实验室实验与准实验相结合,借助于眼动仪等设备获取学习者学习过程中的生物学数据,并与行为实验相结合,探索基于多媒体画面的认知规律、学习策略和学习效果。[②③] 实验室环境有利于严格控制实验变量,避免无关变量的干扰,实验严谨,可信度高。但学习和教学活动十分复杂,实验情景下的学习与真实的教学情境相去甚远,导致较低的外在效应,不利于研究成果的推广。随着大数据技术的应用和研究相关实验器材及手段的更新,多媒体画面语言研究在实现从"抽样样本"到"全样本"的转换的同时,也使得自然情境下基于多媒体画面的画面要素数据、学习行为数据、环境数据的获取与分析成为可能。数据呈现纷繁复杂的特点,相应的研究视角和方法也从单一走向多元;数据来源从实验室环境下单源单模态走向自然情境下多源多模态,使多媒体画面语言研究超越实验情景,接近自然情景,数据更具全面可靠,分析结果的实践意义和推广价值更高。

3. 从对假设的验证到对未知的探索

多媒体画面语言传统的实证研究强调在理论的基础上建立假设,通过对抽样样本的定量研究验证假设是否成立,是一种从假设到验证的过程。基于假设 - 验证的实验方法使得研究者的思维也具有了既定假设的特点,在探索学习者的认知规律和学习行为中,既定性的假设思维忽略了学习活动的复杂性,限制了研究结果可能的多样性。大数据所引领的近似全样本的学习分析技术,能够通过大量数据之间的关联性的深入分析,洞悉学习者认知背后所蕴含的深层逻辑,在没有理论假设的前提下,对数据进行分析、处理,发现数据背后的趋势与规律,进而为解决多媒体画面语言研究中的难题提供全新的数据支撑。因此,多媒体画面语言研究应"假设 - 验证"逻辑转向对未知的探索,寻求画面设计、学习行为、学习环境之间更为复杂多样的相关关系,突破低维数据的有限表达,走向多维数据高信息量的分析与表达。

二、大数据驱动下的多媒体画面语言学研究路径

图 6.1 表示了大数据驱动下的多媒体画面语言学研究路径。

1. **大数据来源**

大数据主要来源于在自然情境、实验室情境下通过抽样样本与全样本相结合的方法获取的学习者数字化学习过程和学习结果数据,即数字化学习行为大数据,并对数字化教学资源中多媒体画面设计进行量化表达。

---

① 郭兆明,宋宝和,朱翠芳. 教育技术领域中的实验研究 [J].2006,(2):27-29.

② 王雪. 多媒体学习研究中眼动跟踪实验法的应用 [J]. 实验室研究与探索 ,2015,(3):190-193+201.

③ 王雪,王志军,付婷婷,李晓楠. 多媒体课件中文本内容线索设计规则的眼动实验研究 [J]. 中国电化教育 ,2015,(5):99-104+117.

　王雪,王志军,候岸泽. 网络教学视频字幕设计的眼动实验研究 [J]. 现代教育技术 ,2016,(2):45-51.

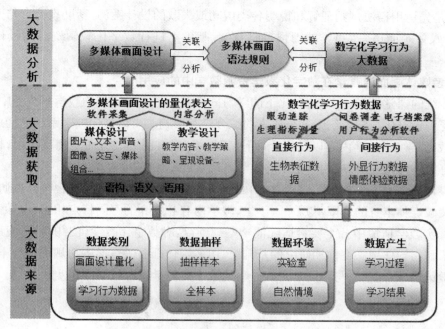

图 6.1　大数据跟踪与分析初步框架

2. 大数据获取

（1）数字化学习行为数据的获取：使用眼动仪和生理多导仪测量眼动指标和生理指标，实时采集学习者的直接行为数据；使用电子档案袋、问卷调查、基于 Web 日志的数据挖掘、服务器端脚本语言、用户行为分析软件（GSEQ、Intelligent Miner 等）采集学习者的间接行为数据，包括外显行为数据（学习效果、学习时间、学习路径、学习内容完成度等）和情感体验数据（对画面设计、操作与效果反思等感受）。

（2）多媒体画面设计的量化表达：通过软件（如 Premiere、Flash 、Photoshop 等）和内容分析的方法获取多媒体画面语构、语义和语用三方面的媒体设计（颜色、位置、大小、声音、字体等等）和教学设计（教学内容、策略、呈现设备等）数据。

3. 大数据分析

通过数据挖掘分析数字化学习行为大数据和多媒体画面设计之间深度、多元的相互关系，形成多媒体画面语构、语义和语用的语法规则。

第三节　教学实践中的多媒体画面语言学应用研究

一、多媒体画面语言学在数字化教学资源设计中的应用

运用案例研究中总结出的若干语法规则指导数字化教学资源的赏析评价与设计实践，使得数字化教学资源的设计与开发有章可循。

总体上可以从两大方面开展：数字化教学资源案例赏析与评价，数字化教学资源设计实践,目的是先运用语法规则理解和说明各类成功或失败的设计案例,帮助设计者与开发者养成用"多媒体画面语言"思维的习惯,而后在此基础上进行数字化教学资源的设计与开发实践。

二、多媒体画面语言学在数字化教学资源教学中的应用

与传统的课堂教学一样,信息化下的学习同样发生于一个完整的教学系统当中,其学习效果会受到信息化教学系统中各个要素的综合交互影响。而信息化教学系统的构成要素至少包括教师、学生、教学内容以及媒介,四要素并不是彼此独立的,而是相互作用、相互联系的一个有机整体,从而形成相对稳定的教学系统。

多媒体画面语言学从画面语构学、画面语义学和画面语用学的综合视角开展研究,实际上已经突破媒体本身的局限,与教师、学生、教学内容和媒介的不同特点相结合,探索多媒体画面与真实教学情境中各个要素适配的一些规则,这对数字化教学资源的教学应用具有重要的启示和指导作用。在前期研究的基础上,用多媒体画面语言学语法规则指导不同学科、不同教学策略、不同学生与不同学习媒介下的数字化教学资源教学应用实践。

参考文献

专著

[1] Alessi S M, Trollip S R. Multimedia for learning: Methods and development[M]. Allyn & Bacon, Inc., 2000.

[2] Boyle T. Design for multimedia learning[M]. Prentice-Hall, Inc., 1997.

[3] Bruner J S. Toward a theory of instruction,[M]. The Belknap Press of Harvard University Press, 1966.

[4] Carnap R. Introduction to Semantics and Formalization of Logic[M]. Cambridge:Harvard University Press,1968.

[5] Clark R C, Mayer R E. E-learning and the science of instruction : proven guidelines for consumers and designers of multimedia learning[M]. Pfeiffer, 2011.

[6] Duchowski A. Eye tracking methodology: Theory and practice[M]. Springer, 2007.

[7] Dovi Weiss. The Effect of Combining 1:1 Computing, Interactive Core Curriculum, and Digital Teaching Platform on Learning Math: The Case of a Charter School in New York City[M]. Springer International Publishing:2017.

[8] Entwistle N J. Styles of learning and teaching: An integrated outline of educational psychology for students, teachers and lecturers[M]. Routledge, 2013.

[9] Gee J P. Social linguistics and literacies[M]. Routledge, 2007.

[10] Hiroyuki Mitsuhara,Masami Shishibori. Digital Signage System for Learning Material Presentation Based on Learning Continuum[M].Springer Berlin Heidelberg:2015.

[11] Liangtao Yang. Integration and Utilization of Digital Learning Resources in Community Education[M].Springer Netherlands:2014.

[12] Li Bo. Security Problems and Strategies of Digital Education Resource Management in Cloud Computing Environment[M].Springer Netherlands:2014.

[13] Mayer R E. Multimedia learning[M]. Cambridge university press, 2009.

[14] Mario Mäeots,Leo Siiman,Margus Pedaste. Designing Interactive Scratch Content for Future E-books[M].Springer International Publishing:2014.

[15] Mayer R E. The Cambridge handbook of multimedia learning[M]. Cambridge: Cambridge University Press,2005.

[16] Morris C W. Symbolism and Reality[M].Chicago: The University of Chicago Press,1993.

[17] Norbert Pachler,Ben Bachmair,John Cook. Mobile Devices as Resources for Learning: Adoption Trends, Characteristics, Constraints and Challenges[M].Springer US:2010.

[18] Nian-Shing Chen,Benazir Quadir,Daniel C. Teng. A Novel Approach of Learning English with Robot for Elementary School Students[M].Springer Berlin Heidelberg:2011.

[19] Norbert Pachler,Ben Bachmair,John Cook. Mobile Learning[M].Springer US:2009.

[20] Siemens G. Massive Open Online Courses: Innovation in Education?[M]. Commonwealth of learning, Athabasca University Press, 2013.

[21]（美）迈耶著，牛勇，丘香译 . 多媒体学习 [M]. 北京：商务印书馆 ,2006.

[22] 岑运强 . 语言学概论 [M]. 北京：中国人民大学出版社 ,2004.

[23] 申小龙 . 语言学纲要 [M]. 上海：复旦大学出版社 ,2003.

[24] 韩宝育 . 语言学概论 [M]. 西安：西北大学出版社 ,2007.

[25] 胡德海 . 教育学原理 [M]. 兰州：甘肃教育出版社 ,2006.

[26] 刘儒德 . 学习心理学 [M]. 北京：高等教育出版社 ,2010.

[27] 刘同昌 . 网络学习：崛起、挑战与应对 [M]. 青岛：青岛出版社 ,2006.

[28] 权英卓，王迟 . 互动艺术的视觉语言 [M]. 北京：中国轻工业出版社 ,2007.

[29] 沈德立 . 高效率学习的心理学研究 [M]. 北京：教育科学出版社 ,2006.

[30] 韦洪涛 . 学习心理学 [M]. 北京：化学工业出版社 ,2011.

[31] 阎国利 . 眼动分析法在心理学研究中的应用（第 2 版）[M]. 天津：天津教育出版社 ,2004.

[32] 杨小微 . 教育研究的理论与方法 [M]. 北京：北京师范大学出版社 ,2008.

[33] 游泽清 . 多媒体画面艺术基础 [M]. 北京：高等教育出版社 ,2003.

[34] 游泽清 . 多媒体画面艺术设计 [M]. 北京：清华大学出版社 ,2009.

[35] 游泽清 . 多媒体画面艺术应用 [M]. 北京：清华大学出版社 ,2012.

[36] 张春兴 . 现代心理学：现代人研究自身问题的科学 [M]. 上海：上海人民出版社 ,2005.

[37] 张立新 . 教育技术的理论与实践 [M]. 北京：科学出版社 ,2009.

期刊论文

[38] Abdul Mannan Khan,Atika Khursheed. Use of digital resources by the scientists of Central Drug Research Institute (CDRI), India: A survey[J]. International Information and Library Review,2013,45(1-2):.

[39] Agarwal P K, Bain P M, Chamberlain R W. The value of applied research: Retrieval practice improves classroom learning and recommendations from a teacher, a principal, and a scientist[J]. Educational Psychology Review, 2012, 24(3): 437-448.

[40] Alfieri L, Brooks P J, Aldrich N J, et al. Does discovery-based instruction enhance

learning?[J]. Journal of Educational Psychology, 2011, 103(1): 1.

[41] Ariasi N, Mason L. Uncovering the effect of text structure in learning from a science text: An eye-tracking study[J]. Instructional Science, 2011, 39(5): 581-601.

[42] Armstrong S J, Peterson E R, Rayner S G. Understanding and defining cognitive style and learning style: a Delphi study in the context of educational psychology[J]. Educational Studies, 2012, 38(4): 449-455.

[43] Baddeley. Is working memory still working? [J]. European Psychologist, 2002, 7(2):85–97.

[44] Bayram S, Bayraktar D M. Using eye tracking to study on attention and recall in multimedia learning environments: The effects of design in learning[J]. World Journal on Educational Technology, 2012, 4(2): 81-98.

[45] Bodemer D. Tacit guidance for collaborative multimedia learning[J]. Computers in Human Behavior, 2011, 27(3): 1079-1086.

[46] Boucheix J M, Lowe R K. An eye tracking comparison of external pointing cues and internal continuous cues in learning with complex animations[J]. Learning and instruction, 2010, 20(2): 123-135.

[47] Carston R. Linguistic communication and the semantics/pragmatics distinction[J]. Synthese, 2008, 165(3):321-345.

[48] Chuang H H, Liu H C. Effects of different multimedia presentations on viewers' information-processing activities measured by eye-tracking technology[J]. Journal of Science Education and Technology, 2012, 21(2): 276-286.

[49] Clark J M, Paivio A. Dual Coding Theory and Education[J]. Educational Psychology Review, 1991, 3(3):149-210.

[50] Cooley H R. It's all about the fit: The hand, the mobile, screenic device and Tactile Vision[J]. Journal of Visual Culture, 2004,3(2):133–155.

[51] Diseth A, Pallesen S, Brunborg G S, et al. Academic achievement among first semester undergraduate psychology students: the role of course experience, effort, motives and learning strategies[J]. Higher Education, 2010, 59(3): 335-352.

[52] Dwyer F M, Lamberski, R. J.The human heart: Parts of the heart, circulation of blood and cycle of blood pressure[J]. Lehman: Lecture handouts, Department of Learning and Performance Systems, Pennsylvania State University, 1977.

[53] Dwyer F M. Strategies for improving visual learning[J]. State College: Learning Services,1978.

[54] Erol Ozcelika, Ismahan Arslan-Arib, Kursat Cagiltay. Why does signaling enhance multimedia learning? Evidence from eye movements[J]. Computers in Human Behavior, 2010,26(1):110-117.

[55] Gasser M, Boeke J, Haffernan, et al. The influence of font type on information recall[J]. North American Journal of Psychology,2005,7(2):182.

[56] Gegenfurtner A, Lehtinen E, Säljö R. Expertise differences in the comprehension of vi-sualizations: a meta-analysis of eye-tracking research in professional domains[J]. Educational Psychology Review, 2011, 23(4): 523-552.

[57] Gog T V, Scheiter K. Eye tracking as a tool to study and enhance multimedia learn-ing[J]. Learning & Instruction, 2010, 20(2):95-99.

[58] Green B C, Murray N, Warner S. Understanding website useability: an eye–tracking study of the Vancouver 2010 Olympic Games website[J]. International Journal of Sport Manage-ment and Marketing, 2011, 10(3): 257-271.

[59] Hai Zhuge. Interactive semantics[J].Artificial Intelligence,2009,(11):190-204.

[60] Han-Chin Liua, Meng-Lung Laib, Hsueh-Hua Chuang. Using eye-tracking technology to investigate the redundant effect of multimedia web pages on viewers' cognitive processes[J]. Computers in Human Behavior,2011,27 (6) :2410-2417.

[61] Hyönä J. The use of eye movements in the study of multimedia learning[J]. Learning & Instruction, 2010, 20(2):172-176.

[62] Issa N, Schuller M, Santacaterina S, et al. Applying multimedia design principles en-hances learning in medical education[J]. Medical education, 2011, 45(8): 818-826.

[63] Jacob R J K, Karn K S. Eye tracking in human-computer interaction and usability re-search: Ready to deliver the promises[J]. Mind, 2003, 2(3): 4.

[64] Johnson C I, Mayer R E. An eye movement analysis of the spatial contiguity effect in multimedia learning[J]. Journal of Experimental Psychology: Applied, 2012, 18(2): 178.

[65] Johnson C I, Mayer R E. Applying the self-explanation principle to multimedia learning in a computer-based game-like environment[J]. Computers in Human Behavior, 2010, 26(6): 1246-1252.

[66] Jukka Hyönä.The use of eye movements in the study of multimedia learning[J].Learning and Instruction,2010, 20 (2) :172-176.

[67] Lee H M, Kang M G. Touch+Screen: Transboundary of the Representation and Con-trols, and the Change of "Looking Mode"[J]. Media Gender & Culture, 2011,17（3）:81-114.

[68] Legge G E, Pelli D G, Rubin G S, & Schleske M M. Psychophysics of reading. I: Nor-mal vision[J]. Vision Research, 1985(25), 239- 252.

[69] Legge G E, Rubin G S, & Luebker A.Psychophysics of reading. V : the role of contrast in normal vision[J]. Vision Research, 1987(27), 1165- 1177.

[70] Liu H C, Lai M L, Chuang H H. Using eye-tracking technology to investigate the re-dundant effect of multimedia web pages on viewers' cognitive processes[J]. Computers in Human Behavior, 2011, 27(6): 2410-2417.

[71] Loman N L, Mayer R E, Signaling techniques that increase the understandability of expository Prose[J]. Journal of Educational Psychology.1983,75(3):402-412.

[72] Liang Du,Tao Liu. Research of Digital Resource Integration Based on DC Metadata Storage[J]. Applied Mechanics and Materials,2014,3458(631):75-78.

[73] Mason L, Pluchino P, Tornatora M C, et al. An eye-tracking study of learning from science text with concrete and abstract illustrations[J]. The Journal of Experimental Education, 2013, 81(3): 356-384.

[74] Maloney S, Chamberlain M, Morrison S, et al. Health professional learner attitudes and use of digital learning resources[J]. Journal of Medical Internet Research, 2013, 15(1):e7.

[75] Mark Anthony Camilleri,Adriana Caterina Camilleri. Digital Learning Resources and Ubiquitous Technologies in Education[J]. Technology, Knowledge and Learning,2017,22(1):65-82

[76] Mayer R E, Cook L k, HatPain D R et al. Techniques that help readers build mental models from scientific text, definitions pretraining and signaling[J].Journal of Educational Psychology.1984,76(6):1089-1105.

[77] Mayer R E, Hegarty M, Mayer S ,Campbell J. When Static Media Promote Active Learning: Annotated illustrations Versus Narrated Animations in Multimedia Instruction[J]. Journal of Experimental Psychology Applied,2005,11(4):256-265.

[78] Mayer R E, Jackson J. The case for coherence in scientific explanations: quantitative details can hurt qualitative understanding[J]. Journal of Experimental Psychology Applied, 2005, 11(1):13.

[79] Mayer R E, Julie Heiser, Steve Lonn. Cognitive Constraints on Multimedia Learning: When Presenting More Material Results in Less Understanding [J]. Journal of Educational Psychology, 2001, 93(1):187-198.

[80] Mayer R E, Moreno R. Nine ways to reduce cognitive load in multimedia learning[J]. Educational psychologist, 2003, 38(1): 43-52.

[81] Mayer R E. Cognitive theory of multimedia learning[J]. The Cambridge handbook of multimedia learning, 2005: 31-48.

[82] Mayer R E. The promise of multimedia learning: using the same instructional design methods across different media[J]. Learning and Instruction, 2003,13(2): 125–139.

[83] Mayer R E. Unique contributions of eye-tracking research to the study of learning with graphics[J]. Learning and Instruction, 2010, 20(2):167-171.

[84] Mazman S G, Altun A. Individual Differences in Spatial Orientation Performances: An Eye Tracking Study[J]. World Journal on Educational Technology, 2013, 5(2): 266-280.

[85] Mi Li, Yangyang Song, Shengfu Lu, Ning Zhong.The Layout of Web Pages: A Study on the Relation between Information Forms and Locations Using Eye-Tracking[J]. Active media

Technology, 2009, 5820（Suppl1）: 207-216.

[86] Mick D G. Consumer Research and Semiotics: Exploring the Morphology of Signs, Symbols, and Significance [J]. Journal of Consumer Research, 1986, 13(9):196-213.

[87] Moreno R, Mayer R E. Techniques that increase generative processing in multimedia learning: Open questions for cognitive load research[J]. Cognitive load theory, 2010: 153-177.

[88] Murakami M, Kakusho K, Minoh M. Analysis of Students' Eye Movement in Relation to Contents of Multimedia Lecture[J]. Transactions of the Japanese Society for Artificial Intelligence, 2002, 17(4):473-480.

[89] Rogers Y, Price S, Randell C, et al. Ubi-learning integrates indoor and outdoor experiences[J]. Communications of the Acm, 2005, 48(1):55-59.

[90] Schmidt-Weigand F, Kohnert A, Glowalla U. A closer look at split visual attention in system-and self-paced instruction in multimedia learning[J]. Learning and Instruction, 2010, 20(2): 100-110.

[91] Schmidt-Weigand F, Scheiter K. The role of spatial descriptions in learning from multimedia[J]. Computers in Human Behavior, 2011, 27(1): 22-28.

[92] Schüler A, Scheiter K, van Genuchten E. The role of working memory in multimedia instruction: Is working memory working during learning from text and pictures?[J]. Educational Psychology Review, 2011, 23(3): 389-411.

[93] Stefan Leuthold, Peter Schmutz, Javier A. Bargas-Avila[J]. Computers in Human Behavior, 2011, 27(1):459-472.

[94] Suzanne E. Welcome, Allan Paivio, Ken McRae, Marc F. Joanisse.An electrophysiological study of task demands on concreteness effects: evidence for dual coding theory[J].Experimental Brain Research,2011,212(3):347-358.

[95] Sweller J, Jeroen J G, Fred G.W.C.Paas. Cognitive Architecture and Instructional Design[J]. Educational Psychology Review,1998,(10):251-296.

[96] Ting Xiong,Zhiwen He. Research on the digital education resources of sharing pattern in independent colleges based on cloud computing environment[J]. IOP Conference Series: Earth and Environmental Science,2017,69(1).

[97] Haido, Samaras, 张丽 , 盛群力 . 多媒体学习研究的演进 [J]. 远程教育杂志 , 2006(6):22-29.

[98] Susan Veronikas, Michael F.Shaughnssy, 盛群力 . 教育心理学与教育技术学联盟 : 促进学习者认知变化——与理查德·梅耶教授访谈 [J]. 远程教育杂志 ,2008,(1):21-26.

[99] 安璐 , 李子运 . 教学 PPT 背景颜色的眼动实验研究 [J]. 电化教育研究 ,2012,(1):75-80.

[100] 安璐 , 李子运 . 眼动仪在网页优化中的实验研究——以厦门大学网络课程为例 [J]. 中国远程教育 ,2012,(5):87-91+96.

[101] 白学军 , 曹玉肖 , 顾俊娟 , 郭志英 , 闫国利 . 窗口大小、呈现速度和字号对引导式

文本阅读的影响 [J]. 心理科学 ,2011,(2):278-283.

[102] 毕经美 . 区域性优质职业教育数字化资源共享的影响因素 [J]. 中国远程教育 ,2014,(10):67-70.

[103] 陈彩琦 , 李坚 , 刘志华 . 工作记忆的模型与基本理论问题 [J]. 华南师范大学学报（自然科学版）,2003,(4):135-142.

[104] 陈丽 , 郝丹 , 张伟远 . 学习风格测量工具与中国远程学习者学习风格类型因素 [J]. 开放教育研究 ,2005,(4):67-73.

[105] 陈长胜 , 刘三女牙 , 汪虹 , 陈增照 . 基于双重编码理论的双轨教学模式 [J]. 中国教育信息化 ,2011,(3):52-55.

[106] 丁卫泽 , 熊秋娥 . 高校数字化教学资源共享的困境分析与化解策略——基于博弈论的视角 [J]. 中国电化教育 ,2015,(1):93-96+103.

[107] 段朝辉 , 颜志强 , 王福兴等 . 动画呈现速度对多媒体学习效果影响的眼动研究 [J]. 心理发展与教育 ,2013,(1):46-53.

[108] 樊泽恒 . 基于自主学习的网络教学策略设计 [J]. 中国电化教育 ,2005,(10):42-45.

[109] 何克抗 .E-learning 与高校教学的深化改革（上）[J]. 中国电化教育 ,2002,(2):8-12.

[110] 何先友 , 莫雷 . 国外文章标记效应研究综述 [J]. 心理学动态 ,2000,(3):36-42.

[111] 胡卫星 , 刘陶 . 基于动画信息表征的多媒体学习研究现状分析 [J]. 电化教育研究 ,2013,(3):81-85+94.

[112] 胡卫星 , 宋菲菲 . 媒体学习的认知过程机制及其启示 [J]. 现代远距离教育 ,2009,(2):65-67.

[113] 黄锦标 , 林善凤 . 网页主体色对大学生视觉搜索影响的眼动研究 [J]. 企业家天地（理论版）,2010,(5):255-256.

[114] 贾义敏 . 多媒体学习的科学探索——Richard E. Mayer 学术思想研究 [J]. 现代教育技术 ,2009,(11):5-9.

[115] 姜强 , 赵蔚 , 杜欣 . 基于 Felder-Silverman 量表用户学习风格模型的修正研究 [J]. 现代远距离教育 ,2010,(1):62-66.

[116] 康诚 , 周爱保 . 信息呈现方式与学习者的个性特征对多媒体学习环境下学习效果的影响 [J]. 心理发展与教育 ,2009,(1):83-91.

[117] 寇海莲 , 万正刚 , 高铁刚 . 中小学教师对基础教育优质数字资源质量评价实证研究——基于 198 名评审专家的调查 [J]. 中国电化教育 ,2014,(10):70-77.

[118] 李红恩 , 靳玉乐 . 论教师教学策略的知识管理 [J]. 高等教育研究 ,2012,(1):81-85.

[119] 李晓东 , 韩玲玲 , 孟庆红 . 多媒体课件的艺术表征探究 [J]. 黑龙江教育（高教研究与评估）,2010,(10):60-61.

[120] 李泽林 , 石小玉 , 吴永丽 . 教学"要素论"研究现状与反思 [J]. 当代教育与文化 ,2012,(3):94-98.

[121] 李志坚 , 罗文 . 基于多媒体学习认知理论的三分屏课件设计研究 [J]. 中国教育信

息化 ,2011,(6):74-76.

[122] 梁惠燕 . 教学策略本质新探 [J]. 教育导刊 ,2004,(1):7-10.

[123] 林英博 . 浅析视觉语言与文字语言关系 [J]. 作家 ,2007,(12):109-110.

[124] 刘怀金 , 聂劲松 , 吴易雄 . 高校数字化教学资源建设 : 思路、战略与路径——基于教育信息化的视角 [J]. 现代教育管理 ,2015,(9):89-94.

[125] 刘儒德 , 陈琦 ,David Reid. 多媒体互动插图对科学说明文学习的影响 [J]. 应用心理学 ,2002,(2):39-44.

[126] 刘儒德 , 陈琦 . 多媒体环境下元认知过程的研究 [J]. 心理学动态 ,2000,(4):1-5.

[127] 刘儒德 , 徐娟 . 外在暗示线索对学习者在多媒体学习中自我调节学习过程的影响 [J]. 应用心理学 ,2009,(2):131-138.

[128] 刘儒德 , 赵妍 , 柴松针等 . 多媒体学习的认知机制 [J]. 北京师范大学学报 (社会科学版),2007,(5):22-27.

[129] 刘世清 , 周鹏 . 文本—图片类教育网页的结构特征与设计原则 [J]. 教育研究 ,2011,(11):99-103.

[130] 刘世清 . 多媒体学习与研究的基本问题——中美学者的对话 [J]. 教育研究 ,2013,(4):113-117.

[131] 吕国光 . 教学系统要素探析 [J]. 上海教育科研 ,2003,(2):25-28+44.

[132] 南纪稳 . 教学系统要素与教学系统结构探析——与张楚廷同志商榷 [J]. 教育研究 ,2001,(8):54-57.

[133] 庞坤 . 基于多媒体学习理论的大学数学教学设计 [J]. 数学教育学报 ,2013,(3):86-88.

[134] 曲晓萍 , 钟喜魁 . 高中化学课程数字化资源的开发与利用 [J]. 课程 . 教材 . 教法 ,2016,36(9):68-72.

[135] 申继伟 , 孙敦艳 , 曾志鹏 , 杜锦丽 . 加强数字化资源建设推动移动学习改革 [J]. 中国教育信息化 ,2017,(5):41-44.

[136] 沈夏林 . 周跃良 . 论开放课程视频的学习交互设计 [J]. 电化教育研究 ,2012,(2):84-87.

[137] 盛群力 . 依据学习结果选择教学策略——乔纳森的学习结果与教学策略适配观要义 [J]. 远程教育杂志 ,2005,(5):14-19.

[138] 舒存叶 . 调查研究方法在教育技术学领域的应用分析——基于 2000~2009 年教育技术学两刊的统计 [J]. 电化教育研究 ,2010,(9):76-80.

[139] 水仁德 , 王立丹 . 字体大小和呈现位置对多媒体课件文字理解的影响 [J]. 应用心理学 ,2008,(2):187-192.

[140] 斯蒂芬·K·里德 , 张静 . 多媒体学习的认知体系 [J]. 开放教育研究 ,2008,(3):28-36+78.

[141] 覃纪武 . 基于眼动研究的多媒体课件组织与管理 [J]. 教育与职业 ,2010,(30):152-154.

[142] 万力勇 . 数字化学习资源质量评价研究 [J]. 现代教育技术 ,2013,(1):45-49.

[143] 王健 , 郝银华 , 卢吉龙 . 教学视频呈现方式对自主学习效果的实验研究 [J]. 电化教育研究 ,2014,(3):93-99+105.

[144] 王清 , 戎媛媛 . 论网络课件的艺术性 [J]. 远程教育杂志 ,2005,(3):18-19+76.

[145] 王蓉 , 阎国利 , 白学军 . 文章标记对阅读信息保持的影响及其作用机制的研究 [J]. 心理与行为研究 .2004,(3):549-554.

[146] 王伟 , 钟绍春 , 吕森林 . 大学生移动学习实证研究 [J]. 开放教育研究 ,2009,(2):81-86.

[147] 王伟 , 钟绍春 , 尚建新 . 中职示范校数字化资源体系建设及推进策略研究 [J]. 中国电化教育 ,2014,(5):113-120.

[148] 王小明 . 多媒体学习与多媒体设计 : 认知观点 [J]. 全球教育展望 ,2008,(2):42-46.

[149] 王雪 , 王志军 , 付婷婷 , 李晓楠 . 多媒体课件中文本内容线索设计规则的眼动实验研究 [J]. 中国电化教育 ,2015,(5):99-104+117.

[150] 王雪 , 王志军 , 付婷婷 . 交互方式对数字化学习效果影响的实验研究 [J]. 电化教育研究 ,2017,38(7):98-103.

[151] 王雪 , 王志军 , 候岸泽 . 网络教学视频字幕设计的眼动实验研究 [J]. 现代教育技术 ,2016,26(2):45-51.

[152] 王雪 , 王志军 , 李晓楠 . 文本的艺术形式对数字化学习影响的研究 [J]. 电化教育研究 ,2016,37(10):97-103

[153] 王雪 , 王志军 . 多媒体课件中的信息加工整合策略的研究与设计——以初中数学课件 "二次函数" 为例 [J]. 电化教育研究 ,2015,36(4):103-107.

[154] 王雪 , 周围 , 韩美琪 , 刘永梅 . 基于微信的大学通识课程学习平台研究 [J/OL]. 实验技术与管理 ,2017,34(8):180-184.

[155] 王雪 . 多媒体学习研究中眼动跟踪实验法的应用 [J]. 实验室研究与探索 ,2015,34(3):190-193+201.

[156] 王雪 . 高校微课视频设计与应用的实验研究 [J]. 实验技术与管理 ,2015,32(3):219-222+226.

[157] 王雪艳 , 白学军 , 梁福成 . 科普杂志目录编排效果的眼动研究 [J]. 心理与行为研究 ,2005,(1):49-52.

[158] 王英豪 . 多媒体学习的认知理论指导下的课件设计 [J]. 现代教育科学 ,2007,(12):22-23.

[159] 王玉琴 , 王咸伟 . 媒体组合与学习步调对多媒体学习影响的眼动实验研究 [J]. 电化教育研究 ,2007,(11):61-66.

[160] 王志军 , 王雪 . 多媒体画面语言学理论体系的构建研究 [J]. 中国电化教育 ,2015,(7):42-48.

[161] 王志军 , 温小勇 , 施鹏华 . 技术支持下思维可视化课堂的构建研究——以小学语

文阅读教学为例 [J]. 中国电化教育 ,2015,(6):116-121.

[162] 王志军 , 吴向文 , 冯小燕 , 温小勇 . 基于大数据的多媒体画面语言研究 [J]. 电化教育研究 ,2017,38(4):59-65.

[163] 吴文春 , 金志成 . 工作记忆及其理论模型 [J]. 中国临床康复 ,2005,(40):74-76.

[164] 熊瑛 , 尤斐 . 新媒体传播下的视觉语言研究 [J]. 艺术与设计（理论）,2013,(5):48-50.

[165] 徐苑 . 多媒体教学课件的字幕设计 [J]. 黑龙江教育 ,2004,(12):14.

[166] 闫国利 , 熊建萍 , 臧传丽 , 余莉莉 , 崔磊 , 白学军 . 阅读研究中的主要眼动指标评述 [J]. 心理科学进展 ,2013,(4):589-605.

[167] 闫志明 . 多媒体学习生成理论及其定律——对理查德 .E. 迈耶多媒体学习研究的综述 [J]. 电化教育研究 ,2008,(6):11-15.

[168] 杨玉东 . 陈述性知识与程序性知识的教学策略 [J]. 天津师范大学学报（基础教育版）,2010,(3):18-21.

[169] 游泽清 , 卢铁军 . 谈谈"多媒体"概念运用中的两个误区 [J]. 电化教育研究 ,2005,(6):5-8.

[170] 游泽清 , 卢铁军 . 谈谈有关多媒体教材建设方面的两个问题 [J]. 中国信息技术教育 ,2010,(15):91-93.

[171] 游泽清 , 庞大勇 . 声音媒体在多媒体教材中的运用 [J]. 中国电化教育 ,2003,(10):51-54.

[172] 游泽清 , 曲建峰 , 金宝琴 . 多媒体教材中运动画面艺术规律的探讨 [J]. 中国电化教育 ,2003,(8):49-52.

[173] 游泽清 .《多媒体画面艺术理论》是如何创建出来的 [J]. 中国电化教育 ,2010,(6):6-9.

[174] 游泽清 . 创建一门多媒体艺术理论 [J]. 中国电化教育 ,2008,(8):7-11.

[175] 游泽清 . 多媒体画面语言的语法 [J]. 信息技术教育 ,2002,(12):79-80.

[176] 游泽清 . 多媒体画面语言中的认知规律研究 [J]. 中国电化教育 ,2004,(11):72-76.

[177] 游泽清 . 多媒体教材中运用交互功能的艺术 [J]. 中国电化教育 ,2003,(11):48-50.

[178] 游泽清 . 画面语构学——多媒体画面语言的语法规则 [J]. 中国信息技术教育 ,2011,(21):23-27.

[179] 游泽清 . 开启"画面语言"之门的三把钥匙 [J]. 中国电化教育 ,2012,(2):78-81+135.

[180] 游泽清 . 认识一种新的画面类型—— 多媒体画面 [J]. 中国电化教育 ,2003,(7):59-61.

[181] 游泽清 . 如何开展对多媒体画面认知规律的研究 [J]. 中国电化教育 ,2005,(10):85-88.

[182] 游泽清 . 谈谈多媒体画面艺术理论 [J]. 电化教育研究 ,2009,(7):5-8.

[183] 俞红珍 . 课程内容、教材内容、教学内容的术语之辨——以英语学科为例 [J]. 课程 . 教材 . 教法 ,2005,(8):49-53.

[184] 张楚廷 . 教学要素层次论 [J]. 教育研究 ,2000,(6):65-69.

[185] 张广君 . 教学系统基本要素初探 [J]. 宁夏大学学报（社会科学版）,1988,(1):83-87.

[186] 张家华 , 彭超云 , 张剑平 . 视线追踪技术及其在 e-Learning 系统中的应用 [J]. 远程教育杂志 ,2009,(5):74-78.

[187] 张家华 , 张剑平 , 黄丽英 , 彭超云 , 林晓芬 . 网络课程内容呈现形式的对比实验研究 [J]. 现代教育技术 ,2009,(12):42-45.

[188] 张家华 , 张剑平 , 黄丽英等 ."三分屏"网络课程界面的眼动实验研究 [J]. 远程教育杂志 ,2009,(6):74-78.

[189] 张秀梅 , 刘小莹 , 李慧 . 基于多媒体学习理论的 PPT 的设计 [J]. 教育教学论坛 ,2013,(42):248-249.

[190] 赵立影 . 基于工作记忆的多媒体学习设计 [J]. 电化教育研究 ,2011,(8):98-102.

[191] 赵勇 . 电影符号学研究范式辨析 [J]. 电影艺术 ,2007,(4):32-35.

[192] 郑旭东 , 吴博靖 . 多媒体学习的科学体系及其历史地位——兼谈教育技术学走向"循证科学"之关键问题 [J]. 现代远程教育研究 ,2013,(1):40-47.

[193] 钟志荣 . 多媒体课件制作的艺术应用 [J]. 现代远距离教育 ,2005,(4):50-52.

学位论文

[194] 程翠 . 字体大小对学习判断影响的实验研究 [D]. 浙江师范大学 ,2012:1-3.

[195] 高金勇 . 视觉通道下呈现方式对中学生认知效果影响研究 [D]. 南京师范大学 ,2012.

[196] 龚德英 . 多媒体学习中认知负荷的优化控制 [D]. 西南大学 ,2009:15.

[197] 关尔群 . 多媒体课件中不同色彩文字材料对阅读影响的眼动研究 [D]. 辽宁师范大学 ,2003.

[198] 韩景毅 . 北京基础教育微课学习资源应用绩效评价研究 [D]. 北京工业大学 ,2016.

[199] 胡卫星 . 动画情境下多媒体学习的实验研究 [D]. 辽宁师范大学 ,2012.

[200] 黄沁 . 基于学习分析的数字化课堂互动优化研究 [D]. 华东师范大学 ,2017.

[201] 黄熙 . 基于云服务的数字化校园建设对策研究 [D]. 广西大学 ,2014.

[202] 蒋波 . 分栏设计对大学生阅读影响的眼动研究 [D]. 南京师范大学 ,2007.

[203] 荆德才 . 面向数字资源的移动电子商务系统的设计与实现 [D]. 北京邮电大学 ,2015.

[204] 景思衡 . 数字化环境下高中地理的教学实践与反思 [D]. 上海师范大学 ,2015.

[205] 李萍 . 浏览网络课件不同字体字号与颜色搭配的眼动研究 [D]. 华东师范大学 ,2008.

[206] 石娟 . 基于电子书包的一对一数字化学习在高中生物课堂教学中的探索与实践 [D]. 苏州大学 ,2016.

[207] 宋菲菲 . 学科背景与呈现交互性对动画多媒体学习成效影响的实验研究 [D]. 辽

宁师范大学,2011.

[208] 孙崇勇 . 认知负荷的测量及其在多媒体学习中的应用 [D]. 苏州大学,2012.

[209] 陶坤 . 基于移动智能终端的小学音乐学习资源设计与实现 [D]. 华中师范大学,2015.

[210] 王宝林 . 数字化学习平台中基于标签的资源推荐研究 [D]. 西安电子科技大学,2014.

[211] 徐卫卫 . 基于视线规律的教育网页结构设计研究 [D]. 宁波大学,2012.

[212] 许海 . 网页界面视觉设计艺术研究 [D]. 湖南师范大学,2007.

[213] 许晓丽 . 阅读中多媒体材料及其呈现方式的眼动研究 [D]. 辽宁师范大学,2001.

[214] 闫春霞 . 面向课堂教学的 3D 教学资源设计研究 [D]. 华中师范大学,2016.

[215] 阎伟东 . 数字化校园云服务平台研究 [D]. 石家庄铁道大学,2014.

[216] 袁琴 . 多媒体课件中的视觉传达设计研究 [D]. 西南大学,2010.

[217] 张斌 . 中职院校数字化教学资源开发与应用研究 [D]. 河北师范大学,2014.

[218] 张家华 . 网络学习的信息加工模型及其应用研究 [D]. 西南大学,2010.

[219] 张建留 . 一对一数字化学习环境下教育资源有效利用的实证研究 [D]. 云南师范大学,2014.

[220] 张良林 . 莫里斯符号学思想研究 [D]. 南京师范大学,2012.

[221] 张茹燕 . 论多媒体画面语言学的合理性 [D]. 天津师范大学,2012.

[222] 赵乃迪 . 网页布局对视觉搜索影响的眼动研究 [D]. 复旦大学,2012.

[223] 赵战 . 新媒介视觉语言研究 [D]. 西安美术学院,2012:.

[224] 周丹 . 基于数字化教学资源的初中语文课堂情境教学的设计研究 [D]. 沈阳师范大学,2014.

[225] 周鹏 . 大学生浏览不同结构网页的视线规律研究 [D]. 宁波大学,2009.

[226] 周珊珊 . 咸宁市咸安区初中物理数字化课程资源建设实践研究 [D]. 华中师范大学,2016.

[227] 朱永海 . 基于知识分类的视觉表征研究 [D]. 南京师范大学,2013.

网络文献

国外文献 Atherton J. Learner, Subject and Teacher[EB/OL].[2010-02-10].http://www.do-ceo.co.uk/tools/Subtle_1.htm,2010.

[229] Haber J. xMOOC vs. cMOOC[EB.OL].[2013-04-29]. http://degreeoffreedom.org/xmooc-vs-cmooc/,2013.

附 录

案例1 实验材料

1.字号实验文字材料及测试题

人脑记忆的奥秘

人的一生中,大脑储藏了大量的数据、名称、面相、声音、味道和情感等信息。这些记忆有助于人类获得各种技能。同时,人的个性差异很大程度上为各自大脑中的记忆不同所致。人脑具有多个功能不同的记忆系统,主要可分为两大类:短期记忆和长期记忆。

短期记忆能将新的信息以一种活动的、有意识的状态存留在脑海里达数秒钟。大脑的各个部分中,总有一些处于负责记忆的额叶皮层的监督之下,短期记忆就是这样产生的。该记忆可信度很高,但容量有限。大多数人的短期记忆只能容下 5 至 9 个对象,例如记忆一组电话号码。

长期记忆有几种类型,不同类型的长期记忆功能各异,而且各个功能区位于大脑的不同部位。长期记忆主要有两大类:即陈述记忆和程序记忆。前者让人知道原先记忆的事实,后者让人掌握曾经学习过的技能。

陈述记忆的主要形式之一是语义记忆。语义记忆好比一个巨大的仓库,它可储存词汇、物体、概念、地方、人员等。人创造语言和理解语言等能力的具备主要依靠语义记忆。语义痴呆症就是因为语义记忆发生混乱造成的。不过,语义痴呆症患者可能会把鼠叫作狗,但是不大可能把鼠称作汽车或移动电话。这种现象表明,有生命之物和无生命之物的形象储存在人的不同记忆中。

程序记忆可以将人的生活经历有意识地再现于脑海,而且可以贯穿人生的大部分时间。你也许有过这样的体验,如小时候学会骑自行车,即使有很长一段时间不骑车,一旦再开始骑车时,是不会有太大困难的。这里用到的就是程序记忆。

人脑中含有不计其数的神经细胞,我们几乎不知道大脑在学习期间到底发生了什么。裸鳃亚目软体动物的神经系统较为简单,只有大约 2 万个大体积神经细胞,而且排列也具有明显的特征,通过对这类动物神经系统的研究来认识人类的记忆,是打开人脑记忆奥秘的捷径之一。美国哥伦比亚大学的埃里克·坎德尔首创此法,他因对记忆的研究贡献而获得 2000 年度诺贝尔生物学和医学奖。

科学家通过裸鳃亚目软体动物试验和随后的一些哺乳动物试验发现,短期记忆意味着强化已有的突触,而如果要储存长期记忆,就必须动用蛋白质来生成新的突触。这些研究成果为研制用于缓解或治愈痴呆症的药物带来了希望。不过,对正常人而言,记忆研究的意义却更在于认识人脑的记忆方式,进而帮助人们磨炼学习能力,培养起良好的记忆力,而不是研制提高记忆力方面的药物。因为所谓好记性就是对记忆有好的选择性,即保持记住重要的事件与遗忘非重要事件之间的巧妙平衡,这一复杂的机理恐怕是难以靠一两种药物实现的。

先前知识测试题

1. 你学习过有关人脑记忆的知识吗?(　　　)

A. 学过　　　　　　　B. 没有

2. 人脑的记忆系统主要分为(　　　)(多选)

A. 视觉记忆　　　B. 感觉记忆　　　　C. 长期记忆　　　　　D. 短期记忆

3. 判断:记忆是智力的重要组成部分之一。(　　　)

效果测试题

1. 下列对"短期记忆"说法正确的是(　　　)。(多选)

A. 短期记忆能将新的信息以一种活动的、有意识的状态存留在脑海里达数秒钟。

B. 短期记忆能将新的信息以一种活动的、有意识的状态存留在脑海里达数分钟。

C. 短期记忆的产生是因为大脑的各个部分中,总有一些处于负责记忆的额叶皮层的监督之下。

D. 短期记忆的产生是因为大脑的各个部分中,总有一些处于负责记忆的大脑皮层的监督之下。

2. 短期记忆的特点是(　　　)。

A. 可信度很低,容量有限　　　　　B. 可信度很低,容量无限

C. 可信度很高,容量有限　　　　　D. 可信度很高,容量无限

3. 短期记忆可记忆(　　　)。

A. 面相　　　B. 词汇　　　　C. 概念　　　　　D. 电话号码

4. 下列对"长期记忆"说法正确的是(　　　)。(多选)

A. 长期记忆是人的大脑把大量的数据、名称、声音、味道和情感等信息储存起来而形成的记忆。

B. 长期记忆可以把物体、地方、人员等信息储存于大脑部位。

C. 长期记忆能让人知道原先记忆的事实。

D. 长期记忆能让人掌握曾经学习过的技能。

5. 科学家通过研究动物的_____认识了人类的记忆,打开了记忆奥秘的捷径之一(　　　)。

A. 视觉系统　　　B. 神经系统　　　C. 感官系统　　　　D. 循环系统

6. 科学家通过裸鳃亚目软体动物试验和随后的一些哺乳动物试验发现(　　　)。

A. 短期记忆和长期记忆都要强化已有的突触。

B. 短期记忆和长期记忆都要动用蛋白质来生成新的突触。

C. 短期记忆要动用蛋白质来生成新的突触,而如果要储存长期记忆,就要强化已有的突触。

D. 短期记忆要强化已有的突触,而如果要储存长期记忆,就要动用蛋白质来生成新的突触。

7. 对正常人而言,记忆研究的意义在于(　　　)。(多选)

A. 认识人脑的记忆方式　　　　　　B. 帮助人们磨炼学习能力

C. 培养良好的记忆力　　　　　　　D. 研制提高记忆力方面的药物

8. 下列说法中,对"好记性"说法正确的是(　　　)。(多选)

A. 所谓好记性就是对记忆有好的选择性。

B. 所谓好记性就是保持记住重要的事件。

C. 想要好记性可以通过服用一两种药物来实现。

D. 想要好记性也要降低遗忘非重要事件的概率。

9. 陈述记忆的主要形式之一是_____。

10. 判断:美国哈佛大学的埃里克·坎德尔首创记忆研究的方法,因而获得 2000 年度诺贝尔生物学和医学奖。(　　　)

11. 判断:科学家通过裸鳃亚目软体动物试验得到的研究成果为研制用于缓解或治愈痴呆症的药物带来了希望。(　　　)

12. 简答:长期记忆主要有几种类型?分别是哪些?并举出实例解释这些记忆类型(每个记忆类型举一个实例即可)。

13. 填空:在 3—5 秒内,记忆以下 20 个字母记住一定非常困难:t、s、x、r、q、n、m、a、f、s、y、w、e、i、u、e、o、e、u、n。然而如果将它们分为____至____组的组块记起来就不是难事了。

14. 下列对文章内容的分析,不符合原文意思的一项是(　　　)。

A. 短期记忆和长期记忆特点不同,功能各异,分属大脑不同的记忆系统。

B. 记忆不仅可以让人不忘学过的知识、技能,而且可以帮助人理解语言、创造语言。

C. 通过对裸鳃亚目软体动物和一些哺乳动物的研究试验,科学家终于发现了造成记忆时间长短的根本原因。

D. 对一般人而言,语义记忆所涉及的对象并不是杂乱地堆放在记忆仓库中,不同的对象会储存在不同的地方。

15. 根据文意,下列判断不正确的一项是(　　　)。

A. 电话号码一多就难以记住,属短期记忆失忆,而记住一些英语单词,属长期记忆。

B. 人的个性差异实际上都是由大脑记忆的不同造成的。

C. 大脑神经细胞的突触被强化后保持强化状态的时间只有短短几秒钟。

D. 人类各种技能的获得有赖于大脑已储存的数据、名称、面相、声音、味道和情感等信息。

16. 根据文中信息,下列推断不正确的一项是(　　　)

A. 缓解或治愈痴呆症的新药何时能面世将取决于记忆科研成果的产业化速度。

B. 语义痴呆症患者会把兔叫作羊,把骆驼叫作计算机也并非不可能。

C. 一个人即使能把全部《史记》倒背如流,他也未必能记住书中的许多重要信息。

D. "好记性不如烂笔头"的记忆观念的局限性在于想把所有想记住的东西都用笔记下,

实际上不利于良好记忆力的形成与巩固。

2. 字体实验文字材料及测试题

高速铁路

按照国际铁路联盟规定：铁路提速达到时速 200 千米以上，新建铁路达到时速 250 千米以上，就能被称为高速铁路。十几年前，说起"高铁"这个词，许多人还非常陌生，对"高铁"到底能有多快还抱有好奇。而今，高铁已经真实地驶入了我们的生活：2008 年 8 月 1 日，时速高达 350 千米的中国第一条高速铁路——京津城际高铁正式开通运营，标志中国铁路正式进入高铁时代。此后的几年，武广、郑州至西安、沪宁、沪杭等城际高铁相继开通运营，而且时速都在 350 千米以上。在京沪高铁利用国产"和谐号"CRH380A 新一代高速动车组进行综合实验时，还曾刷新世界铁路运营实验最高时速，达 486.1 千米。

时速 486.1 千米，这是喷气式飞机低速巡航的速度！那么，我们是如何使高铁列车"飞"起来的呢？

高铁列车能飞驰起来，要给那条看似普通的水泥板铁道记"一等功"。

水泥板铁道，专业名词叫无砟（zhǎ）轨道，砟就是小块石头的意思。普通铁路用的是有砟轨道，即铁轨下面铺着 30 厘米厚的小石块和枕木。无砟轨道下面没有小石头和枕木，在水泥板上面直接铺钢轨。无砟轨道由五部分组成，从上往下依次是无缝钢轨、轨道板、填充层、底座板、滑动层。这 5 个部分看起来很普通，然而，仅仅是那一块块看起来像大地砖一样的轨道板，技术人员就用了整整 4 年才研制出来。

无砟轨道板长 6.45 米左右，宽 2.55 米，相当于 10 个轨枕块。它的特点是：每一块的加工尺寸都不完全相同，必须对号入座，它在工厂打磨加工时，为了保证精确度，用的水泥沥青砂都要经过多次淘洗。

无砟轨道最显著的特点就是"一根钢轨铺到底"，这叫无缝钢轨。每根钢轨长 500 米，在整个沪杭线上，由 404 根钢轨首尾焊接起来，形成一条全长 202 千米的完整无缝的"高铁"。因为钢轨平整无缝，列车行驶时不会发出叮当叮当的响声。

每根钢轨都要打磨得十分精确，其顶面平直度误差规定：在 1 米长度内不能超过 0.2 毫米，约 2 根头发丝粗细。这种精密技术给乘客带来最直观的感觉就是，看窗外景物能感到列车在飞驰，而坐在车内却非常平稳。

高铁列车的速度能够飙上去，除了无砟轨道的功劳外，还有一大原因是高铁在建设中以桥代路。以全长 202 千米的沪杭高铁为例，除了车站和部分线路无法架桥外，其余 175 千米都是在桥梁上修铁路，可谓是架在空中的一条直线铁路。用桥替代了路，对地面原有交通影响很小，使整条路变直了，速度自然就提高了。

目前，中国已投入运营的高速铁路里程达 2.2 万千米，居世界第一位，还有万余千米的高铁路线正在建设之中。

先前知识测试题

1. 你学习过有关高速铁路的知识吗？（ ）

A. 学过   B. 没有

2. 下列哪些国家有高速铁路（　　　）（多选）

A. 韩国　　　　　　　B. 日本　　　　　　　C. 法国　　　　　　D. 美国 E 德国

3. 中国新一代高速动车组被称为"＿＿号"。

效果测试题

1. 按照国际铁路联盟规定：铁路提速达到时速 ＿＿＿＿＿ 千米以上，新建铁路达到时速 ＿＿＿＿＿ 千米以上，就能被称为高速铁路。（　　　）

A.100；150　　　　B.200；250　　　　C.300；350　　　　D.400；450

2. 中国第一条高速铁路是（　　　），标志中国铁路正式进入高铁时代。

A. 武广城际高铁　　B. 沪宁城际高铁　　　C. 沪杭城际高铁　　　D. 京津城际高铁

3. 京沪高铁利用国产"和谐号"CRH380A 新一代高速动车组进行综合实验时，刷新了世界铁路运营实验最高时速，达（　　　）千米。

A.200　　　　　　B.250　　　　　　C.350　　　　　　D.486.1

4. 下列说法正确的是（　　　）。（多选）

A. 水泥板铁道，专业名词叫无砟（zhǎ）轨道。

B. 水泥板铁道，专业名词叫有砟轨道。

C. 有砟轨道，就是铁轨下面铺着小石块和枕木。

D. 无砟轨道由五部分组成，从上往下依次是无缝钢轨、轨道板、填充层、底座板、滑动层

5. 无砟轨道板的特点是（　　　）。

A. 每一块的加工尺寸都完全相同，必须对号入座。

B. 每一块的加工尺寸都完全相同，不用对号入座。

C. 每一块的加工尺寸都不完全相同，必须对号入座。

D. 每一块的加工尺寸都不完全相同，不用对号入座。

6. 下列对"无砟轨道"说明不准确的一项是（　　　）。

A. 无砟轨道板长 6.45 米左右，宽 2.55 米，相当于 20 个轨枕块。

B. 无砟轨道在水泥板上面直接铺钢轨。

C. 无砟轨道板打磨加工时，用的水泥沥青砂都要经过多次淘洗。

D. 无砟轨道最显著的特点是使用无缝钢轨。

7. 每根钢轨都要打磨得十分精确，其顶面平直度误差规定（　　　）。

A. 在 1 米长度内不能超过 0.1 毫米，约 1 根头发丝粗细。

B. 在 1 米长度内不能超过 0.2 毫米，约 2 根头发丝粗细。

C. 在 2 米长度内不能超过 0.1 毫米，约 1 根头发丝粗细。

D. 在 2 米长度内不能超过 0.2 毫米，约 2 根头发丝粗细。

8. 使用无缝钢轨的无砟轨道优势体现在（　　　）。（多选）

A. 车行驶时不会发出叮当叮当的响声。

B. 看窗外景物能感觉到列车在飞驰，而坐在车内却非常平稳。

C. 去车内茶水间端杯开水，就跟从卧室走去厨房一样。

D. 高铁上了无砟轨道,就像奔驰车开上了高速。

9. 无缝钢轨即指"一根钢轨铺到底",如整个沪杭线上,就是由一根全长 202 千米的完整无缝钢轨铺成。(　　　)(判断)

10. 中国已投入运营的高速铁路里程达 2.2 万千米,还有万余千米的高铁路线正在建设之中,所以暂列世界第三位。(　　　)(判断)

11. 简答:中国高铁列车能够提升速度的原因。

12. 本文采用了哪种说明顺序?(　　　)

A. 时间顺序　　　　B. 空间顺序　　　　C. 逻辑顺序　　　　D. 插序

13. 对文中说明对象理解正确的一项是(　　　)。

A. 中国高铁列车　　　　　　　　　B. 中国高速铁路是怎样建起来的

C. 中国高铁的特点　　　　　　　　D. 中国高铁列车"飞"起来的原因

14. 专家们说:"沪杭高铁不但空前,而且绝后。"其原因是(　　　)。(多选)

A. 在沪杭高铁的全程中,有 175 公里是桥梁,沪杭高铁是悬在半空的一条铁路。

B. 沪杭高铁除了车站和部分线路条件限制没办法架桥外,其余的线路都是桥梁。

C. 175 公里的线路在桥上,隧道和弯道少了,列车大部分时间都行驶在架空的直的铁路线上。

D. 沪杭高铁是国内目前唯一一条铺设无砟轨道板的高铁。

15. 中国还有万余千米的高铁路线正在建设之中,以下选项符合未来高速铁路发展趋势的是(　　　)。(多选)

A. 时速达到 1 000 千米,甚至更快。

B. 安全性高、能静止悬浮、启动耗能少。

C. 运行噪声小、可大大降低路基和轨道成本。

D. 可在海底和气候恶劣地区运行而不受任何影响。

案例 2　实验材料

现代形态

中国山水画史实质是一部看的历史,看的方式变了,笔墨会随之改变。笔墨改变的根本原因只在于看的方式的改变。人对世界的态度不同,看的方式也就不同,从而所体现出的笔墨精神也就不同,大江东去与小桥流水,江山多娇与山水空蒙,是不同的看所得到的不同的体验,无论是崇高还是优雅,都是一种美知与精神。从这个意义讲,一部山水绘画史就是一部思想精神史,山水就是用画笔写就的精神。现代山水的立意仍是与自然的不即不离。

在一个多元的取向中,水泥森林有之,大山堂堂有之,不尽江河有之;都市山水只是一类话语,较之三山五岳、五湖四海、长江黄河,孰为壮观、孰为意境恐怕不言自明。我们不能一看到水泥森林即忘了万里江天。

自家庭、城郭起源发展后,都市经济的盛行一点也没有掩饰田园经济的向往。恰恰相反,不是田园经济成就了山水意境,反是都市经济成就了山水意境。如同风景画,它没有成熟于中世纪田园阶段,反而成熟于资本主义阶段;在人们置身于商品与市场经济时,艺术反倒创意了自然风情。

这一历史的进化与社会的选择说明,山水情怀更多的是人文世俗的超越,它的所立之境,千百年来不过是四个字:超越权利。正因为有了这一极深的禅境体验,山水之美才是禅的顿悟之美,是人生的体验之美;人在山水面前,求索的是江山永立的精神,它不是瞬息万变、反复无常,而是永恒、崇高、优雅与素朴。从山水画的历史走向中,可以清晰地看到这样一个认识:随着历史的流动,看的方式的变动,山水画的风格与立境亦有变化,但中国山水画的精神却从未改变,山水的禅一直成为人们的艺术追求。

国画装裱

国画装裱是一项重要的工作,对于国画创作者以及国画收藏者来说都是要了解以及清楚的地方,装裱的成功与否直接与其保存的时间与方式有很重要的联系,并且装裱的样式形成一种对艺术品极好的烘托作用。一幅完整的国画,需要使其更为美观,以及便于保存、流传和收藏,是离不开装裱的。因为中国画大多画在易破碎的宣纸上或绢类物品上的。

装裱也叫"装潢""装池""裱背",是我国特有的一种保护和美化书画以及碑帖的技术,就像西方的油画,完成之后也要装进精美的画框,使其能够达到更高的艺术美感。传统的装裱是多种多样的,但其成品按形制可分为挂轴、手卷、册页三大类。装裱还可以分为原裱和重新装裱,原裱就是把新画好的画按装裱的程序进行装裱。重新装裱就是对那些原裱不佳或是由于管理收藏保管不善,发生空壳脱落、受潮发霉、糟朽断裂、虫蛀鼠咬的传世书画及出土书画进行装裱。经过装裱的书画,牢固、美观,便于收藏和布置观赏。而重新装裱的古画,也会延长它的生命力。

那么中国画装裱的程序是怎样的呢?一般是先用纸托裱在绘画作品的背后,再用绫、绢、纸等镶边,然后安装轴杆成版面。原裱的绘画不论画心的大小、形状,及裱后的用途,都只有托裱画心、镶覆、砑装三个步骤。只是画心的托裱是整个装潢工艺中的重要工序。而旧书画的重新装裱则就相当困难了。首先要揭下旧画心,清洗污霉,修补破洞等,再按新画的装裱过程重新装裱。

我国的装裱工艺是伴随着中国绘画的历史而产生的,从现今保存的历史资料看,早在1500年前装裱技术就已经出现了,而且对于装裱糨糊的制作、防腐,装裱用纸的选择,以及古画的除污、修补、染黄等都有文字记载。

技巧划分

从技巧上,中国画有皴法、白描、没骨、指头画等。

皴法是中国画的一种技法,用以表现出石和树皮的纹理。表现山石和树身表皮的各种皴法乃是古代画家在艺术实践中,根据各种山石的不同质地结构和树木表皮状态,加以概括而创造出来的表现程式。随着中国画的不断革新演进,此类表现技法还在继续发展。

　　白描是中国画技法名。源于古代的"白画"。用墨线勾描物象,不着颜色的画法。也有略施淡墨渲染。多用于人物和花卉画。

　　没骨也是中国画技法名。不用墨线勾勒,直接以彩色绘画物象。五代后蜀黄筌画花勾勒较细,着色后几乎不见笔迹,因有"没骨花枝"之称。北宋徐崇嗣效学黄筌,所作花卉只用彩色画成,名"没骨图",后人称这种画法为"没骨法"。另有用青、绿、朱赭等色,染出丘壑树石的山水画,称"没骨山水",也叫"没骨图",相传为南朝梁张僧繇所创,唐杨升擅此画法。

　　指头画简称"指画",用指头、指甲和手掌蘸水墨或颜色在纸绢上作画。清高其佩擅此画法,"吾画以吾手,甲骨掌背俱;手落尚无物,物成手却无"(转引自胡海超编《中国绘画趣谈》第195页)。说明他作画运用了手的各个部分,指甲、指头、手掌、手背。分析起来,画小的人物花鸟以及细线等,可能用指甲,正用或侧用,画大幅如荷叶、山石,可用泼墨法,手背手掌正反可以抚摸成画;画柳条流水可用小指、无名指甲肉等。立意在先,胸有成竹,然后心手相应得其自然,浑然天成,不现手画的痕迹,方称上乘,所以说"物成手却无"。自此以后,作指画的人虽不少,不过是偶然性的指墨游戏。现代只有已故名画家潘天寿,指画成就最高。

内容划分

　　从内容来看,中国画可分为:人物画、山水画、花卉画、禽鸟走兽虫鱼画、界画等。

　　人物画是我国传统的画科之一,内容以描绘人物为主。因绘画侧重不同,又可分为人物肖像画和人物故事、风俗画。据记载,人物画在春秋时期已经达到很高水准。从出土的战国楚墓帛画,可以看到当时人物画的成就。人物画一直是中国传统绘画最主要的画科。

　　山水画,简称"山水",中国画画科之一。是以描写山川自然景色为主题的绘画。在魏晋六朝,逐渐发展,但仍多作为人物画的背景;至隋唐,已有不少独立的山水画制作;五代、北宋而益趋成熟,作者纷起,从此成为中国画中的一大画科。主要有青绿、金碧、没骨、浅绛、水墨等形式。在艺术表现上讲求经营位置和表达意境。

　　花鸟画,我国传统绘画画科之一。以描绘花卉、竹石、鸟兽、虫鱼等为画面主体。四五千年以前的陶器上出现的简单鱼鸟图案,可以看作最早的花鸟画。据唐代张彦远《历代名画记》中的记载,东晋和南朝时,画在绢帛上的花鸟画已经逐步形成独立的画科,并且出现一些专门的画家。五代、两宋间,这一画科更趋成熟。

　　界画,也是中国画画科之一。作画时使用界尺引线,故名:界画。中国画很特色的一个门类。指用界笔直尺画线的绘画方法,将一片长度约为一支笔的三分之二的竹片,一头削成半圆磨光,另一头按笔杆粗细刻一个凹槽,作为辅助工具作画时把界尺放在所需部位,将竹片凹槽抵住笔管,手握画笔与竹片,使竹片紧贴尺沿,按界尺方向运笔,能画出均匀笔直的线条。界画适于画建筑物,其他景物用工笔技法配合。通称为"工笔界画"。

先前知识测试题

　　1. 中国山水画最有可能起源于(　　　)

A. 秦汉时期　　　　　　B. 魏晋南北朝时期　　　　C. 隋唐时期　　　D. 五代十国时期

2. 水墨画中出现最早的画科是（　　　）。

A. 山水画　　　　　　B. 花鸟画　　　　　　　　C. 人物画　　　　D. 界画

3. 列举几种中国画类型的划分方法 _____ 。（填空）

效果测试题

1. 皴法是古代画家在艺术实践中逐渐创造出来的几种固定的表现程式。（　　　）（判断）

2. 在现代山水画中，都市水泥森林的意境比不上山岳湖泊的意境好。（　　　）（判断）

3. 装裱艺术是中国画特有的一种保护方式，是因为中国画大多画在易破碎的纸绢之上。（　　　）（判断）

4. 界画主要适用于画建筑物，其在绘画时通常于工笔技法配合。（　　　）（判断）

5. 装裱工艺中最为重要的工序是（　　　）。

A. 选择画框　　　　B. 糨糊的制作　　　　C. 画框的镶覆　　　　D. 托裱画心

6. 以下画家擅长指头画的是（　　　）。

A. 潘天寿　　　　　B. 胡海超　　　　　　C. 徐崇嗣　　　　　　D. 张彦远

7. 下列说法不正确的是（　　　）。

A. 从时代的角度看，笔墨精神的改变是随着人们看的改变而改变。

B. 笔墨精神的不同是因为人对世界的态度不同。

C. 在人们置身于商品与市场经济时，艺术与自然风情就风马牛不相及了。

D. 山水情怀的所立之境是超越权利。

8. 以下哪位画家的画作最先被称为"没骨图"（　　　）

A. 黄筌　　　　　　B. 徐崇嗣　　　　　　C. 张僧繇　　　　　　D. 杨升

9. 花鸟画画科的成熟期是在（　　　）。

A. 五代两宋　　　　B. 东晋南北朝　　　　C. 唐代　　　　　　　D. 元明时期

10. 风景画的成熟时期是（　　　）。

A. 奴隶社会后期　　　　　　　　　　　B. 中世纪浪漫田园时期

C. 西罗马帝国时期会　　　　　　　　　D. 近代商品经济社会

11. 装裱工艺从历史资料看出现于（　　　）。

A.5000 年前　　　　B.2500 年前　　　　C.1500 年前　　　　D.1000 年前

12. 山水画独立于人物画发生在（　　　）。

A. 春秋战国　　　　B. 魏晋时期　　　　C. 隋唐时期　　　　　D. 五代北宋

13. 中国山水画在古代时的立意是 _____ 。（填空）

14. 下面说法正确的是（　　　）。（多选）

A. 我国的装裱工艺是伴随着中国绘画的历史而产生的。

B. 原裱就是把那些传世书画或者不佳的书画按照原来的装裱工艺重新装裱。

C. 镶覆、砑装、制作糨糊、选纸都是装裱的程序之一。

D. 装裱不仅能够延长国画的保存时间,还能直接提升艺术美感。

15. 下图的类型为(　　　)。(多选)

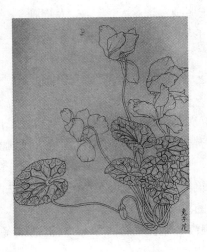

A. 花鸟画　　　　　　B. 没骨　　　　　　　　C 白描　　　　　　　　　D. 界画

16. 在中国画"指头画"技法中,有"物成手却无"之说,是什么意思?

案例3　实验材料

陈述性知识视频先前知识测试题

1. 你学习过有关行星运动的知识吗?(　　　)

A. 学过　　　　　　B. 了解一点　　　　　　C. 没有学习过

2. 你听说过春潮吗?(　　　)

A. 听说过,且知道是如何形成的　　　　　　B. 听说过一点点　　　　C. 没听过

3. 下列说法正确的是(　　　)。

A. 地球是匀速绕太阳运动的一颗行星

B. 火星和地球一样在围绕太阳运动,但是火星速度比地球快

C. 海水被月亮所吸引,在朝着月亮的一侧形成高潮

D. 一天中只有一次潮水发生

4. 夏至是每年的____月____日前后。

5. 哪位科学家揭示了行星运动的规律?(　　　)

A. 哥白尼　　　　　　B. 第谷　　　　　　　C. 开普勒　　　　　　　D. 伽利略

陈述性知识视频效果测试题

1. 地球距离太阳的距离越_____,速度越_____。(填空)

2. 每天月亮都推迟_____分钟到达与昨天相同的位置。(填空)

3. 当月亮看起来和太阳排成一条直线时,就处于_____。(填空)

4. 当月亮和太阳排成一条直线时,月亮和太阳的引力沿同一个方向吸引海水,这就

是_____。（填空）

5. 如下图所示,行星通过左边的较长距离所需要的时间_____通过右边的较短距离所需要的时间。（填空）

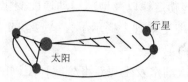

A. 小于　　　　　　　B. 等于　　　　　　　C. 大于　　　　　　　D. 不确定

6. 对于火星轨道迂回的解释,正确的是（　　　）。

A 火星和地球朝着相反的方向运动

B. 按照哥白尼的理论,火星的绕日公转是逆行的

C. 地球绕太阳运动的速度比火星慢,当火星超越地球时,火星看起来就像是在恒星的背景下朝着和原来相反的方向运动

D. 地球绕太阳运动的速度比火星快,当地球超越火星时,火星看起来就像是在恒星的背景下朝着和原来相反的方向运动

7. 在 1997 年,我们看到火星一直朝着哪个星座运动?（　　　）

A. 双子座　　　　　　B. 巨蟹座　　　　　　C. 狮子座　　　　　　D. 处女座

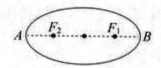

8. 某行星绕太阳运行的椭圆轨道如上图所示,F_1 和 F_2 是椭圆轨道的两个焦点,行星在 A 点的速率比在 B 点的大,则太阳是位于（　　　）。

A. F_2　　　　　　B. A.　　　　　　C. F_1　　　　　　D. B.

9. 引发潮水的规模最大是（　　　）;出现一年中最大的潮水是（　　　）。（多选）

A. 当月亮和太阳排成一条直线时

B. 当月亮处于近地点的时刻

C. 当月亮处于远地点的时刻

D 当月球处于近地点的时刻和月亮太阳排成一条直线相重合时

10. 分析下表数据,你能得出什么结论（　　　）?（多选）

年份	春分	夏至	秋分	冬至
2008	3 月 20 日	6 月 21 日	9 月 22 日	12 月 22 日
2009	3 月 20 日	6 月 21 日	9 月 23 日	12 月 22 日
2010	3 月 21 日	6 月 21 日	9 月 23 日	12 月 22 日

A. 四季的时间是不相等的

B. 地球绕太阳的运动并不是完美的匀速圆周运动

C. 地球经过其公转轨道的夏天一半,比经过其轨道的冬天一半所用时间要多

D. 我们使用的日历和开普勒定律以及地球运动速度变化有关系

11. 开普勒是在(　　　)的理论基础上揭示了行星运动的规律(多选)

A. 伽利略　　　　　　B. 哥白尼　　　　　　　　C. 第谷　　　　　　　　D. 亚里士多德

12. 为什么一天中会有两次潮水发生呢?下列解释正确的是(　　　)。(多选)

A. 地球的地心和地月系统的质心并不重合

B. 由月亮的引力,在朝向月亮的一侧引发潮水发生

C. 由于离心力的作用,在地球的另一侧引发潮水

D. 月亮有时离地球近一点,有时远一点

13. 关于行星运动的规律可以总结为(　　　)。(多选)

A. 地球是宇宙的中心,太阳、月亮和其他行星都绕地球运动

B. 太阳是宇宙的中心,所有天体都绕太阳运动

C. 所有的行星分别在不同的椭圆轨道上围绕太阳运动,太阳处在这些椭圆的一个焦点上

D. 对每个行星而言,行星和太阳的连线在任意相等的时间内扫过的面积都相等

程序性知识视频先前知识测试题

1. 你学习过有关 Excel 中 COUNT 函数的相关知识吗?(　　　)

A. 学过　　　　　　　　　B. 了解一点　　　C. 没有学习过

2. 你对 count 函数的操作熟练程度是?(　　　)

A. 非常熟练　　　　　　　B. 熟练　　　　　　C. 一般　　　　　D. 从没使用过

3. 下列说法中正确的有几个?(　　　)

① SUM 函数返回某一单元格区域中所有数字之和

② AVERAGE 函数返回其参数的算术平均值

③ ISBLANK 函数用于判断指定的单元格是否为空

④ COUNTIF 计算某个区域中满足给定条件的单元格数目

A. 全都不对　　　　B.1 个　　　　　　C.2 个　　　　　　D.3 个　　　　　　E. 全部正确

程序性知识视频效果测试题

1. 在 Excel 中,COUNT 函数用于计算(　　　)。

A. 平均值　　　　　　　　　　　　　　B. 求和

C. 包含数字的单元格的个数　　　　　　D. 最小值

2. 在 Excel 某工作表中,若需计算 A1、B1、C1 单元格的数据之和,需使用下述哪个计算公式?(　　　)

A.=count(A1:C1)　　　　　　　　　B.=count(A1,C1)

C.=sum(A1,C1)　　　　　　　　　　D.=sum(A1:C1)

3. 在 Excel 中 COUNTIF(range,criteria)函数中,range 为(　　　)。

A. 为条件区域,用于条件判断的单元格区域

B. 需要计算其中满足条件的单元格数目的单元格区域

C. 求和区域,需要求和的单元格区域

D. 需要计算其中空白单元格个数的区域

4. 在 Excel 工作表的单元格区域 A1:A8 各单元格中均存放数值 1,单元格 A9 为空,单元格 A10 为一字符串,则函数 =COUNT（A1:A10）的结果是（　　　）。

A.10　　　　　　　　　　B.9　　　　　　　　C.8　　　　　　　　D.1

5. 在 Excel 中,可以从_____函数和_____函数中找到 COUNT 函数。（填空）

6. 在 Excel 中 COUNT（value1,value2）函数中,value 的意义为_____。（填空）

7. 在 Excel 工作表中,单元格 B3:B6 中的内容分别为 32、54、75、86 ;单元格 B7 编辑函数 COUNTIF（B3:B6,">55"）,则单元格 B7 的值为_____。（填空）

8. 在 Excel 中,　COUNTIF（range,criteria）函数中,　criteria 的条件表达形式是（　　　）。（多选）

A. 数字　　　　　　　　B. 表达式　　　　　C. 文本　　　　　D. 字符串

9. 在 Excel 工作表中,单元格 A1、A2、B1、B2 的数据分别是 5、6、7、"AA",函数 COUNT（A1:B2）的值是（　　　）。

A.7　　　　　　　　　　B.5　　　　　　　　C.4　　　　　　　　D.3

10. 在 Excel 工作表中,统计单元格 A1：A10 当中姓"刘"的,并且"刘"后面还有两个字的单元格的数量,需使用下述哪个统计公式 ?（　　　）

A.=count（A1:A10," 刘 ??"）　　　　　　　　B.=countif（A1:A10," 刘 ??"）

C.=count（A1:A10," 刘 **"）　　　　　　　　D.=countif（A1:A10," 刘 **"）

11. 请完成一道上机操作题,使用函数统计学生本学期交作业的次数。

	A	B	C	D	E	F	G	H	I	J
1	使用函数统计该班学生本学期交作业的次数									
2										
3		第1次	第2次	第3次	第4次	第5次	第6次	第7次	第8次	共计
4	安妮	9月15日	9月23日	10月11日	10月19日	10月26日	11月3日	11月11日	11月20日	
5	陈汉兴	9月15日	9月23日			10月26日			11月20日	
6	陈怡	9月15日	9月23日	10月11日	10月19日	10月26日	11月3日			
7	陈冬	9月15日		10月11日		10月26日		11月11日	11月20日	
8	董博文	9月15日		10月11日	10月19日		11月3日		11月20日	
9	方雪		9月23日		10月11日	10月19日		11月11日		
10	高宇胜	9月15日	9月23日	10月11日	10月19日		11月3日	11月11日	11月20日	
11	刘晓霞	9月15日				10月19日	11月3日			
12	王红	9月15日	9月23日		10月19日	10月26日		11月11日	11月20日	
13	王洪礼	9月15日	9月23日	10月11日	10月19日		11月3日		11月20日	
14	王伟	9月15日		10月11日		10月26日	11月3日		11月20日	
15	李继军	9月15日	9月23日			10月26日	11月3日	11月11日		
16	张菊	9月15日	9月23日	10月11日	10月19日		11月3日		11月20日	
17										
18								人数		
19			该班学生上交作业全齐的有:							
20			该班学生上交作业超过5次(包含5次)的有:							
21			该班学生上交作业不足4次（包含4次）的有:							

案例4　实验材料

塑料袋的科学迷思

人类利用聚乙烯材料制成塑料袋使用的历史不过50年,但近年对塑料袋的指责却不绝于耳。全世界每年要消耗5000亿到1万亿个塑料袋。废弃的塑料袋造成了很大的环境污染问题,掩埋他们会影响农作物吸收营养和水分,污染地下水;如果焚烧塑料袋则会产生有毒气体,影响人体健康。所以,科学家十分关注如何处理那些垃圾塑料袋的问题。

一般来说,将垃圾生物降解是解决其污染问题的有效方法。科学家用"呼吸运动计量法"来测量垃圾的降解率。他们在一个富含微生物的容器中放入作为测试样本的垃圾,例如报纸或香蕉皮,使他们暴露在空气中,微生物会一点点地吸收这些样本,并释放二氧化碳,单位时间内生成二氧化碳的水平是衡量降解率的一个重要指标。测试结果发现,报纸需要2到5个月完成生物降解,香蕉皮则只需要几天就足够了。然而当科学家用同样的方法对塑料袋进行测试时,却发现它毫无变化,根本没有二氧化碳生成,科学家们还提出,在阳光下聚乙烯内部的聚合链将发生破裂,因此,聚乙烯可以见光分解,但这个过程可能漫长得无法确定。

人们想了很多办法寻求塑料袋的替代品。纸袋很容易降解,自然成为首选。然而,制作纸袋需要耗费木材,一旦舍弃塑料袋而选择纸袋,大量的树木将被砍伐。生产一个纸袋所需的能量,相当于生产一个塑料袋的4倍。纸袋比同样大小的塑料袋重4倍,这意味着运输过程中纸袋耗能更高。另外,制造同等用途的纸袋要比塑料袋多产生70%的空气污染和50倍的水污染。同时,处理垃圾纸袋所需要的空间也更大。目前处理垃圾的方式是将垃圾掩埋并利用水泥隔绝,接触不到空气、水和阳光,纸袋的生物降解过程会极为缓慢。看来,不论是使用纸袋还是塑料袋,要保护环境,恐怕都得注意不要随意丢弃,而要循环、重复利用。统计材料表明,塑料袋的回收和再生产比纸袋的回收和再生产所需的能量要少91%。

先前知识测试题

1. 你学过有关塑料袋的知识吗?(　　　)

A. 学过　　　　　　　B. 没有

2. 纸袋比塑料袋更环保,可以代替塑料袋。(　　　)

A. 对　　　　　　　B. 错

3. 塑料袋进行生物降解的时间要多久?(　　　)

A. 几天　　　　　B.2～5个月　　　　　C. 很长　　　　　D. 不能降解

效果测试题

1. 请回忆文章所提到的主题有哪些?

2. 文中提到的塑料袋带来的问题有哪些?(　　　)(多选)

A. 环境污染　　　　　　　　B. 污染水资源

C. 阻碍农作物吸收营养　　　　　　D. 产生有毒气体

E. 污染土地资源

3. 科学家一般采用什么方法测量垃圾的降解率？（　　　）（单选）

A. 呼吸运动计量法　　　　　　　　　　　B. 二氧化氮计量法

C. 呼吸计量法　　　　　　　　　　　　　D. 其他方法

4. 目前处理垃圾的主要方法是（　　　）。（单选）

A. 掩埋垃圾　　　　B. 焚烧垃圾　　　　　C. 降解垃圾　　　D. 循环利用

5. 生产一个纸袋所需的能量，相当于生产一个塑料袋的（　　　）倍。纸袋比同样大小的塑料袋重（　　　）倍。（单选）

A.4，2　　　　　　　B.4，4　　　　　　　C.2，4　　　　　　　D.2，2

6. 制造同等用途的纸袋要比塑料袋多产生（　　　）的空气污染和（　　　）倍的水污染。（单选）

A.70%，50　　　　　B.50%，50　　　　　C.30%，70　　　　　D.70%，30

7. 塑料袋不能进行生物降解（　　　）。（判断）

8. 纸袋可以代替塑料袋的使用（　　　）。（判断）

9. 下列说法符合文意的一项是（　　　）。（单选）

A."呼吸运用计量法"是测试垃圾降解率的唯一有效方法

B. 在太阳光照射下，微生物的参与能加速塑料袋的分解

C. 可降解垃圾在空气中与微生物作用，产生化学变化实现生物降解

D. 同样大小的纸袋与塑料袋相比，前者的运输成本比后者低很多

10. 下列推断不符合文意的一项是（　　　）。（单选）

A. 塑料袋污染环境的主要原因是它的难以降解性

B. 使用纸袋比使用塑料袋要有利于保护环境

C. 未来的可降解的塑料袋的成分不大可能是聚乙烯

D. 现在看来，使用塑料袋比使用纸袋节约能源

11. 根据文意回答问题：在可降解的塑料袋发明之前，解决塑料袋污染环境问题最有效的方式是什么？为什么？

案例5　实验材料

先前知识测试题

1. 你对"玉龙雪山"的了解程度是（　　　）。

A. 非常了解　　　B. 比较了解　　　　　C. 基本了解　　　D. 基本不了解

E. 完全不了解

2. 你对"冰川的形成"的了解程度是（　　　）。

A. 非常了解　　　B. 比较了解　　　　　C. 基本了解　　　D. 基本不了解

E. 完全不了解

3. 你对"雪线"的了解程度是（　　　）。

A. 非常了解　　　　　B. 比较了解　　　　　C. 基本了解　　　D. 基本不了解

E. 完全不了解

4. 你对"冰川形成的必要条件"的了解程度是（　　　）。

A. 非常了解　　　　　B. 比较了解　　　　　C. 基本了解　　　D. 基本不了解

E. 完全不了解

5. 你对"冰川冰"的了解程度是（　　　）。

A. 非常了解　　　　　B. 比较了解　　　　　C. 基本了解　　　D. 基本不了解

E. 完全不了解

保持测验

1. 玉龙雪山位于_____南端,_____以北 25 千米处,南北长_____千米,东西长_____千米。

2. 玉龙雪山上分布有多少条冰川?

A.15　　　　　　　　B.17　　　　　　　　　C.19　　　　　　　D.21

3. 玉龙雪山的气候类型有以下哪几种?

A. 热带气候　　　　　B. 亚热带气候　　　　C. 温带气候

D. 亚寒带气候　　　　E. 寒带气候　　　　　F. 高原山地气候

4. 玉龙雪山被誉为_____和_____。

5. 冰川的形成不需要以下哪种条件?

A. 低温　　　　　　　B. 极寒　　　　　　　C. 纬度　　　　　　D. 一定数量的固态降水

6. 玉龙雪山山峰的最高度为以下哪个?

A.5 956　　　　　　　B.5 569　　　　　　　C.5 596　　　　　　D.6 000

7. 冰川的原料是丧失了_____的圆球状雪,称之为_____。

8. 玉龙雪山和乞力马扎罗山在冰川学中属于以下哪种?

A. 大陆冰川　　　　　B. 山岳冰川　　　　　C. 海洋性冰川　　D. 大陆性冰川

9. 雪线是_____。

10. 请在下图中画出永久积雪区的区域。

11. 珠穆朗玛峰北坡高度为 _____ 千米。

12. 雪线控制着冰川的发育和分布,只有山体高度 _____ 该地的雪线,年深日久才能成为永久积雪和冰川发育的地区。

    A. 超过   B. 低于   C. 等于   D. 不清楚

迁移测验

选择题

玉龙雪山冰川在经历了 20 世纪 80～90 年代的后退阶段以后,最近又显示出前进趋势。除非突然出现全球气候大幅度变暖的情况,在大部分时期内,冰川受气温和降水非同步变化的制约,在总体趋势上是比较稳定的,不会很快消失,也不会突然大幅度前进,估计今后很长一段时间内,气候和冰川还将按这个趋势变化,玉龙雪山冰川仍会存在。回答 1～2 题。

    1. 影响雪线高度的主要因素是(   )。

    A. 纬度,纬度越高雪线越高

    B. 海拔,海拔越高雪线越高

    C. 经度,距海越近雪线越高

    D. 受气温和降水的共同作用,气温高、降水少的地区雪线高

    2. 下列关于玉龙雪山冰川进退的原因分析正确的是(   )。

    A. 气温上升雪线上升,冰川因此前进

    B. 气温的周期性升降是冰川进退的主要原因

    C. 冰川后退是因为气温下降了

    D. 气温上升,可能带来降水的增加,雪线可能后退

开放题

    1. 随着全球气候变暖,冰川面临着消融的危险,靠近赤道附近的玉龙雪山尤为明显,有学者预测玉龙雪山在 2050 年左右可能会完全消失。玉龙雪山的消融正是气候变暖在丽江地区的具体表现。面对这一现象,请你说出解决措施。

    2. 青藏地区雪山冰川众多,这是为什么?

案例 6 实验材料

先前知识测试题

1. 你学过有关心脏的工作原理的知识吗?(   )

    A. 学过   B. 没有

2. 当血液从肺返回到心脏,它会进入(   )。

    A. 左心房   B. 肺动脉瓣   C. 左心室   D. 右心室   E. 肺动脉

3. (   )是在左心房和左心室之间的三角摆动瓣膜。

    A. 肺动脉瓣   B. 主动脉瓣   C. 三尖瓣   D. 二尖瓣   E. 房室瓣

4. 请列举出你所知道的心动周期。

效果测试题

1. 按照数字箭头的指向,选出正确的答案。

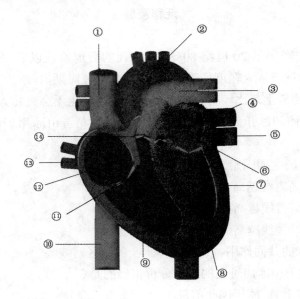

（1）序号①代表的是（　　　）。

A. 上腔静脉　　　　B. 肺静脉　　　　C. 主动脉　　　　D. 下腔静脉　　　　E. 隔膜

（2）序号②代表的是（　　　）。

A. 上腔静脉　　　　B. 肺静脉　　　　C. 主动脉　　　　D. 下腔静脉　　　　E. 隔膜

（3）序号③代表的是（　　　）。

A. 上腔静脉　　　　B. 肺静脉　　　　C. 主动脉　　　　D. 下腔静脉　　　　E. 肺动脉

（4）序号④代表的是（　　　）。

A. 二尖瓣　　　　B. 三尖瓣　　　　C. 主动脉瓣　　　　D. 肺动脉瓣　　　　E. 隔膜

（5）序号⑤代表的是（　　　）。

A. 上腔静脉　　　　B. 肺静脉　　　　C. 主动脉　　　　D. 下腔静脉　　　　E. 隔膜

（6）序号⑥代表的是（　　　）。

A. 右心房　　　　B. 右心室　　　　C. 左心房　　　　D. 左心室　　　　E. 右心耳

（7）序号⑦代表的是（　　　）。

A. 右心房　　　　B. 右心室　　　　C. 左心房　　　　D. 左心室　　　　E. 右心耳

（8）序号⑧代表的是（　　　）。

A. 二尖瓣　　　　B. 三尖瓣　　　　C. 主动脉瓣　　　　D. 肺动脉瓣　　　　E. 隔膜

（9）序号⑬代表的是（　　　）。

A. 上腔静脉　　　　B. 肺静脉　　　　C. 主动脉　　　　D. 下腔静脉　　　　E. 隔膜

（10）序号⑭代表的是（　　　）。

A. 二尖瓣　　　　B. 三尖瓣　　　　C. 主动脉瓣　　　　D. 肺动脉瓣　　　　E. 隔膜

2. 哪个部分的心肌最厚（　　　）？

A. 左心房   B. 左心室   C. 右心房   D. 右心室   E. 心肌层

3. 右心室中的血液通过（　　）流向肺。

A. 三尖瓣   B. 主动脉   C. 肺动脉   D. 脉静脉   E. 上腔静脉

4. 当血液从肺返回到心脏，它会进入到（　　）。

A. 左心房   B. 肺动脉瓣   C. 左心室   D. 右心室   E. 肺动脉

5. 血液从左心室经由主动脉瓣流出到达（　　）。

A. 肺   B. 身体   C. 主动脉   D. 肺动脉   E. 左心耳

6. 可以迸发出含氧血液到身体各个部分的心室是（　　）。

A. 右心房   B. 左心房   C. 主动脉   D. 左心室   E. 右心室

7. （　　）控制心脏收缩和舒张。

A. 心肌   B. 心内膜   C. 心室   D. 耳郭   E. 隔膜

8. （　　）是心脏壁内层的名字。

A 心外膜   B. 心内膜   C. 心包膜   D. 心肌层   E. 隔膜

9. 血液从身体进入心脏通过（　　）。

A. 主动脉动脉   B. 肺静脉   C. 肺动脉   D. 上下腔静脉   E. 上静脉

10. （　　）允许血液仅仅朝一个方向流动。

A. 隔膜   B. 瓣膜   C. 动脉   D. 叶脉   E. 腱

11. （　　）是在左心房和左心室之间的三角摆动瓣膜。

A. 肺动脉瓣   B. 主动脉瓣   C. 三尖瓣   D. 二尖瓣   E 房室瓣

12. 在进入主动脉之前，血液迅速流经（　　）。

A. 左心室   B. 二尖瓣   C. 肺   D. 上腔静脉   E. 主动脉瓣

13. 在功能上哪个瓣膜最像三尖瓣？（　　）

A. 肺动脉瓣   B. 主动脉瓣   C. 二尖瓣   D. 上腔静脉瓣

14. 当血液被强迫流出右心室，三尖瓣处于哪个状态？（　　）

A. 开始打开   B. 开始关闭   C. 打开着的   D. 关闭着的

15. 在心脏脉冲的收缩开始于（　　）。

A. 左心房   B. 同时在两个心室

C. 同时在两个心房   D. 动脉

16. 在心脏舒张期中，心室是（　　）。

A. 收缩，充满血液   B. 收缩，充满部分血液

C. 扩张，充满血液   D. 扩张，部分充满血液

17. 在等容收缩期，二尖瓣将会处于哪个状态？（　　）

A. 开始打开   B. 打开着的   C. 开始关闭   D. 关闭着的

18. 在快速射血期，血液被迫从心脏离开穿过（　　）。

A. 肺动脉和主动脉动脉   B. 上下腔静脉

C. 二尖瓣和三尖瓣   D. 肺静脉

19. 当血液穿过肺动脉离开心脏的时候,它同时也离开心脏穿过(　　　)。

A. 三尖瓣　　　　　B. 肺静脉　　　　C. 主动脉　　　　D. 肺动脉

20. 右心室的血压高于肺动脉的血压,那么三尖瓣处于哪个状态?(　　　)

A. 关闭着的　　　　B. 打开着的　　　C. 开始关闭　　　D. 受限于来自于右心房的压力

21. 主动脉的血正在承受一种来自主动脉瓣的压力,那么二尖瓣处于一种什么状态?(　　　)

A. 关闭着　　　　　B. 打开着　　　　C. 开始打开　　　D. 受限于来自右心室的压力

22. 当二尖瓣和三尖瓣被迫关闭的时候,肺动脉瓣处于什么状态?(　　　)

A. 关闭着　　　　　B. 开始打开　　　C. 打开着　　　　D. 开始关闭

23. 如果主动脉瓣处于完全打开的状态,那么(　　　)。

A. 快速射血期的压缩正在发生　　　　　B. 心脏舒张期正在发生

C. 二尖瓣和三尖瓣处于完全打开的状态　　D. 血液正在驶入左心室和右心室